KB125777

# 고소득

# 채소 시설 재배

유철성 편저

오성출판사

# 머리말

시설재배가 자연환경 조건과 재배기술을 최대한 이용하고 투입하는 가장 앞선 농업기술이라고 볼 때, 채소 시설재배의 양과 질은 그 지역의 농업기술 수준에 대한 척도라 해도 과언이 아닐 것입니다.

우리 나라 채소 시설재배 면적은 1970년 762ha, (연재배면적 3,727ha)에서 1996년에는 42,669ha(연재배면적 77,251ha)로, 26년 동안 무려 56배라는 엄청난 비약을 하였습니다.

특히 본격적 상업농시대(商業農時代)에 접어든 최근 6년(1990~1996) 동안 4만에서 7만 7천 ha로 매년 6,200ha씩 늘어 연평균 증가율 15%라는 놀라운 기록을 세우고 있습니다.

이러한 상승세는 앞으로도 계속될 것으로 예상됩니다만 그에 병행해야 할 질적인 문제-경쟁력 있고 안전성 높은 고품질 농산물을 생산하기 위한 재배기술적 수준-는 그에 미치지 못하는 실정이 아닌가 합니다.

이러한 시대적 배경에 조금이나마 도움이 될까하여 95년 1월에 발행한 졸저 "시설채소재배"에 대하여, 전국의 많은 시설채소재배 농업인, 그리고 여러 독자의 깊은 관심과 성원에 보답코자 96. 6월 내용을 크게 고치고 보강하여 "고소득 채소 시설재배"를 내었고, 이제 다시 1년만에 '96년 자료를 보충하여 내용을 더 알차게 한 3판을 내게 되었습니다.

본문 450여 쪽에 많은 채소의 시설재배 기술을 효율적으로 수록하기가 쉽지 않았습니다만 다음 사항에 비중을 두었습니다.

① 채소가 자라는 근권환경(根圈環境)을 중요시하여 비료주기, 염류집적(鹽類集積), 나아가 연장장해문제.

② 안전하고 품질좋은 농산물을 다수확하기 위한 환기(換氣), 탄산시비(炭酸施肥) 등 공기조성.

③ 연료비 등 경영비 절감을 위한 태양열 이용 지중난방, 새로운 스크린

(커튼)자재, 수막재배기술 등.

④ 바람직한 형태의 시설문제.

⑤ 현재 시설재배 면적이 넓은 10개의 고소득 채소 - 오이, 수박, 참외, 토마토, 딸기, 고추, 무, 배추, 상추, 호박 - 의 개별적 재배기술을 각 품목별로 30여 쪽씩 충분히 활용이 가능한 핵심기술 수록.

⑥ 각 채소의 품종선택의 중요성을 감안하여 국내유명종묘사 - 홍농, 서울, 중앙, 한농, 농우, 동원(무순) - 에서 97년까지 등록한 주요 새 품종까지 고루 소개하여 정보 선택의 폭과 기회 확대.

⑦ 꼭 필요한 경우 외에 될 수 있는 대로 쉬운 용어로 풀어 써서 이해하기 쉽게 하였다.

지금 우리 농업인은 국가의 모든 기술력의 향상과 함께 농업기술도 선진 여러 나라와 어깨를 나란히 하기 위하여 새로운 지식과 기술을 배우고 연구하는 적극적인 자세가 절실히 요구되고 있습니다.

때에 맞춰 각종 품목별 농업인 단체들이 자생적으로 조직되고 경쟁력을 강화하고 있는 현실에서 이 책이 여러 농업인들의 소득증대에 보탬이 된다면 더 없는 영광으로 생각하겠습니다.

저 자신도 시설재배 농업인의 요구에 맞는 좋은 기술지침서를 만들도록 계속 노력하겠습니다.

여러 어려운 여건 속에서도 책이 나올 수 있도록 힘써 주신 오성출판사 金重英 사장님을 비롯한 임직원 여러분, 여러 좋은 자료와 격려를 보내주신 홍농, 서울, 중앙, 한농, 농우, 동원종묘사 기술개발실 여러분과 농림부 원예과 김남수 사무관님께 이 자리를 빌어 감사를 드립니다.

그리고 항상 격려와 용기를 주시는 김포군 농촌지도소 林俊雄 소장님 이하 동료직원 여러분께도 깊은 감사를 드립니다.

김포군 농촌지도소에서

유철성 드림

# 차 례

# 제1편

# 총 론

# 제1장　우리나라 시설원예

## 1. 시설원예

시설원예란 대형 플라스틱 터널(정확하게 플라스틱 필름이지만 일반적으로 "비닐"이라 부른다) 비닐하우스 및 유리온실 등과 같은 시설 안에서 채소, 화훼, 과수를 집약적으로 재배 생산하는 것을 말한다.

여기서 시설이라는 것은 농민이 그 안에 들어가 어느 정도 자유롭게 일할 수 있는 공간이 되어야 하며 작물이 자라는 데 알맞은 온도, 햇빛, 수분, 영양분, 대기조성(탄산가스) 등의 환경조건을 조절할 수 있는 장치들과 병해충 방제장치를 포함한다.

이러한 시설원예는 수백평 정도의 좁은 공간에 자동화된 가온(加溫) 및 보온, 환기, 관수, 탄산가스 시비 등의 값비싼 장치들을 최대한으로 도입 설치하여 일손을 줄이면서 자본집약적(資本集約的)으로 경영함으로써 대면적에 노동집약적인 노지원예와는 크게 다르다.

## 2. 우리나라 시설원예 현황

### (1) 해마다 늘어나는 시설원예

1996년도 현재 우리나라 총 원예시설면적은 46,378ha로 이중 채소는 42,669ha(연재배 면적 77,251ha), 화훼 3,055ha, 과수 654ha이다.

연도별 시설채소 면적은 〈표 1-1〉에서 보는 것처럼 해마다 꾸준히 늘어나고 있다.

**〈표 1-1〉 연도별 시설채소 면적변화**                             (농림부)

| 연       도 | 70 | 75 | 80 | 85 | 90 | 92 | 94 | 96 |
|---|---|---|---|---|---|---|---|---|
| 시설면적(ha) | 763 | 1,746 | 7,142 | 16,569 | 23,698 | 29,258 | 37,801 | 42,669 |
| 재배면적(ha) | 3,727 | 6,611 | 17,890 | 28,588 | 39,994 | 50,064 | 70,013 | 77,251 |
| 이 용 률 ( % ) | 488 | 378 | 250 | 172 | 169 | 171 | 185 | 181 |

'96년의 재배면적 77,251ha는 '90년보다 무려 200% 정도 늘어난 것이다. 이는 또 우리나라의 농산물 시장이 본격 개방되기 시작한 지난 '88년의 29,144ha 보다 2.7배 늘었으며, '90년 이후 6년 동안 약 3만 7천 ha나 늘어 연평균 증가율이 15%에 달하고 있다.

최근 UR협상 등으로 국내 농산물 시장개방이 확대되면서 비닐하우스 등을 이용한 시설채소 재배면적 증가 추세가 두드러지고 있음을 알 수 있다.

이러한 현상은 본격적인 상업농시대(商業農時代)를 맞는 자연스런 추세이며 이런 경향은 앞으로도 계속될 것으로 전망된다. 더욱이 쌀시장 개방 여파로 논의 시설채소 재배화가 계속 늘어날 것으로 예상된다.

논의 시설재배화는 〈표 1-2〉에서 보는 바와 같이 전체시설의 75%를 차지

하고 있다. 또한 이동식 간이시설은 줄어드는 대신 대형 고정식은 해마다 크
게 늘어 '96년은 '94년에 비하여 40%가 증가하고 있다.

**<표 1-2> 논과 밭의 시설증가 현황**  (농림부 · 단위 ha)

| 연 도 | 계 | | | 고 정 식 | | | 이 동 식 | | |
|---|---|---|---|---|---|---|---|---|---|
| | 계 | 논 | 밭 | 계 | 논 | 밭 | 계 | 논 | 밭 |
| 1994 | 37,801 | 28,730 | 9,071 | 16,371 | 10,482 | 5,889 | 21,430 | 18,248 | 3,182 |
| 1996 | 42,669 | 31,836 | 10,833 | 22,751 | 14,646 | 8,105 | 19,918 | 17,189 | 2,729 |
| 증감대비(%) | 12.9 | 10.8 | 19.4 | 40.0 | 39.7 | 37.6 | △7.1 | △5.8 | △14.2 |

각 도별 논에 설치된 시설면적은 경남 부산이 8,589ha로 가장 많고 경북
대구 7,848, 충남 4,577, 전남 광주 4,053, 경기 서울 2,835ha 순이다.

그러나 시설채소 작목이 개방피해가 비교적 적은 작목으로 집중될 경우
과잉생산으로 인한 가격 폭락과 농민의 피해가 우려되고 있다. 따라서 정부
와 생산자 단체 등이 지역특성에 알맞은 작목을 선택해 적정면적을 재배토
록 유도함으로써 가격폭락으로 인한 피해를 막는 지혜가 절실히 요구되고
있다.

## (2) 시설채소 품목별 생산실적

우리나라 주요 채소별 시설재배 면적과 단수, 총생산량 등은 다음 여러 표
와 같다.

**<표 1-3> '94~'96 채소 재배면적 현황**   (농림부 · 단위 : ha)

| 작 목 | '94 | | | '96 | | | 증감률 % |
|---|---|---|---|---|---|---|---|
| | 계 | 노지 | 시설 | 계 | 노지 | 시설 | |
| 채소전체 | 373,046 | 303,033 | 70,013 | 388,655 | 311,404 | 77,251 | 4.2 |
| 배 추 | 42,504 | 37,369 | 5,135 | 48,008 | 42,415 | 5,593 | 12.9 |
| 고냉지 | 8,619 | 8,619 | - | 10,793 | 10,793 | - | 25.2 |
| 김장 | 15,976 | 15,976 | - | 14,999 | 14,999 | - | △6.1 |
| 봄 | 17,909 | 12,774 | 5,135 | 22,216 | 16,623 | 5,593 | 24.0 |
| 무 | 38,863 | 34,656 | 4,207 | 39,722 | 34,904 | 4,818 | 2.2 |
| 고냉지 | 3,245 | 3,245 | - | 3,531 | 3,531 | - | 8.8 |
| 김장 | 15,976 | 15,976 | - | 15,627 | 15,627 | - | △ 2.2 |
| 봄 | 20,642 | 16,435 | 4,207 | 20,564 | 15,746 | 4,818 | △ 0.4 |
| 고 추 | 88,871 | 88,871 | - | 90.762 | 90,762 | - | 2.1 |
| 풋고추 | 4,490 | - | 4,490 | 4,767 | - | 4,767 | 6.2 |
| 마 늘 | 34,959 | 34,959 | - | 41,973 | 41,973 | - | 20.0 |
| 양 파 | 9,674 | 9,674 | - | 9,661 | 9,661 | - | △ 0.1 |
| 양 배 추 | 4,325 | 4,210 | 115 | 5,974 | 5,893 | 81 | 38.1 |
| 시 금 치 | 8,521 | 4,747 | 3,774 | 7,377 | 4,111 | 3,266 | △13.4 |
| 상 추 | 7,611 | 2,477 | 5,134 | 6,625 | 2,030 | 4,595 | △13.0 |
| 당 근 | 6,052 | 5,820 | 232 | 5,050 | 4,993 | 57 | △16.6 |
| 오 이 | 8,710 | 2,948 | 5,762 | 7,191 | 2,195 | 4,996 | △17.4 |
| 호 박 | 7,512 | 5,178 | 2,334 | 7,259 | 4,454 | 2,805 | △ 3.4 |
| 파 | 20,870 | 20,521 | 349 | 21,073 | 20,845 | 228 | 1.0 |
| 참 외 | 10,251 | 2,337 | 7,914 | 10,679 | 1,481 | 9,198 | 4.2 |
| 수 박 | 34,535 | 19,540 | 14,995 | 39,270 | 20,518 | 18,752 | 13.7 |
| 딸 기 | 7,425 | 1,698 | 5,727 | 7,143 | 907 | 6,236 | △ 3.8 |
| 토 마 토 | 3,619 | 598 | 3,021 | 4,044 | 216 | 3,828 | 11.7 |
| 가 지 | 1,192 | 952 | 177 | 713 | 543 | 170 | △ 40.2 |
| 생 강 | 5,858 | 5,858 | - | 3,008 | 3,008 | - | △ 48.7 |
| 미 나 리 | 1,130 | 1,130 | - | 1,805 | 1,805 | - | 59.7 |
| 양 채 류 | 541 | 405 | 136 | 473 | 449 | 24 | △ 12.6 |
| 기 타 | 28,184 | 20,664 | 7,520 | 26,078 | 18,241 | 7,837 | △ 7.5 |

**<표 1-4> 최근 3년간 주요 시설채소의 품목별 생산실적**　　　　　(농림부)

| 구분 | '94 면적 (ha) | '94 단수 (kg) | '94 총생산량 (t) | '95 면적 (ha) | '95 단수 (kg) | '95 총생산량 (t) | '96 면적 (ha) | '96 단수 (kg) | '96 총생산량 (t) |
|---|---|---|---|---|---|---|---|---|---|
| 계 | 70,013 | | 1,971,920 | 81,604 | | 2,422,503 | 77,251 | | 2,350,490 |
| 무 | 4,207 | 3,164 | 133,098 | 4,466 | 3,257 | 145,473 | 4,818 | 3,604 | 173,644 |
| 배 추 | 5,135 | 3,642 | 187,011 | 6,506 | 3,796 | 246,966 | 5,593 | 3,642 | 204,324 |
| 상 추 | 5,134 | 2,115 | 108,595 | 5,556 | 2,153 | 119,634 | 4,595 | 2,234 | 102,636 |
| 시금치 | 3,774 | 1,611 | 60,789 | 3,866 | 1,725 | 66,698 | 3,266 | 1,694 | 55,316 |
| 오 이 | 5,762 | 4,011 | 231,135 | 5,948 | 4,374 | 260,142 | 4,996 | 5,993 | 299,401 |
| 호 박 | 2,334 | 2,479 | 57,870 | 2,956 | 2,680 | 79,223 | 2,805 | 2,888 | 81,021 |
| 참 외 | 7,914 | 2,774 | 219,563 | 9,745 | 3,005 | 292,838 | 9,198 | 2,901 | 266,799 |
| 수 박 | 14,995 | 2,832 | 424,668 | 18,977 | 2,804 | 532,102 | 18,752 | 2,582 | 484,112 |
| 토마토 | 3,021 | 4,285 | 129,458 | 3,334 | 4,749 | 158,333 | 3,828 | 5,636 | 215,756 |
| 딸 기 | 5,727 | 2,249 | 128,814 | 6,201 | 2,457 | 152,377 | 6,236 | 2,519 | 157,053 |
| 풋고추 | 4,490 | 2,542 | 114,129 | 4,729 | 2,601 | 123,021 | 4,767 | 2,390 | 113,946 |
| 기 타 | 7,520 | - | 176,790 | 9,320 | - | 245,696 | 8,397 | - | 196,482 |

먼저 '94~'96 채소류 총 재배면적은 〈표 1-3〉과 같은데 '94년에 비하여 '96년의 총면적은 4.2%가 늘었고, 이중 시설면적은 10.3%가 확대되었다.

'94~'96년의 3년간 실적을 보면 시설채소 중 재배면적이 가장 큰 것은 수박, 참외, 딸기, 오이 등 과채류이며, 그 뒤를 이어 배추, 무, 풋고추, 상추, 토마토, 시금치, 호박 등의 순이다.

단수(10a당 수량)는 토마토, 오이가 5,000kg 이상이고, 무, 배추가 3,600kg 정도이다. 총생산량은 수박이 가장 높아 '96년은 48만 톤을 넘고 있다.

'96년 시설, 노지채소 총 생산실적은 다음 〈표 1-5〉와 같다.

## <표 1-5> '96년 채소생산 실적  (농림부)

| 구분 | 계 면적 (ha) | 계 단수 (kg) | 계 생산량 (M/T) | 시설 면적 (ha) | 시설 단수 (kg) | 시설 생산량 (M/T) | 노지 면적 (ha) | 노지 단수 (kg) | 노지 생산량 (M/T) |
|---|---|---|---|---|---|---|---|---|---|
| 총계 | 388,655 | - | 10,208,771 | 77,251 | - | 2,350,490 | 311,404 | - | 7,858,281 |
| 근채류 | 45,038 | - | 1,891,814 | 4,875 | | 174,962 | 40,163 | - | 1,716,852 |
| 무 | 39,722 | 4,350 | 1,728,018 | 4,818 | | 173,644 | 34,904 | - | 1,554,374 |
| 봄 | 20,564 | 3,097 | 636,945 | 4,818 | 3,604 | 173,644 | 15,746 | 2,942 | 463,301 |
| 고랭지 | 3,531 | 2,670 | 94,288 | - | - | - | 3,531 | 2,670 | 94,288 |
| 가을 | 15,627 | 6,379 | 996,785 | - | - | - | 15,627 | 6,379 | 996,785 |
| 당근 | 5,050 | 3,138 | 158,447 | 57 | 2,312 | 1,318 | 4,993 | 3,147 | 157,129 |
| 우엉 | 68 | 1,759 | 1,198 | - | - | - | 68 | 1,759 | 1,198 |
| 연근 | 91 | 2,299 | 2,097 | - | - | - | 91 | 2,299 | 2,097 |
| 토란 | 107 | 1,920 | 2,054 | - | - | - | 107 | 1,920 | 2,054 |
| 엽채류 | 70,882 | - | 3,614,950 | 14,628 | - | 3,642 | 56,254 | - | 3,232,742 |
| 배추 | 48,008 | 6,244 | 2,997,721 | 5,593 | 3,653 | 204,324 | 42,415 | - | 2,793,397 |
| 봄 | 22,216 | 3,928 | 872,631 | 5,593 | 3,653 | 204,324 | 16,623 | 4,020 | 668,307 |
| 고랭지 | 10,793 | 3,222 | 347,765 | - | - | - | 10,793 | 3,222 | 347,765 |
| 가을 | 14,999 | 11,850 | 1,777,325 | - | - | - | 14,999 | 11,850 | 1,777,325 |
| 상추 | 6,625 | 2,118 | 140,347 | 4,595 | 2,234 | 102,636 | 2,030 | 1,858 | 37,711 |
| 시금치 | 7,377 | 1,520 | 112,119 | 3,266 | 1,694 | 55,316 | 4,111 | 1,382 | 56,803 |
| 양배추 | 5,974 | 4,558 | 272,275 | 81 | 5,010 | 4,058 | 5,893 | 4,552 | 268,217 |
| 미나리 | 1,805 | 4,245 | 76,614 | | | | 1,805 | 4,245 | 76,614 |
| 쑥갓 | 1,093 | 1,452 | 15,874 | 1,093 | 1,452 | 15,874 | - | - | - |
| 과채류 | 81,485 | - | 2,223,676 | 51,171 | - | 1,634,516 | 30,314 | - | 589,160 |
| 수박 | 39,270 | 2,207 | 866,499 | 18,752 | 2,582 | 484,112 | 20,518 | 1,864 | 382,387 |
| 참외 | 10,679 | 2,732 | 291,710 | 9,198 | 2,901 | 266,799 | 1,481 | 1,682 | 24,911 |
| 오이 | 7,191 | 5,002 | 359,708 | 4,996 | 5,993 | 299,401 | 2,195 | 2,748 | 60,307 |
| 호박 | 7,259 | 2,374 | 172,332 | 2,805 | 2,888 | 81,021 | 4,454 | 2,050 | 91,311 |
| 토마토 | 4,044 | 5,513 | 222,943 | 3,828 | 5,636 | 215,756 | 216 | 3,327 | 7,187 |

| 구분 | 계 | | | 시설 | | | 노지 | | |
|------|--------|--------|---------|--------|--------|---------|--------|--------|---------|
| | 면적 (ha) | 단수 (kg) | 생산량 (M/T) | 면적 (ha) | 단수 (kg) | 생산량 (M/T) | 면적 (ha) | 단수 (kg) | 생산량 (M/T) |
| 딸 기 | 7,143 | 2,381 | 170,089 | 6,236 | 2,519 | 157,053 | 907 | 1,437 | 13,036 |
| 가 지 | 713 | 1,939 | 13,828 | 170 | 2,239 | 3,807 | 543 | 1,846 | 10,021 |
| 풋고추 | 4,767 | 2,390 | 113,946 | 4,767 | 2,390 | 113,946 | - | - | - |
| 메 론 | 419 | 3,012 | 12,621 | 419 | 3,012 | 12,621 | - | - | - |
| 조미채류 | 166,477 | - | 1,810,757 | 228 | 3,177 | 7,243 | 166,249 | - | 1,803,514 |
| 고 추 | 90,762 | 241 | 218,462 | - | - | - | 90,762 | 241 | 218,462 |
| 마 늘 | 41,973 | 1,086 | 455,955 | - | - | - | 41,973 | 1,086 | 455,955 |
| 양 파 | 9,661 | 5,989 | 578,574 | - | - | - | 9,661 | 5,989 | 578,574 |
| 파 | 21,073 | 2,515 | 529,876 | 228 | 3,177 | 7,243 | 20,845 | 2,507 | 522,633 |
| 생 강 | 3,008 | 927 | 27,890 | - | - | - | 3,008 | 927 | 27,890 |
| 양채류 | 473 | 2,986 | 14,124 | 24 | 2,884 | 695 | 449 | 2,991 | 13,429 |
| 기 타 | 24,300 | - | 653,450 | 6,325 | - | 150,866 | 17,975 | - | 502,584 |

## (3) 우리나라 시설원예의 당면과제

최근 시설원예가 양적인 발전을 하고 있지만 현장에서는 개선해야 할 문제점들이 더욱 많아졌다. 이에 경영의 합리화와 수량과 품질을 높이기 위한 몇가지 문제점을 들어보면 다음과 같다.

① 시설구조 및 자재의 노후화와 수작업에 의한 노동 의존도가 높다.

② 환경제어(環境制御)에 대한 인식부족과 기술낙후로 시설내 제반 환경조건 불량으로 인한 생산성과 품질이 저하된다.

③ 관수, 시비, 토양관리, 병해충방제 등의 재배관리 기술수준이 낮아 작물의 생산능력을 충분히 발휘하지 못하고 있다.

④ 재배작형과 작부체계가 불합리하다.

시설내 환경을 고려하지 않고 작목을 선택하거나, 재배방식 및 작부체계의 무리한 도입으로 생산성과 품질이 저하된다.

⑤ 전문 품종보급이 충분하지 못하여 고·저온 적응성 및 다습조건에서의
내병성 강화가 절실히 요구된다. 또한 약광(弱光)에서도 생육 가능한
품종 등이 적어 노지재배 품종을 그대로 재배할 경우 생육장해를 초래
하기도 한다.

# 제2장  시설 설치법

## 1. 시설의 종류와 방향

### (1) 우리나라 시설의 현황

<표 2-1> 우리나라 시설의 유형별 면적                    (농림부 · 단위: ha)

| 연 도 | 계 | 둥근지붕형 | 양지붕형 | 3/4 지붕형 | 기타 |
|-------|------|-----------|---------|-----------|--------|
| 1994 | 37,801 | 37,148 | 496 | 141 | 16 |
| 1996 | 42,669 | 41,837 | 589 | 217 | 25 |
| 증감대비(%) | 12.9 | 12.6 | 18.7 | 53.9 | △ 56.2 |

　　우리나라 시설유형은 전체의 98%가 둥근지붕형을 선호하고 있는데 이것은 시설자재가 파이프로서 설치비가 싸고 시설하기 쉽다는 이유가 아닌가 한다. 이들 둥근지붕형은 피복자재가 모두 플라스틱, 필름종류(PE, EVA 등)로 시설의 낙후성을 미루어 짐작하게 한다.
　　이 가운데 단동식은 전체의 73%('96)로 대부분을 차지하고 있는데, 양지붕형에서는 연동형이 32%로 유리등의 최신 피복재를 이용한 철골온실이 주로 이 형식임을 알게 하고 있다.

## (2) 지붕의 형태에 의한 분류

시설은 지붕의 형태에 의해 다음과 같이 분류할 수 있다.

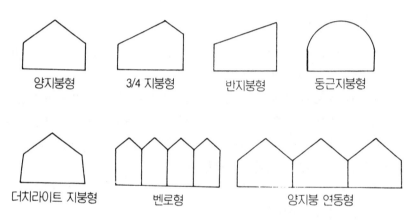

양지붕형    3/4 지붕형    반지붕형    둥근지붕형

더치라이트 지붕형    벤로형    양지붕 연동형

**<그림 2-1> 여러가지 온실모양 그림**

### 가. 양지붕형

지붕의 양쪽 길이와 경사가 같은 형식이다. 원래는 전형적인 유리온실 형식이지만 값이 싼 비닐로 대신한 것이다. 양쪽 측면도 같은 높이다.

남북으로 길게 세우면 실내에 햇볕이 고르게 들므로 식물의 생육이 좋고 관리하기도 쉽다.

대부분 남북방향으로 세우지만 적은 면적에 번식과 육묘용으로 쓸 때는 동서방향으로 설치하기도 한다.

### 나. 3/4지붕형 (스리쿼터형)

남쪽 지붕의 길이가 전체 지붕의 3/4 정도 되게 짓는 것인데 실제로는 북쪽지붕이 남쪽보다 짧은 것은 모두 이 형식으로 다루고 있다.

남쪽에서 햇빛이 잘 들어 추울 때의 하우스 내부온도는 높아지지만 내부의 빛을 받는 양은 북쪽에 가까울수록 적어서 남북의 길이가 길수록 차이가 커지는 단점이 있다.

### 다. 반 지붕형

가옥·헛간·담장 등의 남쪽 벽에 붙여 동서방향으로 설치하는 수가 많다. 한쪽만 있는 직면지붕으로서 대부분 남향으로 경사진다.

이 형식은 햇볕이 한쪽에서만 들어오므로 식물은 햇빛 쪽으로만 기울어서 자란다. 그러므로 분(盆)재배에서는 이따금 분을 돌려주거나 위치를 바꾸어 놓는다. 그래서 가정에서 취미생활을 목적으로 소형으로 설치하거나 저온기의 번식·육묘용으로 쓰기에 적절하다.

### 라. 둥근지붕형(아치형)

반원형 내지는 그에 가까운 곡선지붕의 하우스이다. 대부분은 남북동(南北棟)으로 지어 동서 양쪽에서 햇빛을 잘 받게 함과 동시에 지붕면에서도 햇빛을 많이 이용하는 하우스이다. 일반적으로 확산광선(擴散光線) 때문에 하우스내의 수광량이 높고 지붕밑의 공간이 넓고 크다. 하우스내의 환경은 양지붕식과 같다.

### 마. 더치라이트 지붕형

더치라이트 지붕형은(Dutch light roof) 양지붕형 온실의 일종으로서 옆벽이 바깥쪽으로 경사져 있다. 가정용 온실 등에 쓰이기도 하나 일반적으로 채소재배에서 널리 쓰이는 더치라이트형의 다연동온실(多連棟溫室)에서 이 지붕형을 갖는 경우가 많다. 또한 이 지붕형은 온실 전체의 구조강도를 높여 측면으로부터의 풍압을 경감하는 효과가 있다.

## 바. 벤로형

벤로형(Venlo)은 유리용 온실로 처마가 높고 너비가 좁은 양지붕형을 연결한 것으로서 종래 연동형의 결점을 보완한 것이다.

이 형은 지붕높이(추녀에서 용마루까지의 길이)가 약 70cm에 지나지 않으므로 서까래의 간격이 넓어질 수 있기 때문에 골격자재가 적게 들어 시설비가 절약될 수 있다. 뿐만 아니라 골격률이 12% 정도로 일반의 20%에 비하여 현저하게 낮으므로 투광률이 높다. 그러나 골격률이 낮으므로 유리가 일반온실의 3mm보다 두꺼운 4mm 정도는 되어야 한다.

이 온실은 한쪽 지붕의 너비가 1.6m로 2개의 지붕마다 연결부에 기둥이 세워져 있다. 따라서 지붕 2개의 길이가 6.4m로 보통 온실 한 동과 같다. 용마루의 높이는 3.4m이며, 처마의 높이는 2.5~2.7m로 높은 편이고 지붕의 기울기는 대체로 27°이다.

근래 지어진 유리온실은 대부분 이 형식으로 토마토·오이·고추 등 키가 큰 호온성과채류(好溫性果菜類)나 장미 등 화훼류를 주로 재배한다.

## 사. 연동형(連棟型)

2동(棟) 이상의 하우스를 처마부분에서 연속시킨 하우스로 동수에 따라서 2연동식 또는 3연동식이라고 한다.

연동식 하우스는 일반의 단동형 하우스에 비하여 부지(敷地)를 절약함으로써 단위당 건설비가 싸게 들며 외기에 접하는 면이 하우스 내의 바닥면보다도 비교적 적으므로 보온성과 내풍력(耐風力)이 우수하다.

그러나 일조량(日照量)과 환기는 단동형보다 떨어진다. 특히 연속부위 밑의 일조가 나쁘고, 동수가 많을수록 중앙부의 통기성이 나쁘므로 동수를 합리적으로 제한할 필요가 있다.

## 아. 비가림 하우스

비가림 시설은 고냉지와 여름 장마철의 작물재배에 이용되는 하우스로서 열과나 생리적 장해 방지와 병해충 발생을 줄일 수 있으며, 바람막이, 고온장해 등에 효과가 있다.

고냉지에서 엽채류재배에 많이 이용되고 있으며 특히 토마토의 경우에는 생육 후반기의 열과방지, 시금치는 잘록병(立枯病) 방지에 주로 이용한다. 그 외에도 요즘은 모든 여름 채소재배에서 일반화되어 있다. 채소재배용 비가림 하우스의 형태중 비닐 하우스를 이용한 전면비가림은 겨울과 봄·가을에는 본래 목적대로 이용하고 더운 늦봄부터 초가을까지는 지붕의 비닐만 두고 양 옆은 터놓는 형태이다.

## (3) 시설의 방향

시설의 방향은 동서동(東西棟)과 남북동(南北棟)으로 대별할 수 있는데 그 방향에 따라 하우스내의 온도 및 조도에는 상당한 차이가 있다.

**<표 2-2> 동서방향 시설의 실내온도**　　(단위 : ℃)

| 조사시기 | 문관리 | 남 쪽 | | | | 북 쪽 | | | | 남북양쪽차 (A)~(B) | 옥외 (대조) |
|---|---|---|---|---|---|---|---|---|---|---|---|
| | | 동쪽 | 중간 | 서쪽 | 평균A | 동쪽 | 중간 | 서쪽 | 평균B | | |
| 한겨울(1월상순) | 폐쇄 | 15.7 | 18.1 | 18.7 | 17.5 | 15.8 | 16.0 | 14.7 | 15.5 | 2.0 | 5.7 |
| 이른봄(2월하순) | 폐쇄 | 17.5 | 17.6 | 18.5 | 17.9 | 16.7 | 18.1 | 18.3 | 17.7 | 0.2 | 8.9 |
| 봄 (4월중순) | 개방 | 20.6 | 20.5 | 22.1 | 22.1 | 19.2 | 20.9 | 21.3 | 20.5 | 0.6 | 13.5 |
| 한여름(7월하순) | 개방 | 31.4 | 31.9 | 30.9 | 31.4 | 31.4 | 31.8 | 33.0 | 32.1 | 0.7 | — |
| 평 균 | | 21.3 | 22.0 | 22.6 | 22.0 | 20.8 | 21.7 | 21.8 | 21.5 | 0.5 | — |

주) 1) 측정시간 : 9시, 11시 30분, 오후 4시의 평균.

　2) 측정위치 : 지상 30cm, 측면에서 30cm, 양쪽박공에서 90cm와 그 중간지점.

**<표 2-3> 남북방향 시설의 실내온도**　　　　　(단위 : ℃)

| 조사시기 | 문관리 | 동 쪽 | | | | 서 쪽 | | | | 동서양쪽차 (A)~(B) | 옥외 (대조) |
|---|---|---|---|---|---|---|---|---|---|---|---|
| | | 남쪽 | 중간 | 북쪽 | 평균A | 남쪽 | 중간 | 북쪽 | 평균B | | |
| 한겨울(1월상순) | 폐쇄 | 15.9 | 14.0 | 13.1 | 14.3 | 14.0 | 13.5 | 13.2 | 13.6 | 0.7 | 5.7 |
| 이른봄(2월하순) | 폐쇄 | 17.1 | 17.7 | 16.9 | 17.2 | 17.4 | 18.3 | 16.8 | 17.5 | - 0.3 | 8.9 |
| 봄 (4월중순) | 개방 | 19.5 | 18.5 | 19.8 | 19.3 | 18.2 | 18.4 | 17.8 | 18.1 | 1.2 | 13.5 |
| 한여름(7월하순) | 개방 | 34.7 | 34.4 | 33.6 | 34.3 | 34.8 | 33.2 | 33.7 | 33.9 | 0.4 | — |
| 평 균 | | 21.8 | 21.1 | 20.8 | 21.3 | 21.1 | 20.8 | 20.4 | 20.8 | 0.5 | — |

주) 〈표 2-2〉와 같음.

위의 〈표 2-2, 2-3〉의 실내온도는 비닐하우스에 대한 것이지만 온실에도 대체로 공통적으로 적용된다.

## 가. 방향과 계절별 온도

### ① 동서동(東西棟)

겨울철 온도는 남쪽이 북쪽보다 상당히 높으나 그 외의 시기는 차이가 별로 없다. 그리고 추울 때는 위치에 의한 차이가 많다면 그 평균온도가 높아서 유리하고, 고온기에는 평균온도가 비교적 낮으므로 온도관리는 일반적으로 용이하다.

### ② 남북동(南北棟)

추울 때는 동쪽이 서쪽보다 약간 고온이지만 이른 봄에는 오히려 서쪽이 약간 높다. 그리고 한겨울에는 평균온도가 동서동 방향보다 낮아서 불리하고 한여름에는 비교적 높아 관리가 어렵다.

## 나. 방향과 계절별 햇빛 들어오는 정도(照明度)

① 동서동

고온기를 제외하고는 남쪽이 북쪽에 비해 조명도가 비교적 높고 겨울철은 남쪽의 중간지점과 북쪽의 서편쪽이 낮아 일반적으로 조명도 관리가 비교적 어렵다.

② 남북동

각 계절별로 동서 양쪽과 위치별 차이가 적어 조명도 관리가 비교적 쉽다. 그러나 고온기 외에는 어느 곳이나 비교적 조명도가 낮아 관리상 좋지 않다. 고온기는 양쪽의 각지점 모두 조명도가 높으므로 재배작물 종류에 따라서는 차광을 필요로 하는 것도 있다.

이처럼 동서동은 한랭기의 실내온도가 높고 고온기에는 낮아, 남북동이 한랭기의 온도가 낮고 고온기에 높은 데 비해 온도상으로는 우수하다. 그러나 조명도에서는 양쪽이 차이가 있으며 각각 위치에 따라서도 차이가 크다. 더구나 고온기는 남쪽의 조명도가 현저히 낮아서 관리에 어려움이 있다.

온도·조명도의 양 조건을 종합적으로 판단하면 동서동은 한랭기의 햇빛 이용이 유리하여 비교적 단기의 번식·육묘 및 분재배용으로 알맞다. 이에 비하여 남북동은 한랭기의 보온·가온과 고온기의 환기·냉방 등을 보완하면 연중재배가 가능하므로 일반적으로 가장 실용적인 하우스이다.

# 2. 시설 설치 요령

## (1) 시설설치의 기초

시설을 어떤 규모로 어떻게 만드는가 하는 것은 재배하고자 하는 작물 종류의 수, 생산규모, 생산형태, 이용목적, 경제사정 등을 감안해서 결정한다.

하우스를 설치할 장소도 기후 및 토지의 자연조건, 비용의 내용 · 기간 · 소요노동력 혹은 관리 · 교통 등의 경제조건을 종합해서 선택한다. 또한 방향과 배열, 연동으로 지을 경우 하우스간의 거리 · 간격은 어느 만큼 하는가 하는 것도 결정하지 않으면 안된다. 이를테면 남북동은 병렬로 짓더라도 동서간의 간격을 충분히 잡으면 다른 하우스의 일조 · 통기를 방해하는 일이 없다. 그래서 다른 부속설비와 합리적으로 조합하는 것이 중요하다.

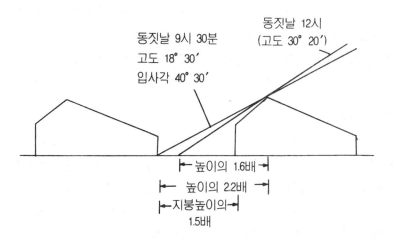

<그림 2-2> 동지(冬至)날의 3/4형 하우스의 햇빛투사 각도 및 그림자 길이

근래에는 시설을 집단화시키는 경향이 많아졌다. 이것은 작물의 종류 · 품종 · 재배법 등을 통합조정하여 재배기술을 향상시킴과 동시에 이것을 평준화하여 공동시설 · 설비의 이용, 공동육묘 · 관리 · 구입 · 출하 및 판매 등에 매우 이상적이라 할 수 있다.

## (2) 시설의 규모

### 가. 규모의 조건

한 동의 규모는 작목(作目), 생산규모, 지역의 기후, 하우스의 형식, 구조 등을 종합해서 결정한다.

① 작목(作目)

일조와 통기를 많이 필요로 하는 수박·참외·오이·토마토·딸기·멜론·고추·가지 등의 채소류와 포도와 같은 과수, 국화·카네이션·장미 등의 화훼(花卉)는 한 동의 규모를 너무 크게 해서는 안된다.

그러나 잎줄기 채소류 및 관엽식물류·양란류 등 상당한 반음성(半陰性)으로서 다습에 잘 견디는 작물은 한 동의 하우스를 비교적 크게 할 수 있다.

② 생산 규모

생산 규모가 큰 경영에서는 비교적 대형을, 작은 경영에서는 비교적 소형의 온실을 쓴다. 몇 가지 작목을 동시에 재배할 경우는 각각의 형태와 특성 그리고 생육단계가 같다면 대형하우스에서 혼합 관리할 수도 있다.

일반적으로 번식·육묘용 하우스는 소형이지만 재배를 중심으로 하는 경영에서는 대형하우스를 이용하는 것이 합리적이다.

③ 기후

흐리고 비가 많은 지역에서는 일조·통기를 좋게 하기 위해 비교적 소형하우스가 적합하지만 한랭하거나 건조한 지역에서는 보온효과를 높이기 위해 비교적 대형하우스가 유리하다.

④ 하우스의 형식과 구조

양지붕형·둥근지붕형은 대형온실에도 적합하지만 반지붕형·3/4형은 일반적으로 소형용의 하우스이다. 그리고 목조나 파이프시설은 비교적 대형화가 곤란하지만 철골·알루미늄 합금골격의 하우스는 강인하므로 대형화가 비교적 용이하다.

이 밖에 어느 정도까지의 대형은 단위면적당의 건설비가 적어진다. 그래서 다른 조건이 각각 충당된다면 적당히 대형화하는 것이 경제적으로 이익이다.

## 나. 채소용 하우스의 규모

작물의 묘판과 통로의 폭을 하나의 기준으로 하여 일조(日照)·통기(通氣)·방제(防除)·수확 등이나 실내의 이용률과 비닐의 규격 등을 종합해서 폭을 결정하는 것이 좋다.

예컨대 오이·토마토 등의 남북동 양지붕형 하우스에서는 이랑폭은 1~1.2m, 통로를 50cm로 하여 4이랑을 하면 폭이 6.5~7m로 된다.

길이는 하우스의 면적에 따라서 다르다. 그러나 일반적으로는 하우스내의 온도·조명도를 고르게 하고 물주기의 합리적인 기계화·자동화 등을 위해 50m 정도가 이상적이라 할 수 있다.

## 다. 화훼용 하우스의 규모

화훼류 재배용의 하우스는 대체로 채소의 경우에 준하여 폭과 길이를 정하는데 하우스의 면적도 그것과 비슷하다. 근년에는 생산규모의 확대에 따라 연동식으로 지어 관리하는 것이 일반화되었다.

예컨대 국화·카네이션·장미 등이 그 대표적인 것이다. 그래서 종래의 연동형하우스에서 많이 재배되고 있던 관엽식물이나 양란류 등과 함께 이런 형식의 하우스가 많이 보급되어 있다.

성장과 생육의 단계를 달리하는 몇 가지 화훼를 한 하우스에서 혼합관리하는 것은 영리생산의 경영으로서는 반드시 적당하다고 할 수는 없다. 그래서 화훼하우스 경영에서는 작목과 재배형태(분·토양) 및 생산량이 하우스

한편, 동력환풍기(動力換風機)에 의한 강제환기, 온수·증기를 이용한 보일러에 의한 균일한 가온과 합리적·경제적인 보광(補光) 등과 아울러서 이들 온실의 대형화를 촉진한다.

그래서 대형단동(大型單棟)의 시설에서는 내부의 기둥을 없애거나 대폭 적게 하여 연동식의 결함을 제거한 것이 많이 쓰여지고 있다.

## (3) 시설 설치 자재

### 가. 우리나라의 시설골재

**<표 2-4> 시설의 골재 사용현황**   (농림부·단위 : ha)

| 연도 | 계 | 죽재 | 목재 | 죽·목재 | PVC | 철재 소계 | 농업용 파이프 | PVC코팅 파이프 | 앵글 | 철골 |
|---|---|---|---|---|---|---|---|---|---|---|
| 1994 | 37,801 | 439 | 598 | 518 | 337 | 35,909 | 34,414 | 1,123 | 344 | 28 |
| 1996 | 42,669 | 235 | 487 | 265 | 58 | 41,616 | 39,664 | 1,456 | 253 | 243 |
| 비율 | 100% | 0.6 | 1.1 | 0.6 | 0.1 | 97.5 | 92.9 | 3.4 | 0.6 | 0.6 |

'96년 우리나라 시설골재는 97.5%가 철재로서 매년 그 비율이 높아가고 있다. 그 중에서 92.9%를 차지하고 있는 것이 직경 25mm의 아연도금 파이프로써 둥근지붕식 하우스이다.

앵글 및 철골온실은 '96년 현재 겨우 1.2%에 지나지 않으나 그래도 '94년에 비하면 30%가 늘어난 것으로 농업기반 조성을 위한 농수산 통합사업과 경쟁력 제고대책 등으로 지원되는 것으로 보여진다.

반면 죽재나 목재 시설은 매년 줄어들고 있어 '96년 현재 2.3% 미만에 그치고 있다.

## 나. 골격자재

### ① 목재 · 죽재(木材 · 竹材)

예전에 흔히 쓰이던 대나무나 목재가 현재 골격재료로 쓰여지는 일은 극히 드물어 2.2%에 그치고 있고, 강도가 높은 목재 하우스는 필요에 따라 약간 활용되고 있다.

**〈표 2-5〉 비닐하우스 골재의 종류별 용도 · 규모 · 내구력표**

| 골 재 | | 용 도 | 적합 규모 | 내구력(추정) | |
|---|---|---|---|---|---|
| 종류 · 형 | 규격(mm) | | | 풍속(m/초) | 적설(cm) |
| 앵글 철재 L형 | 3×30×30 | 이동·고정 | 소 중 형 | 25~30 | 10~13 |
| | 4×40×40 | 고 정 | 중 대 형 | 30~35 | 15~25 |
| 앵글 철재 H형 | 4×40×15× 40 | 고 정 | 중 대 형 | 35~40 | 20~25 |
| 철근 | 지 름 8 | 이동·고정 | 소 형 | 20~25 | 8~13 |
| 철 파 이 프 | 외 경 25 내 경 22 | 이동·고정 | 소 중 형 | 25~35 | 15~25 |
| 염 화 비 닐 파 이 프 | 외 경 30 내 경 25 | 이 동 | 소 형 | 20~30 | 8~15 |
| | 외 경 33 내 경 27 | 이동·고정 | 소 형 | 25~30 | 12~20 |

### ② 철재(鐵材)

L자형앵글 철재의 이용률은 1%미만이다. 경량형 강철재의 대부분은 L형 3×30×30mm이지만 내풍 · 내설 등을 강화할 목적으로 4×40×40mm 또는 6×65×60mm를 쓰는 수도 있다.

### ③ 알루미늄 합금재(aluminium 合金材)

최근 하우스에 골재로 이용되어 점차 보급되어 가고 있다. 가벼워 취급하기가 쉽고 녹슬지 않으므로 페인트 칠할 필요가 없다. 또 반사광선 때문에 하우스내의 조명도가 높으며 필름이 골재에 접촉하여도 경화되지 않으나 철재보다도 비싸다.

④ 아연도금 철파이프

철파이프는 간이 이동식의 골재에 적합하나 요즘은 대형시설에도 사용되고 있다. 조립이나 이동이 쉬우며 파이프와 가로대를 고정구(固定具)에 의해 연결할 수 있다. 가장 많이 쓰이고 있는 파이프는 겉지름이 25mm 정도인데 우리나라 시설의 91.4%를 차지하고 있다.

⑤ 경질염화비닐파이프(硬質鹽化 vinylpipe)

간이이동식 골재로서 일부 지역에서 약간 이용하고 있는데 PVC는 1%미만이나 PVC코팅파이프 사용률은 4% 정도이다. 소형 비닐하우스에 쓰여지며 조립과 해체·이동이 쉽다. 가볍기 때문에 운반이나 시공하기도 좋고 값도 비교적 싸다. 가장 많이 쓰여지고 있는 것은 바깥지름 30mm, 안지름 25mm, 두께 2.5mm 정도의 파이프다.

다. 피복자재(被覆資材)

① 우리나라 피복자재

**<표 2-6> 피복자재 사용현황**  (농림부·단위 ha)

| 연도 | 계 | PE필름 | PVC필름 | EVA필름 | PC | PET | 유리 | 기타 |
|------|------|--------|---------|---------|------|------|------|------|
| 1994 | 37,801 | 28,600 | 3,544 | 5,610 | 5.6 | 0.1 | 13.6 | 27 |
| 1996 | 42,669 | 31,366 | 3,086 | 7,946 | 78 | 0.9 | 118 | 71 |
| 비율 | 100 | 73.5 | 7.2 | 18.6 | 0.2 | | 0.3 | 6 |

외부 피복자재는 값싸고 간편한 PE필름이 73%를 차지하고, EVA필름이 17%, PVC필름은 7%이다. 유리는 겨우 0.3%지만 '94년에 비하면 7배인 104ha가 증가되었다.

피복자재는 기초피복자재(고정피복자재)와 추가피복자재가 있다. 기초피복은 시설의 외부를 유리나 비닐(PE필름)로 하는 것을 말하고, 추가피복은 기초피복 위에 보온, 차광, 반사 등을 위하여 덧씌우는 것을 말하는데 그 종류는 다음 〈표 2-7〉과 같다.

**〈표 2-7〉 피복재 종류**

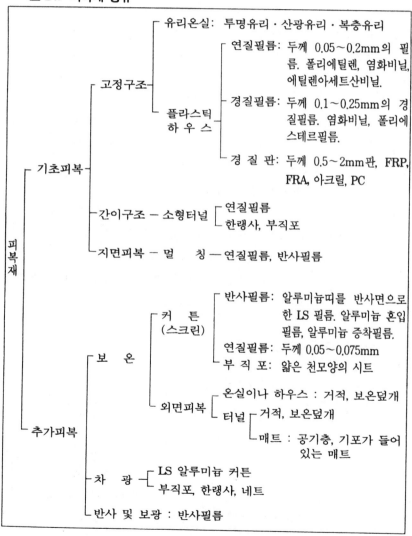

### <표 2-8> 연질필름 각 자재의 일반 특성

| 특성 ＼ 자재명 | 염화비닐필름 | 폴리에틸렌필름 | 에틸렌아세트산 비닐필름 |
|---|---|---|---|
| 일 반 명 | PVC | PE | EVA |
| 광 선 투 과 율 | 높음 | 높음 | 높음 |
| 보 온 력 | 높음 | 떨어짐 | 높음 |
| 항장력(抗張力) | 크다 | 적다 | 크다 |
| 신장력(伸張力) | 크다 | 적다 | 크다 |
| 내후성(耐候性) | 크다 | 적다 | 중간 |
| 비료·농약및 약품내구성 | 크다 | 크다 | 크다 |
| 취 급 · 편 리 | 편리 | 편리 | 편리, 고·저온에도 원형 유지. 가스나 독성 없음 |
| 먼 지 흡 착 | 잘 붙어 사용중 광선투과율 낮아짐 | 잘 붙지 않아 광투과율 높음 | 잘 붙지 않음 |
| 가 격 | 비싸다 | PVC에 비하여 싸다. | PVC와 PE 중간 |
| 기 타 | 시설의 외부피복재로 가장 적당하나 값이 비싸 보급률이 극히 낮음 | 우리나라 시설의 외부피복재 70% 이상 커튼, 이중터널 피복멀칭 등 피복재로 적당 | 외부피복재로 우수한 특성이 있으나 가격이 PE보다 비싸 보급률이 낮음. |

### <표 2-9> 경질필름의 특성

| 특성 ＼ 자재명 | 경질염화비닐필름 | 경질폴리에틸렌필름 |
|---|---|---|
| 광 선 투 과 율 | 자외선 - 약간낮음<br>장파장 - 높음 | 높음 |
| 보 온 성 | 보통 | 높음 |
| 수 명 | 3년 | 5년 이상<br>(자외선 차단형은 7~8년) |
| 인열강도(引裂强度) | 낮음(못구멍 등에 찢어지기 쉬움) | 높음 |

② 기초피복

㉮ 유리

온실에 사용하는 유리는 보통판(普通板), 형판, 열선흡수(熱線吸收) 유리가 있다. 형판유리는 표면의 요철(凹凸)로 투과광선의 일부가 산란(散亂)되기 때문에 시설내 햇빛이 고르게 분포된다.

㉯ 플라스틱 피복자재

㉠ 연질필름(軟質 film)

두께 0.05~0.2mm로 염화비닐필름(PVC), 폴로에틸렌필름(PE), 에틸렌 아세트산 비닐필름(EVA)이 있다.

위 3가지 자재의 특징은 다음의 〈표 2-10〉과 같다.

㉡ 경질필름(硬質 film)

㉢ 경질판(硬質板)

두께 0.5mm 이상 되는 플라스틱판으로, 시설피복재로는 유리에 버금가는 우수한 성질이 있으나 시설비가 비싸다.

주요특성은 다음 〈표 2-10〉과 같다.

**〈표 2-10〉 경질판의 특성**

| 특성 \ 자재명 | FRP | FRA | MMA | 복층판(複層板) |
|---|---|---|---|---|
| 광선투과율 | 오래 사용하면 먼지부착으로 광선투과율 낮아짐 | 높은 편 | 유리와 비슷 높음 | 낮음 |
| 사용년수 기타 | 8~10년 | 10년 이상 산광성(散光性) 피복재로 자외선 투과율이 FRP보다 높음 | 10년 정도 보온성이 높으나 내충격성은 FRP, FRA보다 낮고 열에 대한 팽창 수축이 크므로 시공에 유의 | 10년 정도 2층 구조판으로 시공할 때 특별히 주의, 내충격성 낮음, 값이 비쌈. 보온력 높음. |

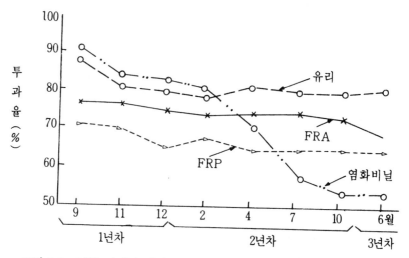

<그림 2-3> 피복 자재별 광선 투과의 경시적 변화

〈그림 2-3〉에서 보면 유리일 경우는 일수 경과에 큰 차이가 없으나, 염화비닐은 5개월이 경과된 뒤는 현저하게 떨어지고 1년이 경과되면 50% 약간 넘는 투과량을 보여주고 있다.

ⓑ 알루미늄 띠 이용

㉠ 반사필름(反射 film)

시설의 보광(補光)이나 반사광 이용에 사용되는데 알루미늄 분말 혼입 필름과 알루미늄 박(箔)을 사용한 것, 알루미늄증착(蒸着)필름 등이 있다.

ⓒ 기타 피복재

㉠ 부직포(不織布) - 커튼이나 차광피복재. 수명 3~4년

㉡ 매트 - 단열성이 크나 광선투과율과 유연성은 낮다. 소형터널 피복용

㉢ 거적 - 단열효과가 크나 먼지 발생이 많고, 노동력이 많이 든다.

㉣ 한냉사(寒冷紗), 네트(net) - 차광피복재, 서리막기피복재

이상 열거한 각종 피복자재의 종류와 주요특성은 다음 〈표 2-11〉과 같다.

## \<표 2-11> 피복자재의 종류와 특성

| 종류 | 재 질 | 특 성 | | | |
|------|-------|-------|------|------|------|
| | | 투광성 | 내구성 | 투습성 | 작업성 |
| 경질판 | FRP판 (유리섬유 강화 폴리에스테르판) | ◎ | ◎ | × | × |
| | FRA판 (유리섬유 강화 아크릴판) | ◎ | ◎ | × | × |
| | MMA판 (아크릴수지판) | ◎ | ◎ | × | × |
| | PC판 (폴리카보네이트수지판) | ◎ | ◎ | × | × |
| 경질필름 | PVC필름(무가소성 염화비닐) | ◎ | ○ | × | △ |
| | PET(폴리에스테르) | ◎ | ◎ | × | × |
| 연질필름 | PVC필름(염화비닐) | ◎ | ○ | × | ◎ |
| | PE(poly ethylene) | ○ | △ | × | ◎ |
| | EVA(ethylene vinyl acetate) | ○ | △ | × | ◎ |
| | PVC(poly vinyl chloride) | ○ | ○ | ◎ | ○ |
| | 올레핀계 특수필름 | ○ | ○ | × | ◎ |
| 매트 | 한 면을 보강시킨 발포성 PE | △ | ○ | × | ○ |
| | 공기층을 사용한 자재 | △ | △ | × | ○ |
| | 필름간에 섬유나 발포재를 주입 | △ | △~○ | × | ○ |
| 반사필름 | PVC · PE (알루미늄분말 혼입) | × | △~○ | × | ◎ |
| | PE · 발포 PE(알루미늄박 사용) | × | △ | × | ○ |
| | PE · 폴리프로필렌 · (알루미늄증착) | × | △ | × | ○ |
| | 알루미늄띠+실 · 아크릴 | ○ | ○ | ○ | ◎ |
| 부직포 | 폴리에스테르 | △ | ○ | ◎ | ○ |
| | 부직포에 PVC 또는 PE를 겹침 | △ | ○ | △~◎ | ○ |
| 한랭사 | 비닐론 · 폴리에스테르 · 아크릴 등의 섬유를 짠 것. | △ | ○ | | ○ |
| 네트 | PE · 폴리프로필렌 · 폴리비닐알코올 등의 섬유를 짠 것 | △~○ | △~○ | | △~◎ |

(주) ◎>○ >△ > ×(양 >불량), 작업성 : 피복시 난이도

**<표 2-12> 보온피복에 의한 열절감률**

| 보온방법 | 보온피복재 | 열절감률 | |
|---|---|---|---|
| | | 유리온실 | 비닐온실 |
| 이 중 피 복 | 유리, 염화비닐필름 | 0.45 | 0.45 |
| | PE필름 | 0.35 | 0.40 |
| 한겹보온막 | PE필름 | 0.30 | 0.35 |
| | PVC필름 | 0.35 | 0.40 |
| | 부직포 | 0.25 | 0.30 |
| | Al분말혼합필름 | 0.40 | 0.45 |
| | Al증착필름, Al박 PE | 0.50 | 0.55 |
| 두겹보온막 | PE필름 | 0.45 | 0.45 |
| | PE필름+Al증착필름 | 0.65 | 0.65 |
| | Al박 PE필름 | | |
| 외 면 피 복 | 거적(섬피) | 0.60 | 0.65 |

# (4) 시설의 구조

## 가. 시설 설치할 때 고려할 사항

### ① 폭과 길이

일반적으로 단동형하우스는 환기하기가 쉽고 채광이 좋으므로 비교적 폭을 넓게 할 수 있다. 연동형하우스는 동수가 많을수록 채광·통풍이 나빠지므로 1동의 폭(전면)을 6.5m 정도로 하고 3~5동으로 하는 것이 좋다. 현재 가장 보편적인 1~2W형은 폭 7m로 권하고 있다. 이에 대하여 대형 단동식 하우스에서는 폭 10~13m 정도가 적당하다.

길이는 지형 등에 제약을 받지만 일반적으로 50m 정도를 표준으로 한다. 너무 길면 기계화·자동화에 의한 균일한 가온·관수가 곤란하다. 그러나 확실하고 균일한 채광·통풍·가온 및 관수 등을 시설·설비의 개선에 의해 실현할 수 있다면 폭과 길이를 상당히 확대해도 좋다고 본다.

② 높이와 측면

높이는 높을수록 고온기의 환기가 좋고 실내온도의 상승을 완화시키지만 바람의 피해를 입기가 쉽고 주위의 표면적이 넓어져서 방량열이 많아 보온이 어렵고 가온비용도 증가한다. 또한 지붕과 천장의 보수, 필름의 갱신 등 작업도 쉽지 않다. 그러므로 작물의 생육과 작업능률에 지장이 없는 한 낮게 한다. 측면도 마찬가지이지만 옆창을 넓게 하려면 이에 알맞는 높이로 할 필요가 있다.

③ 지붕의 물매

유리지붕과 달라서 물이 역류해서 틈새를 통해 실내로 떨어질 염려는 없으므로 물매를 완만하게 하면 태풍의 피해를 적게 받는 장점이 있다.

그러나 너무 물매가 완만하면 실내 공기의 유동이 적어 둥근지붕형 등에서는 천정에 물이 고이기 쉽고 눈이 올 때는 제설하기가 어렵다. 게다가 지붕 밑에서 물방울이 떨어져서 관리작업이 곤란하게 됨과 동시에 작물의 병해를 유발하게 된다. 그래서 둥근지붕형에서는 비교적 원의 반경을 작게 해서 곡면을 둥글게 한다. 양지붕형, 3/4형 등의 직면지붕의 하우스에서는 27~29°로 한다.

④ 하우스의 시설

단동식에 비해 2동 이상으로 하는 연동식은 토지의 이용률이 높고 단위면적당의 자재비가 비교적 적을 뿐더러 온도의 변화가 적어 보온에 유리하다. 그러나 연동식은 단동식보다도 채광·통풍이 나쁜데 동수가 많거나, 한 동의 규모가 클수록 그 현상은 심각하며 처마 연결부에 물이 고여서 시설자재를 부식시키고 빗물이 새어나와 병해를 일으키기 쉽다.

이 때문에 최근에는 대형 독립식 하우스가 보급되고 있다. 이것은 연동식의 결함을 대형화함으로써 실내의 조명도가 일반적으로 높아지고 환기도 비교적 좋게 할 수 있다.

다만, 골재는 튼튼한 것을 쓰고, 측면을 가급적 높이고 지붕은 되도록 낮게 하여 실내의 이용률을 높임과 동시에 태풍의 피해를 경감하고 가온비용을 절약할 수 있다.

## 나. 시설의 기본구조

① 유리온실

㉮ 채소 및 화훼재배용 온실

채소와 화훼재배용 온실은 대형 연동식이 많은데 $6 \times (24 \sim 50)m$ 짜리 2연동으로 $288 \sim 600 \text{m}^2 (87 \sim 182평)$ 정도가 표준으로 되어 있다. 시설현대화 모델중 3-1G형의 기본구조는 다음 〈그림 2-4〉와 같다.

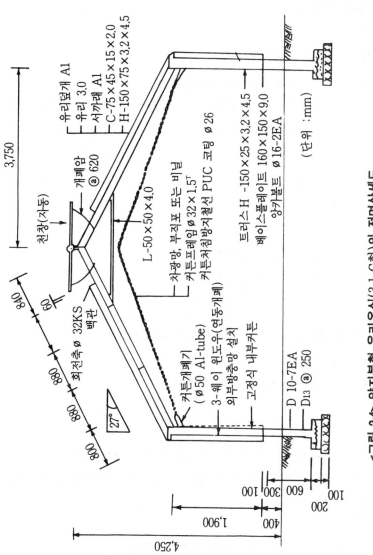

유리덮개 A1
유리 3.0
서까래 A1
C-75×45×15×2.0
H-150×75×3.2×4.5

3,750

천창(자동)

개폐암
@ 620

회전축 ø 32KS
박판

27°

커튼개폐기
(ø 50 Al-tube)

3-웨이 윈도우(연동개폐)
외부방충망 설치

고정식 내부커튼

차광망, 부직포 또는 비닐
커튼프레임 ø 32×1.5ᵀ
커튼처짐방지철선 PUC 코팅 ø 26

L-50×50×4.0

트러스 H -150×25×3.2×4.5
베이스플레이트 160×150×9.0
앙카볼트 ø 16-2EA

D 10-7EA
D13 @ 250

840
60
880
880
800

(단위 :mm)

100 300 600 100
200
400
1,900
4,250

&lt;그림 2-4&gt; 양지붕형 유리온실(3-1 G형)의 정면상세도

## ■ 기본구조 개요

① 개요

㉮ 형    식 : 유리온실형

㉯ 구    조 : 철골조 알루미늄 유리온실

㉰ 기본사양 : 온실의 너비=7.5m, 길이=49.6m, 면적=372㎡(112.7평),
기둥높이(간고) =2.3m, 지붕높이(동고) =4.25m.

㉠ 기본시설

- 천창개폐장치(온도감응식 : 자동)
- 이중커튼장치(권취식 : 전동·자동)
- 측창개폐장치(연동개폐식 : 자동)
- 관수시설(액비혼입 점적관수)
- 강제환기장치(환기선)

㉡ 부대시설

- 난방시설(온풍난방기 : 다단계 변온관리방식)
- $CO_2$ 시비시설
- 방제시설(이동식 살수장치·무인방제기)

② 구조의 적용범위

본 구조는 3.0mm 유리온실을 기준으로 설계되었으며, PMMA시트·폴리카보네이트시트(polycarbonate sheet) 등 유리대용피복재의 경질판 온실에 준용할 수 있다.

〈비고〉 피복재를 변경할 때에는 알루미늄 형재도 변경됨.

② 비닐 하우스

하우스 구조는 작물의 종류, 기상조건, 비용뿐 아니라 기본구조 외에 여러 가지 부분적 구조에 따라서도 다르므로 세심하게 설계해야 한다.

하우스 지붕은 둥근지붕(아치형)과 양지붕형이 있는데 대부분 농가는 시설비가 덜 들고 만들기 쉬운 둥근지붕형을 택하는 경향이 높다.

**<표 2-13> 하우스 기본형태별 장·단점 비교**

| 구 분 | | 둥근 지붕형 | 반 지붕형 |
|---|---|---|---|
| 기 상 | 광 선 | 실내에 고루 투사함 | 한쪽이 그늘지고 마룻대를 경계로 차이가 있음 |
| | 보 온 | 방열면적이 좁아 양호함 | 방열면적이 넓어 떨어짐 |
| | 습 도 | 상부에 물방울이 고여 다습해지기 쉬움. | 물방울이 흘러 다습해지지는 않음 |
| | 환 기 | 천창에서 환기하지 않으면 환기능률이 떨어짐 | 천창의 환기능률이 좋음 |
| 강 도 | 내 풍 { 골조 비닐 | 부담이 균일하고 강함 퍼티 부착이 적고 강함 | 바람받이가 강하므로 약함 퍼티 부착이 쉬우며, 느슨해지고 약함 |
| | 적 설 | 상부에 눈이 많이 쌓임 | 지붕의 기울기가 급하면 눈은 미끄러져 떨어짐 |
| 재 료 비 | | 경제적으로 적게 소요됨 | 많이 소요됨. |

㉮ 둥근지붕형(아치형) 하우스의 기본구조

일반적으로 직관(直管) 파이프를 일정한 형태로 구부려 짓고 있는데 구조상 단동 또는 연동형으로 보급되고 있다. 현재 보급된 이 하우스는 몇 가지 문제점을 가지고 있으며, 이를 개선하기 위하여 농촌진흥청에서 농가 보급용 표준형 하우스 시설 및 규격을 제정하였다.

개량 아치 연동형(1-2W형)과 양지붕 연동하우스(2-2S)의 기본구조는 다음과 같다.

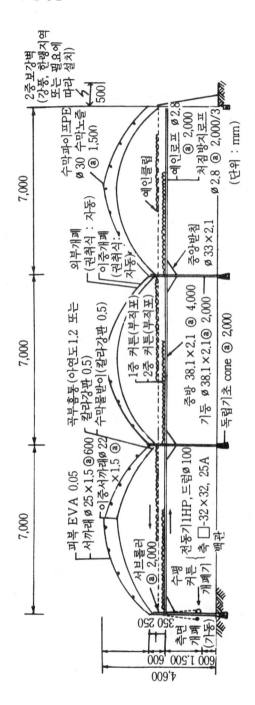

<그림 2-5> 아치 연동하우스(1·2 W형)의 정면상세도

(단위 : mm)

■ **기본구조 개요**

① 개요

㉮ 형　　식 : 개량아치연동형(1-2W형)

㉯ 구　　조 : 파이프 비닐하우스

㉰ 기본사양 : 하우스 너비=21m(7m×3연동), 길이=48m,
　　　　　　　면적=1,008㎡(305.5평), 기둥높이 2.7m, 지붕높이 4.6m

㉠ 기본시설

- 구조 및 피복
- 곡부 1·2중 개폐장치(권취식 : 자동)
- 측면개폐장치(권취식 : 자동)
- 수평커튼장치(1·2 : 예인식 : 자동)
- 관수장치(점적관수 : 액비혼합)

㉡ 부대시설

- 난방시설(온풍난방기 : 다단계 변온관리방식)
- $CO_2$ 발생기시설
- 방제시설(연무방제기)
- 강제환기시설(배기팬·흡입창)
- 수막시설(선택사양)
- 종합콘트롤장치

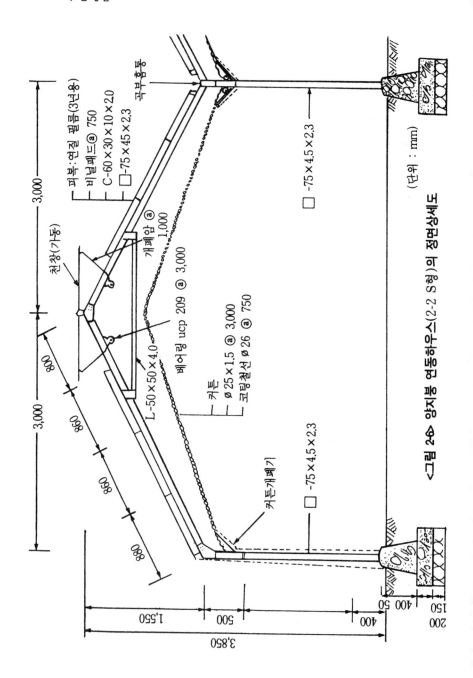

<그림 2-6> 양지붕 연동하우스(2-2 S형)의 정면상세도

(단위 : mm)

## ■ 기본구조 개요

① 개요

㉮ 형　　식 : 양지붕 연동형(2-2 S형)

㉯ 구　　조 : 철골조 비닐패드 온실

㉰ 기본사양 : 하우스의 너비＝12.0m(6.0m×2 연동), 길이＝48m,
　　　　　　기둥높이＝2.3m, 지붕높이＝3.85m, 면적＝576㎡(174.5평)

㉠ 기본시설
- 천창개폐장치(온도감응식 : 자동)
- 이중커튼개폐장치(권취식 : 전동 · 자동)
- 측창개폐장치(권취식 : 전동 · 자동)
- 관수시설(액비혼입장치 포함)
- 강제환기장치(환기선)

㉡ 부대시설
- 난방시설(온풍난방기 : 다단계 변온관리방식)
- $CO_2$ 시비시설
- 방제시설(살수장치 · 무인방제기)

② 구조의 적용범위

본구조는 연질필름온실로 설계되었으며, PET필름 및 FRP 온실에 준용된다.

〈비고〉 PET 또는 FRP온실로 변경할 때에는 전문시공자와 협의함.

**<표 2-14> 농가보급형 현대화하우스의 시설 및 규격** (農村振興廳, 1994)

| 명칭 | 개략도 | 골 재 | 규격(m) 너비x간고x길이 | 기본시설 | 부대시설 |
|---|---|---|---|---|---|
| 개량아치 단 동 1-1S형 1-1W형 | | 아연도구조강관 25mm×1.5T 25mm×1.5T | 5.9×1.8×48 7.0×2.0×48 | PE피복, 자동 측창 및 천창 개폐, 자동커 튼 개폐장치 | 온풍기, 탄산가스 발생기, 관비장치, 연무방제기(농약 살포기) |
| 개량아치 연 동 1-2S형 1-2W형 | | 아연도구조강관 25mm×1.5T 25mm×1.5T | 5.4×2.0×48 7.0×2.3×48 | PE피복, 자동 측창 및 곡부 환기개폐, 자 동커튼개폐장 치 | 온풍기, 탄산가스 발생기, 관수장치, 액비혼입장치, 강 제환기장치, 무인 방제기, 운반기 |
| 양지붕 단 동 2-1S형 2-1W형 | | 도금천제 각형, 아연도, 알루미늄재 | 6.0×2.3×48 7.0×2.3×48 | PE, FRP, PET피복 자 동천창 및 측 창개폐, 자동 커튼개폐장치 | 온풍기, 탄산가스 발생기, 관수장치, 액비혼입장치, 강 제환기장치, 무인 방제기, 운반기 |
| 양지붕 연 동 2-2S형 2-2W형 | | 도금천제 각형, 아연도, 알루미늄재 | 6.0×2.3×48 7.5×2.3×48 | PE, FRP, PET피복 자 동천창 및 측 창개폐, 자동 커튼개폐장치 | 온풍기, 탄산가스 발생기, 관수장치, 액비혼입장치, 강 제환기장치, 무인 방제기, 운반기 |
| 3/4식 단 동 2-1S형 2-1W형 | | 도금천제 각형, 아연도, 알루미늄재 | 5.9×1.8×48 7.0×2.0×48 | PE, FRP, PET피복 자 동천창 및 측 창개폐, 자동 커튼개폐장치 | 온풍기, 탄산가스 발생기, 관수장치, 액비혼입장치, 강 제환기장치, 무인 방제기, 운반기 |
| 3/4식 단 동 2-1S형 2-1W형 | | 도금천제 각형, 아연도, 알루미늄재 | 7.5×1.9×50 | 유리피복, 피 복 자동천창 및 측창개폐, 자동커튼개폐 장치 | 온풍기, 탄산가스 발생기, 관수장치, 액비혼입장치, 강 제환기장치, 무인 방제기, 운반기 |

③ 농가보급형 현대화 시설의 기본구조

㉮ 시설 현대화의 필요성

우리나라 시설원예는 그 역사가 65년 정도 되었으나 비약적 증가를 본 것은 1970년대 소위 백색혁명(白色革命)시대라 할 수 있다. 이에 농촌진흥청에서는 1980년대에 아연도금한 파이프를 이용한 표준하우스 규격을 보급하였다.

최근에는 철골시설의 증가와 함께 각종 피복재, 보온재와 더불어 시설현대화를 앞당기는 부속자재의 도입이 급속히 진행되면서 기존 아치형 표준시설로는 기상재해에 대한 안전도 문제 등이 많았다.

그래서 1990년부터 농촌진흥청의 특정연구사업으로 농가보급형 현대화 하우스 모델(農家普及型 現代化 house model)이 개발되었다.

이것은 시설물의 내구년한과 안전도를 높이면서 생력적이고 적절한 환경관리를 가능하게 하여 생력화(省力化), 저원가(低原價), 고품질생산(高品質生産)을 지향하고 있다.

㉯ 시설의 규격

골조용 자재중 파이프의 규격을 기존 아치형 하우스의 지름 22mm 두께 1.2mm에서 25mm×1.5mm의 아연도금 강관이나 철재형강재(鐵材形鋼材)로 하였고, 하우스 길이를 50m 내외로 제한하고 하우스의 높이를 1.8~2.7m로 높였다. 그리고 하우스의 형태는 아치형 단일형태에서 아치형, 양지붕형, 3/4형, 유리온실 등으로 다양하게 하였다.

또한 관수, 커튼, 환기 등의 부대장치를 수동화에서 $CO_2$발생기, 액비혼입기(液肥混入機) 등을 첨가시키며 이를 자동제어장치(自動制御裝置 control box)에 의하여 반자동 내지 자동화한 것이 특징이다.

1990년 설계되어 1994년 보완된 농가보급형 현대화 하우스의 형태별 개략도(槪略圖)와 규격, 기본시설 및 부대장치는 〈표 2-14〉와 같다.

이 시설들의 설계도와 제작요령은 전국 시군 농촌지도소에 배부되어 있어 필요로 하는 농민들에게 무상 공급하고 있다. 요즘 농수산 통합사업 등 정부

보조사업에 의한 시설은 이것을 기본으로 하고 일체의 설계비 없이 시공하
도록 하고 있다.

# 제3장  시설의 환경관리

## 1. 온도

### (1) 온도의 특징

시설의 목적은 실내에 들어온 햇빛에 의한 열을 유지하기 위한 것인데 틈새가 있어서 밀폐 상태를 완전히 유지할 수는 없다. 또 낮에는 태양열로 말미암아 실내온도가 너무 높아지므로 천창을 열거나 옆쪽을 걷어올려 실온을 조절하지 않으면 안된다.

이와 반대로 밤이 되어 방열에 의해 너무 저온이 되면 가온해서 일정한 온도로 보온하는 등으로 항상 온도관리를 하여 식물의 생육적온을 유지하도록 관리하지 않으면 안 된다. 이 때문에 실내온도의 기본적인 특징을 바르게 이해할 필요가 있다.

이를 위하여 주요 과채류의 생육적온과 한계온도를 낮기온, 밤기온, 지온을 구분하여 조사한 것을 보면 앞의 〈표 3-1〉과 같다.

**〈표 3-1〉 과채류의 생육적온과 한계온도**　　　　　　　　　　(단위 : ℃)

| 구 분 | 낮 기 온 | | 밤 기 온 | | 지 온 | | |
|---|---|---|---|---|---|---|---|
| | 최고한계 | 적 온 | 적 온 | 최저한계 | 최고한계 | 적 온 | 최저한계 |
| 토마토 | 35 | 23~28 | 13~18 | 8 | 25 | 15~18 | 6 |
| 가 지 | 35 | 23~28 | 15~20 | 11 | 25 | 18~20 | 8 |
| 고추(피망) | 35 | 25~28 | 15~20 | 12 | 25 | 18~20 | 8 |
| 오 이 | 35 | 24~26 | 14~18 | 8 | 25 | 18~20 | 10 |
| 수 박 | 35 | 25~30 | 18~23 | 10 | 25 | 18~20 | 13 |
| 참 외 | 35 | 25~30 | 10~20 | 8 | 25 | 18~20 | 13 |
| 호 박 | 35 | 20~25 | 12~18 | 8 | 25 | 18~20 | 8 |
| 딸 기 | 30 | 18~23 | 10~15 | 5 | 25 | 15~18 | 5 |
| 상 추 | 25 | 15~20 | 10~15 | 8 | 25 | 15~18 | 5 |
| 배 추 | 25 | 13~18 | 10~15 | 5 | 25 | 15~18 | 5 |

## 가. 밀폐하우스의 특징

밀폐된 하우스의 실내온도는 밤과 낮의 온도차가 크고 기온분포가 항상 고르지 않다는 2가지가 커다란 특징이다.

① 시설에서는 크기나 온도에 상관없이 〈그림 3-1〉과 같이 햇빛을 받으면 실온이 높아지고 햇빛이 없어지면 낮아진다.

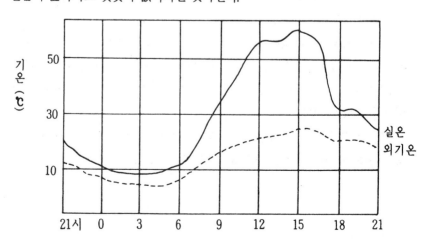

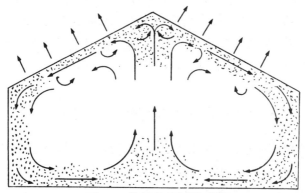

<그림 3-2> 온실내 공기의 흐름

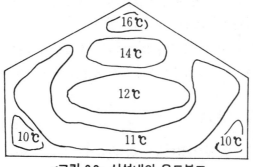

<그림 3-3> 시설내의 온도분포

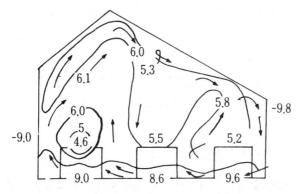

<그림 3-4> 난방중 온실의 야간온도 분포와 공기흐름(℃)

② 실내의 기온분포가 고르지 않은 이유는 실내로 들어오는 햇빛이 고르지 않거나 흙은 따뜻해지고 있는 반면 지붕면은 바깥 찬 기온으로 냉각되어 있으므로 실내의 공기는 항상 대류(對流)가 일어나고 있고 〈그림 3-2〉, 바깥바람의 영향으로 실내의 공기에 흐름이 생기는 것 등이 원인이 되어 하우스내의 온도가 고르지 않다〈그림 3-3〉.

### 나. 온도가 높아지거나 낮아지는 데 영향을 주는 요인

온도가 높아지는 원인은 햇빛이 잘 들고 틈새바람이 들어오지 않으며 흙이 건조할 경우이다. 예컨대 바닥이 콘크리트일 경우 햇빛이 대부분이 열로 되어 실온을 높이는 원인으로 된다.

낮아지는 원인은 바닥에 물기가 있을 경우 햇빛의 열은 물의 기화(氣化)에 이용되므로 실온은 그다지 높아지지 않는다.

그러나 공중으로 증발했던 수증기는 유리나 비닐면에 닿아서 냉각되고 응결하여 이슬이 되면 이때 기화에 사용했던 열을 방열하여 실온이 높아진다.

### 다. 실온(室溫)의 한계

완전히 밀폐된 시설에서 한여름의 맑을 때에는 온도가 80℃나 된다. 하우스와 같이 방열면이 큰 상태라도 외기온도의 2배는 된다. 여름철의 한낮에는 60℃, 겨울의 외기가 10℃ 정도의 맑은 날에는 30℃나 된다.

소형 하우스에서는 낮의 바깥온도 10℃에서 2.5~3배, 20℃에서는 2.8배, 30℃에서는 2.2배의 고온으로 된다. 그러나 흐리거나 비오는 날에는 실온을 상승시키는 열원(熱源)인 햇빛이 없어지므로 산광량(散光量)의 다소에 따라서 영향을 받아 바깥 기온보다 조금 높거나 비슷해진다.

### 라. 오후가 되면 갑자기 냉각되는 이유

오전 중에는 햇빛에 의한 바닥에서의 방열이 온실에서 바깥으로 빠져나가는 온도보다 크므로 실온이 상승하지만 오후가 되면 햇빛의 열이 점점 줄어 드는데도 온실에서의 방열은 변하지 않으므로 실온은 점점 떨어진다.

즉, 받아들이는 열과 빼앗기는 열의 차가 오전과 오후에는 반대로 되므로 오전의 실온은 높아지고 오후는 낮아진다.

이상과 같이 낮의 온도가 변하므로 계절에 따른 낮의 온도관리를 하지 않 으면 온도장해의 원인이 된다. 특히 강한 햇살일 때는 고온과 강한 광선에 의한 일소(日燒)를 일으키지 않도록 빛의 조절과 실온조절에 노력해야 한다.

## 마. 야간(夜間)의 냉각(冷却)

해가 진 후 시설의 냉각에 대하여 이해하고 보온이나 가온에 의한 하우스 의 온도관리를 강구해야 한다. 개인 날 밤의 여름과 겨울에는 방사열이 다르 다. 특히 여름밤은 공중의 수증기방열이 많으므로 냉각이 적다. 마찬가지로 겨울의 흐린 날은 구름에서 방열이 있으므로 냉각이 적은 것이다.

## 바. 야간의 하우스

### ① 난방하지 않은 시설에서는 방열

실온이 외온(外溫)보다 높은 해지기 30분 전부터 비닐(또는 유리)이 식어 야간의 방열이 시작된다. 하우스 안에는 〈그림 3-2〉와 같이 공기의 흐름이 생겨 온도가 떨어지면서 비닐 안쪽에 이슬이 맺히기 시작한다.

추운 겨울에는 차가운 지붕에 외기가 닿아서 생긴 이슬이 얼게 된다. 문틈 이나 비닐이 찢어진 구멍에서도 외기가 들어오므로 마지막에는 바깥온도와 같은 온도로까지 떨어진다.

### ② 난방할 때의 방열(放熱)

난방을 하여 시설 안과 바깥의 온도차이가 5℃ 정도가 되면 비닐 바깥면 의 이슬이 없어진다. 그러나 안쪽 비닐에는 점점 이슬이 생겨나서 실내는 〈그림 3-4, 3-7〉과 같은 흐름이 생긴다.

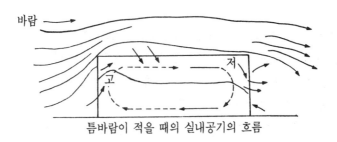

틈바람이 적을 때의 실내공기의 흐름

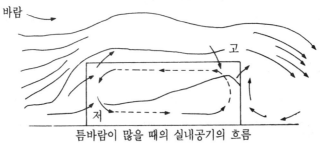

틈바람이 많을 때의 실내공기의 흐름

<그림 3-5> 틈바람의 다소에 의한 공기의 흐름

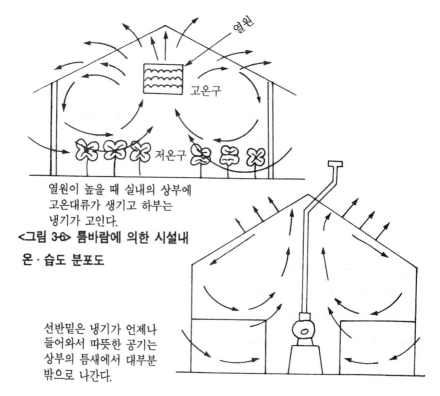

열원이 높을 때 실내의 상부에
고온대류가 생기고 하부는
냉기가 고인다.

<그림 3-6> 틈바람에 의한 시설내

온·습도 분포도

선반밑은 냉기가 언제나
들어와서 따뜻한 공기는
상부의 틈새에서 대부분
밖으로 나간다.

비닐을 2겹으로 씌운 하우스에서는 방열량(열 손실량)이  한 겹의 60%
정도로 떨어지고 틈새바람에 의한 방열도 감소하므로 안팎의 온도차는 10℃
정도로 되어야 비닐 바깥면의 이슬이 없어진다.

일반적으로 하우스의 틈새에서 자연히 환기되는 방열량은 전 방열의 5~
20%나 된다〈그림3-5〉.

겨울철 비닐을 2겹이나 3겹으로 씌우면 햇빛이 약해져서 작물에 따라 일
조부족이 되기도 하나 밤의 방열을 억제하는 효과는 크므로 반드시 실시하
는 것이 좋다. 그래서 낮에 햇빛을 많이 필요로 하는 작물은 낮에만 안쪽 피
복비닐을 열고 오후에는 닫도록 하는데 자동화 하우스에서는 자동제어 장치
에 의하여 실시하고 있다.

## 사. 하우스내의 온도분포

하우스내의 온도는 수평면과 수직면 어느 쪽도 고르지 않다〈그림 3-3, 3-6〉.
이것은 공기의 대류에 의해 〈그림 3-4〉처럼 이동하고 있기 때문이다. 전문
가는 하우스내의 식물이 자라는 것을 보아도 그 실내의 온도분포를 아는
법이다. 식물은 온도가 높은 곳에서는 잘 자라지만 낮은 곳에서는 잘 자라
지 않기 때문이다.

우리들의 상식과는 반대로 찬바람을 받는 북쪽은 햇볕을 잘 받는 남쪽보
다 야간온도가 높아지는 것도 이 대류 때문이다. 이와 같이 대류에 의한 온
도분포가 생기는 원인은 다음의 3가지이다.

① 상면에 닿는 햇빛이 균일하지 않으므로 바닥에서의 방사열도 고르지
   않다.
② 경사진 지붕이 냉각되어 방열이 일어나므로 위 아래의 대류는 지붕면
   을 따라 찬 공기는 아래로 흘러가고 따뜻한 공기는 위로 올라간다.
③ 바깥 바람에 따라 시설의 길이나 넓이에 대한 온도의 흐름은 바람의
   반대방향으로 따뜻한 공기가 올라간다.

위 설명 중 ①은 낮에만 일어나는 현상이지만 ②와 ③은 하루중 그때의 상황에 따라서 생기는 현상이다. 이런 것이 복잡하게 혼합되어서 온실내의 온도분포가 일어나게 된다.

대류가 왕성하게 일어날 때의 실내는 공기의 소용돌이에 의해 뒤섞이므로 상하의 온도차가 그다지 크지가 않다. 그러나 앞의 〈그림 3-4·5·6·7〉처럼 실내의 난방조건이나 틈바람이 원인으로 위쪽은 온도가 높으나 아래쪽은 낮아지는 경우가 적지 않다.

그 원인은 다음의 3가지이다〈그림 3-7 참조〉.

① 난방열원의 위치가 높고 바닥에 틈바람이 들어 위쪽에만 대류가 일어 나고 아래쪽은 차가운 공기가 흐르지 않고 멈추어 있는 상태가 일어난다.

② 열원이 높을 경우는 위로 올라간 공기가 식물체의 상부에서 멈추고 아래의 찬 공기는 돌지 않고 멈추므로 온도차는 5~6℃ 정도로 된다.

③ 지붕에서 따뜻한 공기가 밖으로 흘러나가고, 바닥의 틈새에서 찬공기가 들어올 경우 이와 같은 현상이 일어난다.

실제로는 창문이 열렸거나 추운 겨울에 틈새가 많은 하우스에서 천창을 크게 열었을 경우에 일어난다. 천창에서 나가는 공기의 양과 틈새에서 들어오는 공기의 양이 같을 때 대류가 일어나지 않고 덥혀진 안의 공기가 점점 밖으로 흘러나간다. 빠져나가는 공기가 들어오는 공기보다 적으면 실내에는 대류가 일어난다. 이와 같이 열이 허비되지 않도록 틈새가 많은 하우스에서 틈새를 없애는 것과 안에서도 이중피복을 하여 외기가 들어오는 것을 막는 대책이 필요하다.

## 아. 하우스의 크기와 실온(室溫)의 관계

하우스는 작을 수록 외기(外氣)의 온도변화에 크게 영향을 받는다. 그것은 공기의 열용량(熱容量)이 물의 800분의 1 정도이므로 햇빛를 받으면 즉시 실내온도가 올라가고 구름이 끼면 바로 실온이 내려가기 때문이다.

이와 반대로 큰 하우스는 공기의 용량이 많으므로 그 변화가 천천히 일어난다. 그러므로 가급적 큰 하우스에 재배하면 그만큼 온도관리가 수월해지는 셈이다.

## (2) 보온(保溫)

### 가. 피복재(被覆材)의 특징

하우스용의 피복재로는 광선투과, 보온력, 내구력 등이 요구되지만 이중에서 가장 중요한 것은 광선투과이다. 자외선의 투과(透過)는 유리보다도 염화비닐 → 폴리에틸렌 → 초산(醋酸) 비닐의 순으로 더 높다. 화훼류의 꽃색이나 가지의 색깔은 자외선에 영향을 받기 때문에 유리보다도 비닐이나 폴리에틸렌이 착색이 좋다.

또한 각 자재는 모두 두께가 두꺼울수록 광선의 투과율이 떨어진다. 사용당초에는 투과율이 좋더라도 〈표 3-2〉와 같이 비닐은 1년 후에는 투과율이 50% 수준으로 떨어진다. 두꺼운 것을 오래 쓰면 광선부족에 의한 생육억제가 우려되므로 사용기간에 견딜 만한 정도의 얇은 것을 쓰다가 흐려지면 바꾸는 것이 경제적이다.

<표 3-2> 피복자재의 사용기간에 의한 광투과율 저하    (단위 : %)

| 구 분 | 비닐의 두께 (mm) | | |
|---|---|---|---|
| | 0.15 | 0.13 | 0.1 |
| 4 개 월 째 | 69 | 69 | 68 |
| 9 개 월 째 | 57 | 58 | 59 |
| 9개월째 양면청소 | 81 | 80 | 82 |
| 12 개 월 째 | 50 | 54 | 57 |
| 12개월째 양면청소 | 78 | 78 | 79 |

폴리에틸렌이나 염화비닐은 하우스내의 이중피복재로도 쓰이지만 보온력이 높은 자재가 여러가지 좋은 것이 많이 보급되고 있으니 농촌지도소나 농자재상에서 자료를 참고하여 선택하도록 한다.

거적은 보온력은 높지만 빛을 차단하는 관리작업이 불편하다는 데서 거적에 대신하는 보온재로서 플라스틱제의 여러 가지 매트류가 있다. 이들의 보온력은 거적보다는 못하지만 빛이 투과하기 때문에 피복재로서 거적 이상의 생육촉진 효과가 얻어지는 수가 많다.

한편, 무가온시(無加溫時)의 보온력은 유리, 비닐, 폴리에틸렌 등의 순으로 보온력이 높다. 그러나 하우스내의 이중피복에는 대부분 폴리에틸렌이 쓰인다. 보온상으로는 비닐이 좋지만 이중피복일 경우는 그 차이가 적어진다. 이것은 난방시나 이중피복시에는 전달이나 전도에 의해 도망가는 열의 비율이 높아지기 때문에 폴리에틸렌과 비닐은 큰 차가 없다. 또 두께도 보온에는 큰 차가 없으므로 값이 싼 폴리에틸렌이 많이 쓰여진다.

## 나. 이중 피복 (二重被覆)

앞에서 설명한 바와 같이 이중피복에는 폴리에틸렌이나 비닐필름을 쓰는 경우와 거적이나 각종 매트류와 같은 단열재를 쓰는 경우가 있다.

<표 3-3> 거적씌우기와 내부피복온도 및 일사량

| 구 분 | 야간평균<br>온도(℃) | 야간평균<br>습도(%) | 1 일 당<br>일사량(cal) | 1 일 당<br>일 조 시 간 |
|---|---|---|---|---|
| 옥     외 | 9.5 | | 256 | 9시간 40분 |
| 거적씌우기 | 22.3 | 89.4 | 198 | 8시간 40분 |
| 내 부 피 복 | 22.5 | 88.5 | 204 | 9시간 25분 |

하우스내의 피복은 작업이 쉽고 부피가 크지 않은 필름류가 많이 쓰여지고 터널이나 온실과 같이 외부에 대한 피복은 바람 때문에 통기성이 있는 거적을 많이 쓰고 있다.

그러나 강풍이 불 때 대형 하우스는 거적을 치기가 어렵고 비오는 날에도 씌울 수가 없으므로 내부에 이중피복을 하는 것이 보통이다.

〈표 3-3〉에서 필름류의 이중피복은 재료자체는 거적만큼의 단열이나 보온효과가 없으나 난방시에는 거적에 버금가는 보온효과를 나타낸다.

한편 거적을 대신하는 보온재로서 각종 매트류가 사용되는데 이것은 두께가 3~5mm라서 거적에 비하면 보온력은 떨어진다. 그러나 이것을 사용할 경우 보온력이 높은 거적보다는 생육이 촉진되는 경우가 많다. 그것은 이들 자재가 빛을 통과시키기 때문에 보온력은 떨어지더라도 햇빛을 받아 더 잘 자라기 때문이라 할 수 있다.

## 다. 비닐하우스 내부의 피복장치

하우스의 양끝 또는 연동식일 경우는 양끝의 하우스에 축(軸)을 통하여 밧줄을 왕복시켜서 비닐을 피복하거나 당겨 놓는다. 이미 대형 하우스에서는 널리 이용되며 설비비도 싸다. 천정에만 피복하게 되므로 기밀성(氣密性)이 적고 천정면에 크게 경사지게 할 수가 없어 물방울이 고이는 결점이 있어왔다. 그러나 최근에는 열효율이 높고, 먼지도 붙지않으면서도 습기는 발산시키는 매우 우수한 자재가 보급되고 있다.

## 라. LS알루미늄 스크린(커튼) 특성

스크린(커튼)자재로 지금까지 값싼 부직포(不織布)를 중심으로 이용해 오고 있었으나, 그것은 보온을 목적으로 하는 시설재배의 특성에는 그리 바람직하지 않은 면이 있어 왔다.

그래서 근래 유리, PC판 온실 등 일부에서만 사용하고 있는 LS 알미늄 스크린(커튼)자배를 소개하여 우리나라 사실재배의 선진화에 기여코자 한다.

① 특성

〈표 3-4〉와 같이 종래 커튼자재보다 알미늄증착이나 코팅한 것이 성능이 월등히 좋은 것으로 나타나고 있는데 근래 코팅이나 증착이 아닌 5mm 폭의 순수 알루미늄 띠와 자외선(紫外線)에 안정성을 가진 실과 아크릴 등으로 짠 새로운 자재가 있다.

이것은 종래의 직조방식(Weave)이 아닌 뜨게질(Knit)방식으로 짜여져, 질기고 튼튼하면서도 햇빛가림과 보온효과를 최대한 살릴 수 있는 특허기술이다.

이 스크린(커튼) 자재는 최고의 스크린 전문생산 회사인 스웨덴의 LS(루드빅 스벤손(Ludvig Svenssou)가 생산한 것으로 세계의 알루미늄자재 스크린의 65%를 공급하고 있고, 우리나라도 유리나 PC 온실용 스크린을 거의 대부분 공급설치하고 있다.

② LS 스크린의 장점

㉮ 보온효과 40~70%로 연료절감효과가 높고 해가림효과도 종류에 따라 25~100% 정도가 되어 전천후(全天候)로 사용할 수 있다.

㉯ 수평스크린의 경우 종래의 것은 폭 7m 온실인 경우 접혀질 때 0.4~0.5m정도로 작물에 그늘을 많이 지어 문제점으로 지적되었으나, 이 LS 스크린은 그 50% 정도로 좁힐 수 있어 햇빛 이용을 늘릴 수 있다.

㉰ 밤사이 수평커튼에서 이슬이 맺혀 그 무게로 모타작동에 장해를 일으켜 왔으나 이 스크린은 자체 무게가 평당 300g 정도로 아주 가볍고 수분을 흡수하지 않아 그런 문제가 전혀 없다. 그런 문제가 전혀 없다.

㉱ 또한 전 제품에 대하여 5년간 품질을 보장하여 오래 사용함에 따른 수축이나 늘어짐이 없고 정전기(靜電氣)가 발생하지 않아 먼지 등으로 인한 때가 끼지 않아 5년간 사용해도 깨끗함을 그대로 유지할 수 있다.

그러나 값이 재배자재보다 상당히 비싸 처음 시설하는 데 따른 경제적 부담이 큰것이 단점이라 할 수 있다.

이 스크린(커튼)은 우리나라에서는 유일하게 합작회사인 루드빅 스벤슨 코리아에서 김포군 하성면 석탄리에 회사를 설립하여 제품을 수입하여 소비자의 요구에 따라 그대로 또는 재단하여 판매공급하고 있다. 연락처는 0341)989-0446~7 이다.

이 회사에서 취급하는 스크린자재의 성능 및 가격은 다음표와 같다. (부가세 별도)

**<표 3-4> LS 스크린 자재 특성 및 가격**  (97. 5월 현재)

| 용도 | 품 명 | 차광율(%) | 보온효과(%) | 평당가격 (원) |
|---|---|---|---|---|
| 보온 · 차광 겸용 (천정용) | ULS  10 | 20 | 45 | 6,500 |
| | ULS  14 | 40 | 50 | 7,600 |
| | ULS  15 | 50 | 55 | 8,000 |
| | ULS  16 | 65 | 60 | 8,100 |
| | ULS  17 | 75 | 65 | 8,600 |
| | ULS  18 | 85 | 70 | 8,900 |
| 차광용 (여름 온도 조절용) | ULS  14F | 40 | 20 | 7,600 |
| | ULS  15F | 50 | 20 | 8,000 |
| | ULS  16F | 65 | 25 | 8,100 |
| | ULS  17F | 75 | 30 | 8,600 |
| | ULS  18F | 85 | 35 | 8,800 |
| 옆벽 수직용 | ILS ULTRA | 25 | 45 | 9,800 |
| | ILS 30 ULTRA | 35 | 50 | 10,200 |
| | ILS 40 ULTRA | 45 | 50 | 10,600 |
| | ILS 50 ULTRA | 55 | 55 | 10,900 |
| | ILS 60 ULTRA | 65 | 60 | 11,200 |
| | ILS 70 ULTRA | 75 | 65 | 11,400 |
| | ILS 80 ULTRA | 85 | 70 | 11,800 |
| 차광재배용 (완전차광) | 천정용(수평) ULSOBSCURA | 99.9 | 75 | 13,530 |
| | A/B+B 수직용 ULS H A/W | 100 | 70 | 12,800 |

〈표 3-4〉 외에도 햇빛 투과율이 일반 PE필름 수준인 81%로 산광(散光)이 투입하여 그늘이 없는 지붕용과, 해충 방지용인 ECONO NET가 있는데 종래 망사는 햇빛에 의하여 몇개월 정도 지나면 못쓰게 되었으나 이것은 수명도 상당히 오랫동안 간다고 한다.

## (3) 시설의 구조와 환경

### 가. 면적과 기상특성(氣象特性)

하우스는 작고 간단한 것에서부터 큰 것으로 하기 위하여 단동(單棟)에서 연동(連棟)으로 바뀌어졌다.

그러나 다연동(多連棟)은 보온력이 높고 건설단가도 싸게 먹히지만 하우스의 연중 이용면에서 생각할 때 반드시 환경조건은 좋지 않다. 그러나 근래 연동식하우스가 급격히 보급되고 있으므로 시설할 때 양보다 품질을 중시하는 시대의 흐름에 맞추어 환경조건이 좋은 시설을 만들 수 있도록 해야 한다.

시설면적이 클수록 바닥면적에 대한 피복표면 면적이 적어 보온비율이 커진다. 또 하우스내의 공기용적이 클수록 온도 변화가 완만하게 되므로 창문을 닫은 상태에서는 소형 하우스일수록 주야간의 온도차가 크나 내부용적이 큰 하우스는 변화가 적고 주야간의 차이도 적어 작물생리에도 좋다.

### 나. 형식과 환경

형식에는 단동(單棟)식과 연동(連棟)식이 있고 단동식에는 지붕의 형태가 양지붕식, 둥근지붕식, 스리쿼터식이 있다는 것을 이미 앞에서 기술하였다.

그리고 설치방향에 따라 동서동(東西棟), 남북동(南北棟)이 있는데 시설의 방향(동서동과 남북동)과 방향별 일사량(日射量)을 비교한 것을 보면 스리쿼터 동서동은 양지붕 남북동에 비해 일사량이 약 10%로서 역시 같은 형이라도 동서동이 약 7% 많다. 따라서 동서동은 낮의 기온도 잘 오르고

밤온도도 높다. 그러나 야간온도보다 주간온도가 높으므로 주야간의 온도차
는 크다.

그래서 스리쿼터 동서동은 수박, 멜론, 오이 등의 고온다일조(高溫多日照)
를 좋아하는 작물재배에 적합하다. 그러나 동서동은 동일 하우스내의 부분
적인 온도와 일조(日照)가 전술한 바와 같이 차이가 많아 생육이 고르지 못
하게 되는 결점도 있다.

한편, 시설은 열손실이 크기 때문에 하우스 전체의 온도분포가 균일한 양
지붕식 남북동으로 하는 것이 좋다. 특히 화초류와 같이 단위면적당의 재배
그루수가 많은 작물은 전체의 균일한 생육 개화가 생명이므로 반드시 양지
붕식 남북동으로 한다.

하우스내의 공기는 외부의 풍향(風向)과는 반대로 흐르므로 〈그림 3-8〉
과 같이 항상 바람이 불어오는 쪽이 온도가 높고 하우스가 풍향의 방향으
로 갈수록 온도가 낮아진다. 그러므로 겨울의 계절풍과 같은 방향으로 설치
한 동서동은 서쪽의 생육이 빠르고 동쪽은 약간 늦어지는 것이 일반적이다.

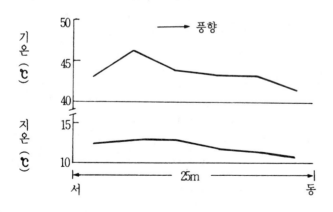

**〈그림 3-8〉 풍향과 하우스내 기온 · 지온**

남북동은 동서간의 폭이 좁으므로 부분적인 온도차가 적고 일조가 균일함과 동시에 온도분포도 고르다. 이런 현상은 지온에도 비슷하게 나타난다.

환풍기(換風機)를 이용하면 바깥기류의 영향보다도 환풍기나 흡기공(吸氣孔)의 위치에 따라서 온도분포가 달라진다. 연동식은 골짜기 부분의 그늘이 크고 폭도 넓어져서 단동식보다도 부분적인 온도, 일조의 차가 커지므로 당연히 남북동으로 하는 것이 좋다.

한편, 환기능력은 작물에서 천창(天窓)까지의 상부 공간의 대소에 관계되며 잎과 줄기가 무성한 상태에서는 더욱 상부에 상당한 공간이 요구되므로 측창(側窓)보다도 용마루쪽 천창이 효과적이다. 연동식보다도 독립 대형하우스가 가꾸기 쉬운 것도 천정 공간이 커서 환기가 잘 된다는 것이 주된 원인이다.

그리고 하우스내의 태양 복사열(太陽輻射熱)의 투과는 피복재에 직각으로 닿을수록 커지므로 동서동에서는 고온과 햇빛을 좋아하는 작물일 수록 지붕의 물매도 세게 하는 것이 좋다.

**〈표 3-5〉 동수가 다른 연동 하우스의 토마토 착과율(着果率)과 수확량**

| 구 분 | 제5화방까지의 수확량 | | | 연도별 수확량 (8동을 100으로 한 지수) | | | | |
|---|---|---|---|---|---|---|---|---|
| | 꽃수 (개수) | 결과수 (개수) | 결과율 (개수) | 1971 | 1972 | 1973 | 1974 | 1975 |
| 8 연 동 | 27.9 | 19.7 | 70 | 100 | 100 | 100 | 100 | 100 |
| 4 연 동 | 28.1 | 20.4 | 73 | 102 | 101 | 103 | 104 | 102 |
| 2 연 동 | 28.7 | 21.4 | 75 | 109 | 108 | 106 | 112 | 111 |

## (4) 난방(煖房)

### 가. 난방 능력

비닐이나 유리 한 겹을 씌워 얻어지는 보온은 2~3℃이므로 난방을 하지 않고는 저온기에 도저히 고온작물을 가꿀 수가 없다. 그래서 2중, 3중의 피복으로 보온하게 되는데 필름류 1장의 보온력은 약 2~3℃이므로 10℃ 높이려고 하면 4~5중의 피복을 해야 한다. 그러나 이것은 사실상 불가능할 뿐만 아니라 일조부족으로 충분한 생육을 기대할 수가 없으므로 이중피복으로 얻어지는 온도 이상으로 하자면 난방이 필요하게 된다.

### 나. 난방의 종류와 특성

난방방법에는 크게 공간난방(空間煖房)과 지중난방(地方煖房)으로 나눌 수 있다. 공간난방으로는 증기난방, 온수난방(溫水煖房), 온풍난방 등이 있다. 지중난방은 현재 기름보일러에 의한 온수지중난방이 있다. 그런데 3년 전부터 일부에서 도입하고 있는 태양열 집열판(太陽熱集熱板)에 의한 온수지중난방이 환경보존과 유지비 절감 및 내구성 등에서 기대 이상의 좋은 결과가 있어 각광을 받고 있어 소개키로 한다.

어떤 것으로 하든 작물의 종류, 이용기간, 하우스의 규모, 경제성, 안정성에 따라서 그 선택이 달라진다.

#### ① 증기난방(蒸氣煖房)

보일러에서 발생한 증기를 라디에타로 하우스내에 도입하는 것으로서 구미제국에서는 널리 이용되지만 우리나라에서는 이용도가 드물다. 이것은 1,000평(33a) 이상이 아니면 단위면적당의 비용이 비싸게 먹히기 때문이다.

#### ② 온풍난방(溫風煖房)

증기나 온탕과 같은 열의 운반매체를 쓰지 않고 하우스 안의 공기를 직접

따뜻하게 한다. 또한 난방기가 간편한 소형이라서 비용이 적게 먹히고 이동도
쉽다. 그러나 먼 곳으로의 열운반은 곤란하므로 각 하우스별이나 몇 동에 하
나씩 난방기를 설치해야 하는데 하우스는 대형 난방기일수록 쓰기가 쉽다.

발열부(發熱部)가 1개소에 집중되기 때문에 따뜻한 바람을 덕트(duct :
空氣流通管)로 고르게 보내지 않으면 온도가 불안정하고 난방기를 하우스
안에 설치하기 때문에 가스피해가 생기기 쉽다는 등의 결점이 있다. 따라서
외온차(外溫差)가 10℃ 전후한 겨울 동안의 난방에 적합하다.

우리나라의 난방방법중 90%를 이 방법에 의존하고 있다.

③ 온수난방(溫水煖房)

온도가 안정되어 온도분포가 좋으며 안정성이 뛰어나므로 하우스의 난방
방법으로서는 가장 이상적이라고 할 수 있으나 우리나라는 보급실적이 극히
미미하다.

방열관은 하우스내에 고르게 배관되므로 온도분포가 좋고 지표부에 배관
되므로 지온을 높이는 효과가 크다. 또, 방열관은 70℃ 전후이므로 줄기나
잎에 접근하여도 닿지 않으면 피해를 입을 염려가 없다. 온도변화에 민감한
작물이나 잎줄기가 무성한 작물 혹은 외기 온도차에서 15℃ 이상의 가온 또
는 한겨울철의 난방기간이 4개월 이상이 필요할 때에 적합하다.

난방면적이 넓어지면 옥외의 배관거리가 멀어져서 온탕의 순환이 나빠지
고 각 하우스간의 온도를 고르게 하기가 곤란하다. 그러므로 보일러 1대당의
한계면적인 약 400~500평 이상의 면적에서는 보일러의 대수를 늘린다.

④ Heat pipe(열관) 열교환 방식

열관이용 방열핀 방식(熱管利用 放熱 pin方式) 열교환 난방(熱交換 煖房)
은 온수난방 방식이다. 그러나 기존의 온수 난방 방식과는 전혀 다른 특수
화학물질을 이용한 상변화 열매체(相變化 熱媒體)를 진공 파이프 사이에 넣
어 방열시키는 특수기술이다.

<표 3-5> 열관 방열핀 방식 열교환 난방시설의 특징

| 형 식 | 열관지름 | 방열핀 | 재 질 | 발열량 | 특징 |
|---|---|---|---|---|---|
| 상변화 열매체 | 12A + 50A | 25mm | 아연도 강관 | m당 780kcal | 2중 진공파이프 |

이 방식의 효과는 농업기계화 연구소의 시험성적에 의하면 기존 온수난방기보다 연료비가 20~33% 절감되면서도 열효율은 1.5배가 높다. 따라서 보일러와 펌프의 용량은 적게할 수 있어 시설비와 운영비가 절약된다.

시설비는 97년 6월 현재 600평 온실 설치 경우 2,200만원 정도이다. 이 난방시설의 핵심인 상변화열매체에 의한 전도 및 방열기술을 보유하고 있는 시설업체가 국내에 몇 개소가 있다.

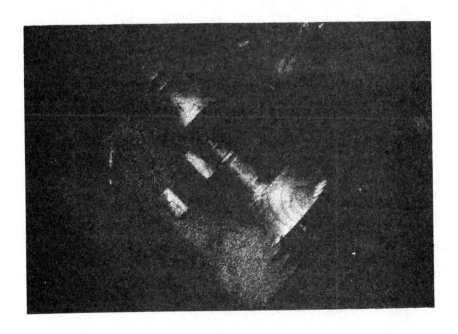

<그림 3-9> 열관이용 방열핀 방식 열교환 난방의 시설모습　　(경기이천)

## (5) 지중가온(地中加溫)

### 가. 전열에 의한 가온

전열지중가온은 육묘 묘판 등에서 널리 쓰여지고 있으나 재배포장에서는 난방비가 비싸게 먹히기 때문에 보급이 별로 안 되고 있다. 그러나 설치비가 적고 취급관리가 간단할 뿐더러 온도조절이 쉬우므로 집약적인 온도관리를 필요로 하는 육묘상 등의 땅속가온에 적합하다.

### 나. 지중온수가온(地中溫水加溫)

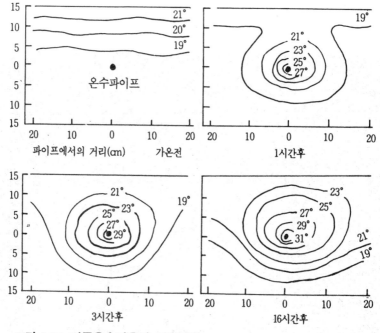

**<그림 3-10> 지중온수가온의 지온변화**

전열에 비하여 1줄당의 열을 방출하는 표면적이 크므로 지온상승 효과가 크다. 출입구의 온수차는 3℃ 전후로 하는 것이 좋고 이 정도로 하는 데는 온수를 35~40℃로 해야 한다. 온수의 순환방향은 밸브의 조작에 의해 며칠씩 반대방향으로 할 수 있도록 배관하는 것이 좋다. 흙속은 공기속보다 방열이 크므로 온탕의 순환거리가 길어지면 땅속으로들어가는 입구와 물이 나오는 출구의 온도차가 커지기 쉽다. 이런 차이는 온수가 뜨거울수록, 순환거리가 길수록, 순환속도가 늦을수록 크고, 온도차가 클수록 부분적인 생육차가 생길 수 있다. 온수가 35℃ 전후에서는 경질염화(硬質鹽化) 비닐을 썼을 경우 온수파이프에 바로 닿는 지온과의 차는 약 5℃에서 안정되므로 목표지온에 따라 온수를 바꾼다.

다만, 상토(床土)의 평균온도는 온수보다 파이프의 방열면적에 크게 관계되므로 지온을 높이기 위해서는 물의 온도를 올리는 것보다 파이프의 줄 수를 많게 하거나 굵게 하는 것이 더 좋다.

## 다. 태양열이용 지중난방(太陽熱利用 地中煖房)

기름보일러에 의한 지중난방 방법은 난방비의 비중이 너무 커서 생산물가격은 높으나, 그것이 소득과 직결되지 못한다. 따라서 많은 시설투자에도 불구하고 생산성이 낮기 때문에 투자의 효율성도 자연히 낮아질 수밖에 없는 실정이다.

이러한 문제점을 완화하고 앞으로 기름값 상승문제와 환경오염 등을 막는 지속가능한 농업(持續可能農業)에 대한 인식의 전환이 필요하며, 이를 보완할 수 있는 대안으로 무한한 태양열을 농업기술에 접목해야 하는 시대적 배경에 맞춰 이 기술이 개발되었다. 이 시설은 앞의 Heat pipe(열관) 열교환 방식 공간 난방을 개발한 극동하이텍 쏠라에서 국내 최초로 개발하여 성공을 거두었다.

① 기본시설 구조

20a(600평)연동식 비닐 하우스에 대한 지중난방과 관수용 따뜻한 물을 줄 수 있는 시설규모는 다음과 같다.

### <표 3-6> 태양열 이용 지중난방시설 내용

| 구 분 | 태양열 집열판 | 축열탱크 | 보조보일러 | 지중난방부 | 관수용물탱크 |
|---|---|---|---|---|---|
| 규모 | 1×2m규격<br>20개 | 1,500 *l*<br>1개 | 75,000kcal<br>1대 | 난방호스 3,600m<br>분배기, 온도조절기<br>순환펌프 각6조 | 2,000 *l*<br>1개 |

집열판은 정남향으로 45° 각도로 2~3개씩 병열로 연결하고, 난방호스는 땅속 40cm에 묻어 농작업에 아무 문제가 없도록 한다.

<그림 3-11> 태양열 집열판 설치광경(600평용 20매)　　　　(경기 성남)

② 태양열 지중 난방시설의 온도변화

2월말~3월 상순에 조사한 결과 외기온도가 -6~9℃일 때 축열탱크의 온도는 20~34℃로 약 25℃의 차이를 나타냈다.

이 시설에 의한 지중온도 변화는 다음과 같다.

**<표 3-7> 지중온도의 하루중 변화** (논산군 농촌지도소, 95) (℃)

| 구분＼시간 | 06 | 08 | 10 | 12 | 14 | 16 | 20 | 24 |
|---|---|---|---|---|---|---|---|---|
| 지중난방 | 20 | 20 | 21 | 23 | 25 | 25 | 23 | 22 |
| 열풍난방 | 14 | 14 | 14 | 14 | 16 | 15 | 15 | 14 |
| 하우스온도 | 10 | 23 | 26 | 30 | 30 | 20 | 14 | 12 |

(주) 조사기간 : '95년 2월 25일~3월 10일(14일간)

지온측정위치 : 지하 10cm(뿌리가 가장 많은 곳)

조사방법 : 자기온도계

**<표 3-8> 난방 방법별 유류사용량** (연구와 지도, '95 하계호)

| 구 분 | 사용기간 | 등유사용량( *l* ) | 연료비(천원) | 대비(%) |
|---|---|---|---|---|
| 태양열지중난방 | 2.11~3.31 | 4,500 | 967 | 60 |
| 온 풍 난 방 | 2.11~3.31 | 7,500 | 1,612 | 100 |

(주) 20a 온풍난방기 : 125,000kcal 2대, 등유가격 215원/ *l* (면세)

위 표는 지중온도가 태양열 지중난방이 평균 10℃ 정도 높게 유지하면서도 연료비 절감효과가 40%였다.

그러나 이것은 태양열 지중난방의 시설투자비가 일시에 과중하여 (20a당 2,200만원 정도), 경제적 효율성은 작형, 재배작목, 수량, 판매가격 및 사용 년수 등과 복합적으로 관련되어 있으므로 경영적 측면에서 잘 분석검토해야 할 과제이다.

③ 생육상황 비교

**<표 3-9> 오이재배상황**  (연구와 지도 '95 하계호)

| 구분 | 정식 | 활착기간 | 3월30일 생육 | | 수확개시 일(정식후) | 4월30일 생육 | | |
|---|---|---|---|---|---|---|---|---|
| | | | 초장(cm) | 잎수(매) | | 초장(cm) | 잎수(매) | 수확개수 |
| 지중난방 | 2.18 | 3일 | 120 | 13 | 46 | 310 | 29 | 12 |
| 온풍난방 | 2.25 | 12 | 50 | 6 | 52 | 174 | 21 | 6 |

(주) 조사지역 : 충남 논산군 벌곡면 농가현지포장

온풍난방한 것과 비교해 보면 활착기간이 1/4로 월등히 단축되었고 생육도 촉진되어 수확개시일이 온풍난방구 52일보다 6일이 단축되었다.

다른 생육도 빨라 4월 30일에 초장, 잎수가 월등히 앞서고 수확한 오이수량도 2배가 많은 등 효과가 높았다.

이어서 오이 재배결과를 비교한 것을 보면 다음 〈표 3-10〉과 같다.

**<표 3-10> 오이재배결과 분석**  (논산군 농촌지도소 '95)

| 구분 | 정식 | 수확개시 | 수확마감 | 총수량 (kg/20a) | 조수익 (천원/20a) | 소득 (천원/20a) |
|---|---|---|---|---|---|---|
| 지중난방 | 2.18 | 4.5 | 7.10 | 23,340 | 20,774 | 13,258 |
| 온풍난방 | 2.25 | 4.18 | 7.15 | 16,050 | 14,040 | 8,972 |

위 표에 의하면 지중난방구의 수량과 소득이 온풍난방구보다 48%가 많았는데 특히 소득은 20a에서 429만원이 높았다.

④ 검토의견

태양열 지중난방 방법은 땅속 40cm까지 작물생육의 최적 지온을 만들어주고, 부수적으로 시설의 온도도 높여 온도환경은 어느 다른 난방방법보다 좋다.

따라서 작물생육을 건전하게 하여 생육을 촉진시켜 품질좋은 농산물을 다른 난방방법보다 40%정도 증수시킬 수 있는 기술이다.

나아가 환경을 염두에 두는 농업에 접근하려는 시도로 높이 평가할 수 있다.

600평당 시설비가 21,000만원인 점은 그 손익분기점(損益分岐點)이 4~5년이 걸리므로 영세한 농가에게는 부담스러운 일이 아닐 수 없다.

앞으로 시설비를 낮추는 노력과 함께, 5~9월까지 더운 계절에 활용할 수 있는 기술의 개발에도 관심을 가져야 할 것이다.

## (5) 온도 관리방법

### 가. 하우스의 효과적인 보온 구조

하우스의 온도유지는 태양에너지를 최대한으로 이용하고 부족되는 열량은 가온에 의하여 충당해야 하므로 태양에너지를 충분히 활용할 수 있는 구조를 갖추어야 한다.

밤에 하우스 안이 노지에 비하여 따뜻한 것은 낮에 따뜻해진 시설내의 공기뿐만 아니라 지면에 흡수된 에너지가 열로 방출되기 때문이다.

따라서 하우스 안에 태양광선이 잘 들어야 하기 때문에 하우스의 지붕면이 태양광선에 직각이 되도록 하는 것이 가장 좋다. 그리고 지붕에 사용되는 서까래도 가늘고 수가 적어야 하므로 철파이프 등을 골재로 하는 것이 효과적이다. 이렇게 하여 하우스에 들어온 열은 비닐 표면을 통하여 조금씩 방출되기 때문에 지표에서 야간에 열이 방출되어도 점차 기온이 내려가게 되는 것이다.

만약 시설의 표면, 즉 비닐 등에서 열을 방출하지 않는다면 하우스내의 온도는 내려가지 않게 된다. 따라서 하우스의 보온은 밤에 빼앗기는 열을 잘 막으면 실제 가온까지 안해도 고온을 유지할 수 있다.

따라서 보온성이 큰 시설구조란 태양의 일사량과 하우스의 면적이 같은 경우라면 흙색이 검고 사질토로서 태양에너지를 최대한으로 지열로서 흡수해야 한다.

야간에는 이 지열을 완전히 하우스내로 방출해야 하며 습도가 많은 토양

은 아침까지 이와 같은 지열을 충분히 방출할 수 없기 때문에 약간 건조상
태로 유지되어야 한다. 그리고 이와 같이 하우스내에 방출된 열은 하우스 밖
으로 빠져나가지 못하게 지어야 한다.

태양열을 지열로 가장 잘 이용될 수 있게 한 예는 돌담식 딸기재배의 경
우이다. 흙보다는 돌이 열의 흡수가 빠른 것을 이용하여 돌담을 60～65°로
쌓아 올리면 돌 부근의 지온이 급격 상승되며 이 열은 또 속히 방열될 수
있어 딸기재배에서 널리 이용된다.

이와 같이 하여 방출된 열을 바깥으로 도망 못가게 하기 위하여 과거에는
하우스 위에 거적이나 가마니를 덮거나 그 외 여러 가지 물건으로 덮었다.
그러나 이와 같은 작업에는 노력이 너무 많이 들기 때문에 근래에는 2～3중
터널을 하여 방열을 막고 있다.

**<표 3-11> 피복재료별 연료사용량의 비교**      (단위 $l$/10a)

| 구   분 | 11월 | 12월 | 1월 | 2월 | 계 |
|---|---|---|---|---|---|
| 폴리에칠렌필름 | 2,308 | 4,615 | 4,158 | 3,497 | 14,578 |
| 알루미늄증착필름 | 2,105 | 3,158 | 3,416 | 2,105 | 10,829 |

정상적인 하우스라면 내부에 반드시 커튼을 설치하는 것이 효과적인데 여
기에 사용되는 재료에 따라 보온량이 다르므로 열의 방출이 잘 안되면서도
작업이 용이한 것을 선택하도록 한다.

폴리에칠렌필름(PE)과 알미늄증착필름을 비교하면 보온력은 PE필름에
비하여 효과적이며 이것으로 커튼을 하였을 경우 겨울철 연료사용량이 34%
나 절감되었는데 그것은 알미늄증착필름의 방열계수가 적어 보온력이 높기
때문이다.

## 나. 일일 온도관리

날씨가 맑은 날의 가장 적절한 온도를 오이에서 들어 보면 〈그림 3-12〉와

같이 오전중 광합성이 왕성한 9~12시는 비교적 높게 유지된다. 오후에는 약간 낮추고 저녁부터는 잎에서 생성된 양분을 식물 각부로 이전을 촉진하는 전이촉진온도(轉移促進溫度)가 높으면 안되므로 기온을 낮추어야 하며 자정부터는 더욱 온도를 내려 호흡소모 억제온도(呼吸消耗抑制溫度)를 유지해 주는 것이 좋다.

실제관리에 있어서는 아침에는 밀폐하여 될 수 있는 한 빨리 온도를 높여야 하는데 일반적으로 환기시기가 지나치게 빨라 그 시간의 온도가 지나치게 낮은 경우가 많다. 그것은 병 발생을 억제하고 탄산가스 부족을 보충한다는 이유도 되겠으나 이 점은 고쳐야 할 것이다.

밤의 온도는 낮의 광합성량과의 관계를 고려하여 결정해야 한다. 일반적으로 낮에 햇빛이 풍부한 날의 밤에는 전이촉진 온도의 시간대(時間帶)를 길게 하고 흐린 날에는 짧게 한다.

밤온도를 지나치게 높이면 상부의 과실이나 잎의 광합성 생성물의 전이와 축적이 왕성해져서 발육중인 과실비대가 촉진되는 것만은 사실이다. 그러나 이것은 일시적인 것이고 경엽이 지나치게 무성하여 뿌리로 가는 양분 이행이 적어져서 뿌리가 약화되어 장기적으로 본다면 결국 수량, 품질이 저하되어 가는 것이다.

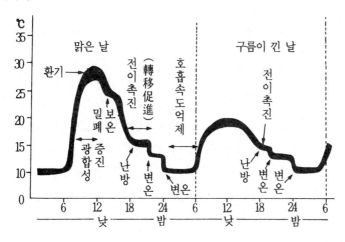

<그림 3-12> 오이의 주야 온도관리 모식도

특히 햇빛이 약한 날의 저녁에는 〈그림 3-12〉에서와 같이 15~16℃의 시간대를 짧게 하며, 비온 날에는 아주 없애버리고 밤의 온도도 낮추어 10℃ 정도로 유지하는 것이 좋다.

토마토의 온도관리요령을 보면 낮에는 적온유지를 하고 온도가 지나치게 높으면 환기로 조절할 수 있으므로 문제가 되는 것은 야간 온도이다. 토마토의 야간온도는 대부분이 8~13℃의 범위에 있으며 현재는 연료비의 절약 때문에 가능한 한 저온으로 관리하게 된다.

밤온도에서 고려할 문제는 저온의 피해인데 순화가 잘 되어 있으면 5℃까지는 별 지장이 없으며 단시간이면 2~3℃에도 견딘다. 그러나 이와 같은 저온은 한해로부터는 어느 정도 보호할 수 있으나 적극적인 생육을 촉진시킬 수는 없다.

그러므로 밤온도는 토마토의 생장량을 지배하는 큰 환경요소로서, 높게 하면 생육은 촉진되나 일사량이 적은 시기에는 도장만 하기 때문에 8℃ 정도까지는 유지되도록 하는 것이 좋다.

다. 지온관리

① 적온 한계

채소의 생육에 미치는 온도 환경은 지상부도 중요하나 지하부의 온도, 즉 지온도 대단히 중요하다.

지온의 최저한계는 동해와 연결되는 것이 아니라 최소한 뿌리털(근모·根毛) 발생온도 이상으로 유지되어야 하며 생육을 촉진시키기 위해서는 양수분 흡수에 최적상태로 유지됨이 이상적이다. 앞의 〈표 3-1〉에서 보는 바와 같이 과채류의 뿌리신장에 좋은 온도는 20℃ 전후인데 멜론, 수박, 오이, 호박은 높은 편이고 고추에 이어 토마토, 가지 순으로 낮은 편이다.

그러나 실제 겨울철 재배에서는 이와 같은 최적온도 유지가 어려우므로 가능하면 높게 유지해 주도록 해야 한다.

토마토의 경우 지온이 내려감에 따라 생장량이 감소하는데 특히 15℃에 비하여 10℃는 5℃ 차이밖에 안되는데도 생장량이 1/2로 감소된다는 시험성적으로 보아 상당히 영향이 큰 것을 알 수 있다.

한편 낮과 밤의 기온을 25~3℃ 또는 25~8℃로 하고 지온을 10~16℃로 할 경우 토마토의 개화결실에 미치는 영향을 보면 〈표 3-12〉에서와 같이 기온이 낮은 경우보다도 지온이 낮은 때에 생장장해가 많다. 즉 지온이 12℃ 이하는 해로우며 14℃ 이상 높게 유지되어야 함을 알 수 있다.

② 멀칭

지온을 올리기 위해서는 적극적인 방법으로 불을 때어주는 것과 태양열의 잠열(潛熱)을 이용하는 두가지 방법이 있는데 1차적으로 태양열을 최대한으로 이용하는 것이다. 그 방법으로 태양열을 이용한 온수 지중난방 방법(地中煖房方法)이란 최첨단 기술과 전부터 해오던 비닐멀칭으로 땅온도를 높이는 방법이 있다. 비닐멀칭은 지온을 높일 뿐 아니라 토양면에서의 수분 증발을 억제하여 보수효과가 나타나고 이로 인하여 하우스내의 습도가 낮아져서 병 발생을 막을 수 있어 유리하다. 따라서 하우스내에서는 반드시 비닐멀칭을 해야 효과적이다.

**<표 3-12> 정식후의 기온, 지온이 토마토의 개화결실에 미치는 영향**

| 기온<br>(℃) | 지온<br>(℃) | 제1화방 | |
|---|---|---|---|
| | | 착과수 | 과중(g) |
| 25~3<br>(낮~밤) | 14 | 2.8 | 49.6 |
| | 16 | 2.5 | 48.2 |
| 25~5 | 10 | 1.5 | 23.0 |
| | 12 | 2.0 | 38.6 |
| | 14 | 3.0 | 46.0 |
| | 16 | 3.8 | 68.4 |
| 25~8 | 10 | 3.0 | 78.7 |
| | 12 | 4.0 | 92.1 |
| | 14 | 4.3 | 105.3 |

비닐멀칭이라 하더라도 필름색에 따라 지온상승 효과가 다르다. 즉, 〈표 3-13〉과 같이 투명한 것이 가장 좋으나 투명한 것은 지온은 높아지나 잡초의 발생이 많고 흑색은 잡초 발생은 적으나 지온의 상승폭이 낮다.

따라서 햇빛의 투과가 좋아 지온상승에도 효과적이며 잡초발생도 억제할 수 있는 필름이 요구되어 근래에는 배색(配色) 필름이 이용되고 있다.

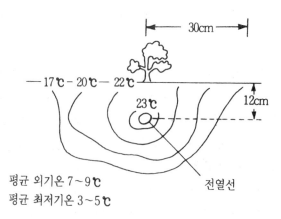

<그림 3-13> 전열선에 전기를 넣었을 때의 온도 분포

<표 3-13> 착색필름 멀칭 때의 상추생육과 잡초발생, 지온변화

| 필름종류 | 필름두께 (mm) | 멀칭아래 상대조도 (%) | 상추 중량비 (%) | 잡초발생비(%) | | 지하 10cm의 지온(℃) | |
|---|---|---|---|---|---|---|---|
| | | | | 개체수 | 중량 | 최고 | 최저 |
| 투명비닐 | 0.05 | 100 | 100 | 100 | 100 | 25.1 | 5.3 |
| 흑색폴리에칠렌 | 0.11 | 65 | 102 | 35 | 32 | 23.7 | 1.4 |
| 황색비닐 | 0.13 | 53 | 109 | 33 | 13 | 17.0 | 3.7 |
| 녹색비닐 | 0.17 | 18 | 107 | 10 | 4.4 | 18.5 | 3.2 |
| 흑색비닐 | 0.11 | 0.06 | 110 | 0.8 | 0.7 | 10.1 | 4.1 |

여러 가지 종류의 필름이 상추 생육 및 잡초발생에 미치는 영향을 조사한 결과 〈표 3-13〉에서 보는 바와 같이 잡초발생이 적으면서도 지온상승 효과가 높아 생육촉진에 효과적인 것은 녹색필름인 것을 알 수 있다.

③ 가온에 의한 지온유지

시설재배에 있어서 지온상승의 적극적인 수단은 비닐멀칭 외에 열원에 의한 적극적인 가온으로 전열가온, 온수가온, 양열가온 등이 있으나 전열 가온이나 온수가온이 보편적이다.

전열가온은 전원의 도입이 필요하나 전열선의 매몰이라는 간단한 작업만으로도 균일한 온도로 일정기간 지온상승을 기할 수 있다. 그러므로 정식 후 활착될 때까지만 이용한다면 경영적으로도 유리하다.

가온효과는 〈그림 3-13〉에서와 같이 열선으로부터 10~15cm 위치가 3~4℃ 낮고, 상토가 건조하면 흙속으로 열전도가 대단히 저하되므로 토양수분이 적당히 있어야 한다.

온수지중가온은 지중에 매설될 플라스틱파이프에 온수를 강제순환시키고 그 방열에 의하여 지온을 상승시킨다. 지중 10~15cm 깊이에 내경 10~20 mm의 파이프로 매설하나, 농작업 할 때를 고려하여 40cm 깊이에 묻는 경우도 있는데 이것은 앞에 설명한 태양열 온수지중난방편을 참고하기 바란다.

실제 재배에 있어 경영적으로 설정온도를 얼마로 하느냐가 문제이다. 온도가 높으면 생육에는 좋으나 연료비가 많이 들므로 저온의 해가 없는 한 온도를 낮게 한다. 알맞은 온도는 작물의 종류, 품종, 재배시기, 생육단계에 따라 다르나 오이에서는 18~22℃를 중심으로 하여 정식후는 22~25℃, 생육중에는 18~20℃가 적당하다. 토마토는 18~22℃, 딸기는 16~20℃가 알맞다〈표 3-1 참조〉.

## 라. 난방열량 계산과 연료

시설내의 난방기를 결정하기 위해서는 재배작물에 적당한 하우스내의 온

도, 재배기간중에 예상되는 노지의 최저온도, 하우스의 종류(피복자재 및 피
복물의 겹수, 유리, 비닐, 등에 따라 이에 적당한 난방용량을 갖는 난방기를
설치해야 한다.

이때 충분한 열량을 공급하기 위해서는 여러 가지 열원재료에 따른 발열
량을 들면 〈표 3-14〉와 같다.

**〈표 3-14〉 연료별 발열량**

| 재료(1kg) | 발열량(cal) | 채용기준(cal) | 열효율(%) | 비 고 |
|---|---|---|---|---|
| 석 탄 | 5,000~ 7,500 | 5,800 | 55 | 직열식(연통설치) |
| 연 탄 | 5,000~ 6,500 | 5,800 | 60 | 〃 |
| 석 유 (1 *l* ) | 10,000~11,000 | 10,500 | 80 | 〃 |
| 숯 | 5,000~ 9,000 | 7,500 | 70 | 〃 |
| 장 작 | 2,800~ 4,000 | 2,900 | 65 | 〃 |
| 톱 밥 | 2,800~ 4,000 | 2,900 | 65 | 〃 |
| 가스 (1㎡) | 4,000 | 4,000 | 70 | 〃 |
| 전열 (1kw) | 866 | 866 | 100 | 직열식(연통없음) |

열원을 선택할 때는 cal당의 연료비가 싸고 시설비가 적게 드는 것, 온도
의 자동조절이 가능한 것, 작물에 유해한 가스의 피해가 없는 것, 난방기의
설치 및 이동이 쉬운 것, 연료의 획득이 쉬운 것 등을 고려해야 한다.

## 2. 환기

승온(昇溫, 온도가 올라가는 것)을 억제하는 방법으로는 환기가 일반적이
다. 더 나아가 승온억제와 강온(降溫, 온도를 내리는 것)을 위해서는 냉수관
류장치(冷水灌流裝置)나 간이냉방장치·완전냉방장치 등을 이용한다. 또 차
광(遮光)도 승온억제의 효과가 있다.

# (1) 환기(換氣)

하우스 안의 정체된 탁한 공기와 따뜻한 공기를 옥외로 뽑아내어 하우스 안의 승온(昇溫)을 막고 실내에 신선한 공기를 들여보내 식물이 생육하기 좋은 환경을 만드는 데 중요한 역할을 하는 것은 환기이다.

환기에는 창문의 면적이 문제가 된다. 충분한 환기를 위해서는 하우스 표면적의 20% 전후의 창문면적이 필요하다고 한다.

환기를 위한 온실의 구조를 보면 일반적으로 따뜻해진 공기는 대류(對流)에 의해 위쪽으로 올라가므로 최상부에서 공기를 방출하게 하여 온도, 습도의 조절에 커다란 역할을 하는 천창(天窓)이 1년 내내 제일 많이 쓰여지고 있다.

자연환기를 하는 장소로서는 〈그림 3-14〉와 같이 천창, 측창, 박공창(환풍기), 토대창(시설 아랫부분의 창), 그리고 출입구 등이 있다.

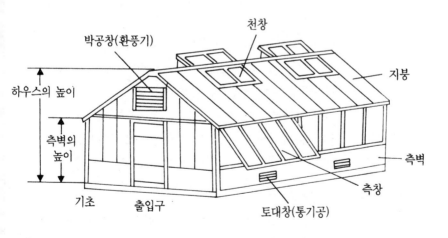

<그림 3-14> 온실의 환기를 하는 부분

## 가. 천창(天窓)의 개폐장치(開閉裝置)

일반적으로 늦은 봄에서 가을에 걸쳐 기후의 변화가 커서 천창의 환기효과에 의존하는 정도가 커진다. 천창의 환기효과는 천창의 크기와 천창을 여는 각도에 따라 차이가 있다. 천창은 지붕의 용마루에 부착시키는 것이 보통이며 천창이 크면 개폐각도도 커진다.

### ① 수동개폐장치(手動開閉裝置)

제일 간단한 방법은 손으로 개폐하는 방법이다. 여름에는 열어 놓은 채로 두지만 가을에서 봄에 걸쳐서는 매일 날씨의 정도를 보고 아침, 저녁 손으로 여닫이를 하기 때문에 성가시고 품이 드는 불편이 있다.

천창을 지주(支柱)로 밀어올리는 돌출창, 멈춤쇠로 멈추고 지주구멍을 멈춤못에 끼워넣게 해서 개폐의 크기를 조절한다. 이것은 사용빈도가 심하므로 튼튼한 것을 쓰도록 한다.

천창은 클수록 환기율이 많으므로 지붕면적의 10~16%로 하는 것이 적당하다. 그러나 겨울의 보온을 첫째로 생각할 때는 면적을 적게 해서 단속식(斷續式)으로 한다. 이럴 경우 풍향(風向)을 생각해야 한다.

손으로 개폐하는 또 하나의 방법은 체인(chain)으로 일제히 개폐하는 방법이다. 직접 천창에 부착시킨 횡목으로 하나하나의 천창을 개폐하는 것과는 달리 천창의 회전대에 부착시킨 톱니바퀴에 체인을 걸어 그 체인을 잡아당기면 톱니바퀴와 함께 회전대가 돌며 천창의 횡목이 밀어올려져서 단번에 전부의 천창이 열어지는 구조로 되어 있다. 이 체인의 하부에서 핸들을 돌려 개폐하는 수도 있으나 최근에는 대부분 자동장치로 대체되고 있다.

### ② 자동개폐장치(自動開閉裝置)

전기를 쓰지 않는 방법으로 벨로우즈(bellows 풀무)를 쓰는 자동장치가 있다. 이 기구를 천창에 각각 1개씩 부착하도록 한다. 이것은 기구속의 액체가 따뜻해지면 팽창하여 그 압력으로 벨로우즈를 밀어내는 힘을 이용한 것이므로 편리하다.

다음에는 수압을 이용하는 자동장치로서 수도물의 압력을 이용하여 서모스타트(thermostat : 自動溫度調節裝置)와 이 수압개폐기를 연동(連動)시켜서 실내온도가 오르면 서모스타트가 작동하여 천창 근처까지 배관한 파이프에 물이 통하여 그 압력으로 창이 열려지는 구조로 되어 있다. 반대로 실온이 떨어지면 개폐기의 밸브가 닫혀지고 물이 빠져 압력이 없어짐으로써 창이 내려온다.

### 나. 측창개폐장치(側窓開閉裝置)

측창은 천창과 함께 실내의 자연환기에 매우 중요한 설비이다. 측창에서 들어오는 공기는 일반적으로 저온이므로 겨울철과 초봄에 환기로 인한 피해를 없애기 위하여 측창을 위 아래 2단구조로 해서 필요에 따라 상단만 개방하고, 날씨가 더울 때는 전부 떼어내어 환기율을 높이도록 하는 것이 좋다.

### 다. 강제환기장치(强制換氣裝置)

인위적으로 공기를 유통시키는 방법으로서 강제환기장치가 있다.
일반적으로 전기환풍기(電氣換風機)가 실용성이 높다. 스위치를 넣어서 흡기구멍과 배기구멍의 환기선을 반자동으로 작동시키는 경우와 자동제어장치(콘트롤 박스)로 실온이 높아지면 환풍기가 회전하도록 하는 것이 일반화되고 있다.

## (2) 공기유동효과(공기교반장치)

습도와 온도의 저하를 위하여 환기를 실시하기도 하지만 그 외에도 하우스 자체내의 공기를 유동시켜 환기와 공기조성을 뒤섞이도록 하여 효과를 얻는 방법이다.
공기유동이 필요한 이유는 잎의 기공부근에는 항상 습도가 높으므로 이것

을 저하시키고 기공부근은 동화작용관계로 탄산가스가 적으므로 충분한 탄
산가스가 있는 공기로 바꾸어야 하기 때문이다.

그러나 공기의 유동이 너무 심하면 기공(氣孔)의 공변세포(孔邊細胞)가
수축하여 증산 작용이 억제되므로 불리하다.

가장 효과적인 것은 하우스내 초속 25~50cm의 미풍이 있게 하는 것이
가장 바람직하다.

〈그림 3-15〉는 약 50평의 하우스내에 토마토를 재배한 경우로써 초속
50~70cm 바람이 있게 강제 송풍한 것인데 그 결과 무풍에 비하여 주야간
송풍한 경우는 292%의 동화량 증대를 가져왔고 야간만 송풍하여도 178%
나 동화량이 증가됨을 알 수 있다.

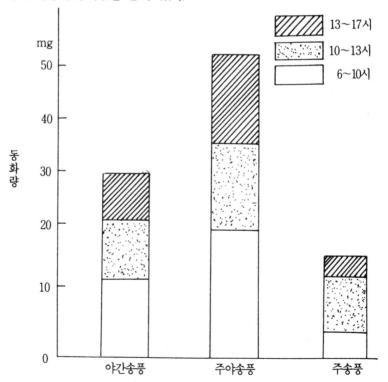

**<그림 3-15> 송풍시간과 토마토 동화량**

따라서 환기에 의하여 낮온도를 적온으로 유지한다는 것은 고온의 회피 뿐만 아니라 시설내에 바람이 일게 하여 작물의 증산작용을 촉진하고 이것 이 양분 및 수분의 흡수를 돕게 하여 동화기능을 높여주는 것으로써 수량에 큰 영향을 미친다.

하우스내 환풍기와 흡입구와 배기구의 위치도 문제가 된다. 즉, 〈그림 3-16〉에서 환기능률은 a〈b〈c의 순으로 좋으나 풍속분포는 b가 가장 부드럽다. 그러나 작물의 생육에 가장 적합한 온도분포는 a가 가장 이상적이다.

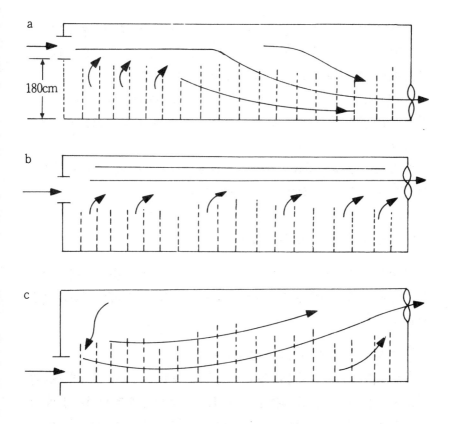

**〈그림 3-16〉 환풍기의 흡기구와 배기구 위치와 풍향**

주) 점선은 작물을 나타냄.

## (3) 냉방

실온(室溫)을 적극적으로 떨어뜨리고 작물을 건전하게 생육시키는 데는 냉수유수법(冷水流水法)과 간이냉방장치 및 완전냉방장치 등이 실용화되고 있다.

### 가. 냉수유수법(冷水流水法)

하우스 위에 배관한 유공(有孔) 파이프에서 우물물(지하수) 등의 냉수를 지붕면에 흐르게 하여 실내의 온도를 내리게 하는 장치이다. 고온기에는 실온(室溫)을 외온(外溫)보다 2~7℃까지 낮출 수가 있다.

그러나 이 장치에는 다량의 냉수를 쓰며 이에 수반하는 배수설비가 필요하고 비닐필름면에 곰팡이·조류(藻類)가 발생하므로 이따금 제초제를 섞은 물로 씻어낼 필요가 있다.

이 장치는 냉수로 직접 실내의 공기를 냉각하는 것보다는 지붕면을 적시는 물의 기화열을 이용하는 것이 낫다고 한다.

### 나. 간이냉방장치(簡易冷房裝置)

기화열(氣化熱)을 이용하여 외기를 냉각하고 그것을 하우스 내에 환풍기를 이용해서 흡입하여 실온을 떨어뜨리는 장치이다. 여기에는 다음과 같은 방법이 있다.

① 패트 앤드 팬 식(pat and fan 式)

하우스의 북쪽이나 서쪽에 높이 1~1.2m, 두께 8~10cm 정도의 패트를 만든다(그림 3-17 참조). 패트는 카시밀론 등 혼합 섬유로 엉성하게 짠 것인데 그것과 대나무를 섞은 것을 양쪽에서 철망으로 누르고 다시 철사로 군데군데 고정한다.

그런 뒤 위에서 관주(灌注)하는 물로써 패트를 적시고 그 기화열을 이용해서 외부에서 흡입한 공기를 통과시켜 냉각시킨다. 이 냉기(冷氣)를 패트의 반대쪽에 마련한 환풍기의 작용에 의해 실내를 유통시켰다가 실외로 배출하게 한다.

고온기에 실온을 최고 27℃ 정도로 유지하는 효과를 올릴 수 있다. 여기에는 설치비가 들지만 천창을 마련할 필요가 없고 고온기 하우스의 고도이용을 용이하게 한다.

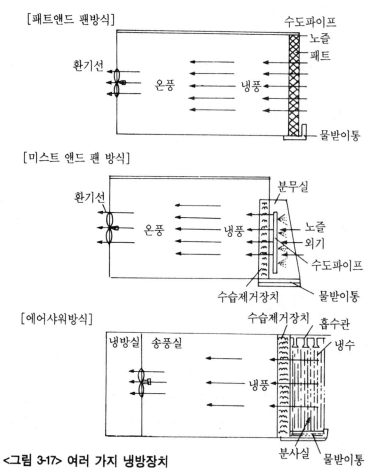

<그림 3-17> 여러 가지 냉방장치

② 미스트 앤드 팬 식(mist and fan 式, 에어샤워 방식).

하우스의 북쪽이나 서쪽에 인접해서 분무(噴霧 : mist)실을 마련하여 외기(外氣)가 자유롭게 유입되도록 설비한다〈그림 3-17 가운데와 아래〉.

분무실에서는 물을 노즐(nozzle)을 통하여 분무케 하여 그 기화열을 이용해서 유입하는 외기를 냉각시킨다. 이것을 수습제거장치(水濕除去裝置)에 통과시켜 습기를 줄이고 실내를 통과시켜 환풍기로 배출시킨다.

수습제거장치는 물결형의 염화비닐판 등을 2~3cm간격으로 세로로 장치한 것으로서 물방울은 그 높은 부분에 맞아서 제거된다. 이렇게 함으로써 패트 앤드 팬식보다도 습기가 적은 냉기를 이용할 수가 있다.

③ 팬(fan)에 의한 강제환기(强制換氣)

대형의 환풍기를 이용하는 것으로서 팬은 하우스의 박공면이나 측창부(側窓部)에 설치하여 내부의 더운 공기를 옥외로 배출시키는 방법이다.

성능이 적당한 것을 부착시키면 천창, 측창을 개방시키는 것보다 2~3℃ 내릴 수가 있다.

## 3. 수분

### (1) 시설의 토양수분 특성

하우스내에는 빗물이 스며들지 못하기 때문에 인위적인 관수를 하지 않는다면 어느 작물을 막론하고 수분부족을 면할 수 없다.

왜냐하면 하우스는 일반적으로 지하수가 낮은 곳에 위치하게 되기 때문에 이들 지하수가 모세관현상에 의하여 상승하는 물만 가지고는 생육에 충분한 수분을 공급할 수 없기 때문이다.

그리고 하우스내는 일반 노지에 비하여 온도가 높아 수분의 증산이 많으며 작물이 대부분 밀식되어 집약재배되고 있어 쉽게 수분 부족에 처하게 된다. 일단 수분부족현상이 일어나면 기공의 닫힘, 광합성, 단백질합성 및 각종 대사작용의 급격한 저하, 노화호르몬으로 간주되는 아브시스산(abscissic acid)의 급격한 증가, 효소활력의 변화, 세포내 세부구조의 변화 등을 초래해서 한번 위조현상을 보이게 되면 원상으로 복구되는 데 상당한 시간이 소요되며 생육에 큰 지장을 받게 된다.

수분부족현상이 다소 장시간 계속되면 광합성억제에 따른 생육저하, 식물체 및 세포의 왜화, 낙엽 및 낙화현상 등이 일어나고 과실의 비대가 불량해져서 수량과 품질이 과다하면 토양산소의 부족에 따른 뿌리활력의 저하 등으로 생육부진이나 각종 생리적 장해, 병발생 등이 유발된다. 토양수분의 많고 적음에 따른 작물의 생리를 요약하면 다음 〈표 3-15〉와 같다.

## (2) 관수시기

토양내의 수분이 감소하면 식물 체내의 수분도 감소하게 되는데 식물체내의 수분이 부족하면 기공의 폐쇄로 인하여 탄산가스의 교환을 방해하여 탄소동화작용을 저하시킨다. 수분부족현상이 심화되면 세포원형질의 생화학적인 활동에 영향을 미쳐 더욱 광합성을 저하시킨다.

따라서 식물체내 수분의 부족은 세포의 신장, 동화, 호흡, 질소대사 등에 직접, 간접으로 영향을 미쳐 그 종합적 결과로서 생산을 저하하게 된다. 그러나 생산목적에 따라 그 영향의 표현이 다르고 생육기에 따라서도 결과가 달라진다.

수분부족의 영향이 가장 현저하게 나타나는 것은 경엽의 신장, 과실의 비대이며 경엽신장과 과실비대의 균형, 또는 과실비대와 과실 내용성분의 균형을 위한 것 등 적절한 토양수분의 유지는 중요한 의의를 갖는 것이다 〈표 3-15 참조〉.

## <표 3-15> 시설내 채소의 관수개시시의 토양수분

| 종류 | 작형 | 호적(好適) 수분<br>(관수개시 수분장력) | 비 고 |
|------|------|------|------|
| 토마토 | 3월 하순 파종 | pF 1.7>2.0>2.5>1.5 | 과실비대기의 건조는 감수 |
| | 11월 25일 파종 | pF 1.5>1.9>2.0>2.3 | 생육후반의 많은 수분은 공동<br>과, 기형과, 조부병이 많이 발생.<br>1·2화방까지는 적은 수분. |
| | 10월 중순 파종 | pF 1.7~2.0>2.3~2.5 | 과실비대기부터는 많은 수분. |
| 딸 기 | 반촉성 | pF 1.5~1.7 | 생육초기의 건조는 감수. |
| | 〃 | 생육 pF1.5<br>개화결실비대 pF2.0 | 많은 수분은 병해가 많음.<br>적은 수분으로 당도가 높아짐. |
| | 〃 | pF 2.0~2.5>1.7>1.5 | 지하 삼투 불량지. |
| 오 이 | 3월 중순 파종 | pF 1.7>1.5>2.0>2.5 | 전반 건조, 후반 많은 수분이 수<br>량 많음. |
| | 9월 ~1월 | pF 1.3>1.7>1.8~2.3 | 답리작 재배를 할 때.<br>수분이 많은 것이 좋음. |
| | 12월 종순 파종 | pF 1.7~2.0>2.0~2.3 | 많은 관수는 초기 25% 증수 |
| 가 지 | 5~7월 수확 | pF 1.5>2.0>2.5 | 적당한 관수는 생육이 좋아 수량증대,<br>관수량이 적으면 근모가 많아짐. |
| | 1월 상순 파종 | pF 2.0>2.2(광택에 대<br>하여) | 적은 관수는 과실비대 초기부터 광택<br>상실. |
| 고 추 | 조숙재배<br>7~11월 수확 | pF 1.5>2.0>2.5 | 시비량보다 관수량에 의한<br>수량 영향 큼. |
| 샐러리 | 9~10월 | pF 1.8~2.2 | 배수 양호한 곳. |
| | 8~10월 | pF 1.7~2.0 | pF 2.0 이하에서 물리적 조건이<br>좋으면 저장력(低張力) 때가 좋음. |
| | 6월 상순 파종 | pF 1.5>2.0>2.5 | pF 1.5에서는 다비가 양호,<br>전기간 pF 1.5 균일이 양호. |

수분의 공급을 원활히 하려면 관수시기를 놓치지 말아야 된다. 그렇다고 건조를 피하기 위하여 계속 다량 관수를 하면 뿌리가 과습으로 인하여 기능을 상실하거나 썩어버리기 때문에 작물에 생리적 장해가 일어나기 전에 관수를 해야 하며 그 시기를 정확히 판단하여야 한다.

관수시기를 정확히 판단하려면 작물의 수분상태 변화를 지표로 하는 것이 가장 합리적이나 그렇게 하려면 많은 시간과 기구 및 기술을 필요로 하기 때문에 토양수분측정기를 사용하여 토양의 수분 장력을 측정하고 작물의 각 생육단계에 맞는 작물의 생리, 생태반응을 조사하여 이에 적합한 수분상태, 생육저해 수분점을 구명하여 이것을 참고하여 관수를 실시하여야 한다.

시설내의 관수시기는 일반노지의 pF 3.0 보다는 훨씬 낮은 장력인 pF 2.0 이하로 하고 있는데 이것은 밀식, 다비재배와 그로 인한 뿌리뻗을 장소가 좁아진다.

### <표 3-16> 수분장력과 관수와의 관계

| 수분장력(pF) | 기압 Tension meter(Hg/cm) | 토양수분 (%) | 1㎡ 당 관수량( l ) |
|---|---|---|---|
| 1.5 | 3.8 | 35.2 | 49 |
| 1.7 | 5.2 | 34.0 | 52 |
| 2.0 | 8.8 | 31.8 | 57 |
| 2.2 | 13.1 | 30.0 | 61 |
| 2.5 | 24.8 | 25.2 | 65 |

### <표 3-17> 수분장력과 묘의 생장

| 수분장력(pF) | 가지생체중(g) | 오이생체중 (g) | 오이건물중(g) |
|---|---|---|---|
| 1.5 | 36.9 | 38.2 | 6.1 |
| 2.0 | 37.1 | 37.1 | 8.1 |
| 2.3 | 35.9 | 35.9 | 7.9 |
| 2.5 | 23.3 | 23.3 | 7.3 |
| 2.7 | 16.3 | 16.3 | 5.4 |
| 2.9 | 12.9 | 12.9 | 4.0 |

또 밀식되면 뿌리부근의 수분이 빨리 흡수되어 수분장력이 높아지는데 이런 경우 주위에서 공급될 수 있는 수분이 없어 단시간내에 수분장해점까지 도달하게 되어 생육에 장해가 나타나기 때문이다 〈표 3-17 참조〉.

그리고 다비재배인 경우는 같은 토양수분이라 하더라도 토양용액의 농도가 높아지기 때문에 많은 수분을 공급하여 낮은 수분장력 상태로 만들어야 하기 때문이다. 따라서 염류집적이 심할수록 수분공급이 많아져야 한다.

## (3) 토양수분 확보를 위한 멀칭

시설내에서 플라스틱 멀칭을 하면 겨울에는 지온을 높여 뿌리의 활동을 높여주는 한편 땅의 수분 증발이 억제되어 토양수분의 확보에 유리하다.

특히 토양 밑에 단열재를 사용치 않고 재배할 경우는 지하수만 가지고 무관수 재배를 할 수 있을 정도로 유리하다.

즉, 수분은 모관수에 의하여 하층으로부터 상층으로 이동하여 나지보다도 상당한 기간 적정 수분상태를 유지할 수 있는 것이다.

나지의 경우 강우나 관수에 의하여 토양수분이 급격히 증가하나 건조가 계속되면 급격히 수분이 감소하게 된다.

관수를 하지 않은 멀칭의 경우면 강우나 건조의 영향을 적게 받으며 작물의 생육에 따라 점차 토양의 함수량이 저하하나 과건, 과습의 격변이 적어 적습상태가 장기간 지속된다.

특히 이런 상태가 표층보다는 하층으로 갈수록 안정되며 20cm 내외에서는 변화가 극히 적다. 같은 멀칭처리라 하더라도 폭은 넓게 하는 것이 효과적이다.

## (4) 관수량

관수량은 시설내의 토양수분의 특성과 대상작물의 생육반응에 따라 결정되어야 한다. 작물의 생육은 뿌리 영역내의 어느 부분이든 정상생육에 알맞는 유효수분이 소비되면 생육에 장해가 나타나서 정상적인 생육을 할 수 없게 된다.

이 정상생육 유효수분의 범위는 포장용수량과 위조점 사이에 있는 유효수분보다도 훨씬 좁다. 따라서 약간만 수분이 소비되어도 정상생육 유효수분의 한계를 넘어 버리기 쉽기 때문에 속히 관수를 요하게 된다.

근군 부위의 수분이 소비되면 타부분의 유효수분이 남아 있다 하더라도 이것의 이동이 늦어져서 이용되지 못하므로 생육에 장해가 일어나기 전에 관수를 해야 되는 것이다.

관수량은 작물의 종류나 기상조건, 토양조건 등에 따라 다르나 1회에 몇 mm에서 몇 십mm까지 그 차이가 대단히 크다.

작물의 관수량 차이는 체내 수분이 많은 배추 등의 엽채류와 오이가 가장 많이 요구하고 생육적기가 초여름이 되는 고추, 토마토, 가지, 샐러리 등의 순이며 딸기는 겨울에 엽면적이 적기 때문에 적은 양이 요구된다.

그리고 관수량 결정에 있어 지하수위가 높아 이것으로부터의 지하수 보급이 있을 경우에는 그 분량만큼 적게 주어야 하기 때문에 이것에 따라 관수량을 조절해야 한다.

## (5) 관수 방법

### 가. 우리나라 시설의 관수장치(灌水裝置)

**<표 3-18> 관수장치 현황**  (농림부 · 단위 : ha)

| 연 도 | 계 | 스프링 쿨러 | 점 적 호 스 | 분 수 호 스 | 살 수 (분무기) | 인 력 | 기 타 |
|---|---|---|---|---|---|---|---|
| 1994 | 37,801 | 954 | 9,007 | 22,514 | 2,116 | 2,514 | 696 |
| 1996 | 42,669 | 1,475 | 13,551 | 22,308 | 2,242 | 2,271 | 822 |
| 비율(%) | 100 | 3.5 | 31.7 | 52.3 | 5.3 | 5.3 | 1.9 |

우리나라 시설의 관수장치는 분수호스가 52.3%로 시설내 습도를 너무 올리고 있으므로 31.7%인 점적호스를 더욱 확대 보급해야 할 것이다.

전체적으로 관수시설은 뒤떨어져 있다고 하지 않을 수 없으며 좋은 품질의 농산물을 생력적으로 생산할 수 있는 새로운 기술로서의 관수시설에 보다 적극적인 관심을 가지고 기술을 도입해야 될 것이다.

### 나. 분수형 관수장치(噴水型 灌水裝置)

파이프에 뚫린 수많은 구멍에서 압력을 가한 물을 분출시켜서 관수하는 장치로서 가장 간단한 생력적(省力的)인 기계화이다. 일반적으로 비교적 내용기간(耐用期間)이 긴 경질염화 비닐파이프가 시설원예에 흔히 쓰여진다.

대부분은 안지름 23mm, 바깥지름 26mm, 두께 1.5mm의 얇은 파이프에 지름 0.5~1.0mm 정도의 분출구를 뚫은 것이다.

#### ① 다공튜브 관수(多孔 tube 灌水)

폴리에틸렌(polyethylene)으로 된 호스 또는 튜브가 쓰인다. 값싸고 설치하기가 쉬워서 일시적으로 또는 장기 사용의 목적으로 이용되고 있으며 앞으로의 이용도 급증할 것으로 기대되고 있다.

이 방법은 소면적의 관수에 적합하다. 대면적인 관수에는 부적합하며 내구성이 약해 수질이 나쁘면 물구멍이 막히기 쉽고, 그 밖에 재배관리 작업에 다소 지장을 줄 수 있는 단점이 있다.

#### ② 다공파이프 관수

원리나 이용은 앞에서 설명한 다공튜브 관수와 동일하며 경질의 플라스틱 파이프를 흔히 이용하므로 내구성이 매우 강하고 동시에 대면적을 효과적으로 관수할 수 있어서 대면적을 생력관리하는 데 가장 적합한 관수 방법이다.

높은 압력하에서 견딜 수도 있고 낮은 압력에서도 이용할 수 있다. 재배온실 또는 하우스별로 별도의 세트를 시설하여 자동조절장치를 부착시켜 관리하는 것이 좋으며, 설치·제거 등은 간단하나 초기시설비가 다소 높은 것이 단점이다. 배수관들과 함께 지하에 묻어 이용하기도 한다.

### 다. 살수형 관수장치(撒水型 灌水裝置)

가압수(加壓水)를 보내는 파이프노즐을 부착하여 거기에서 물을 살포하는 관수장치이다. 노즐의 구조에 따라 고정식과 회전식이 있다.

회전식은 스프링클러(sprinkler)로서 포장에서는 흔히 사용되는 데 비하여 시설내에서는 대형 하우스 등에만 일부 사용된다.

고정식에는 살수의 형상에 따라서 전원형(全圓形·圓形)과 양쪽 부채형 (兩側半圓形) 및 한쪽 부채형(片側半圓形)이 있다.

일반적으로 살수의 범위가 비교적 넓은 반지름 1.0~1.3m 정도에 미치는 것이 많다. 그 중에서 물방울이 미세하여 안개 모양으로 살포하는 분무 (mist)형의 것도 있으나 그 살수의 범위는 별로 크지가 않다.

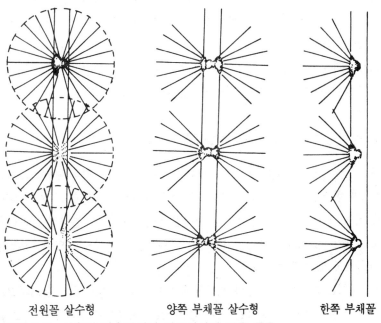

전원꼴 살수형        양쪽 부채꼴 살수형        한쪽 부채꼴

<그림 3-18> 살수형 관수장치의 살포형상에 따른 종류

이 관수장치는 시간당 관수량이 많아서 빠른 시간내 관수가 가능한 장점이 있는 반면, 투수속도가 느린 토양에서는 지표에서 물이 흐르기 쉬운 단점이 있어서 토양의 종류에 따른 조절이 필요하다.

살수된 물이 잎과 줄기에 직접 닿게 되어 병발생을 일으키거나 튀어 오른 흙물이 작물에 닿아 품질을 손상시킬 우려도 있다.

### 라. 분무(안개 mist)형 관수장치(噴霧型灌水裝置)

높은 수압이 유지되는 상태에서 미세한 분출구를 통과한 수분이 안개상태로 사방으로 분산되어 관수되는 방법으로서 지면이 굳어지거나 물이 튀어 오르거나 하는 문제점이 전혀 없다. 물을 잎에 뿌리는 방식이므로 대면적 재배보다는 까다로운 관리를 요하는 파종상·육묘상·번식상 등의 관리에 적합하며 특히 번식상에서는 필수적이라 할 수 있다.

시설비도 많이 들고 유지하는 데 까다로운 것이 단점이지만 공기습도의 조절이 단시간내에 가능하고 기화열에 의하여 시설내의 온도를 낮추는 효과를 겸하고 있다.

스프링쿨러와 같이 2.5~10kg/㎠의 높은 수압이 요구되나 수압이 높을수록 물방울이 가늘어지는 대신 살수범위는 반대로 좁아진다.

### 마. 점적형 관수장치(點滴型灌水裝置)

대부분은 플라스틱제의 가는 튜브파이프 등에서 물을 떨어뜨리게 하거나 완만하게 흘러들게 하는 장치이다. 주로 화분원예에서 배양토나 수태(水苔) 등에 물을 침투시키거나 한정된 부분에만 관수하여 있는 집약적인 관리를 필요로 하는 상면(床面)재배·상자·화분재배 등에 쓰여지고 있어 근래 많이 보급되고 있는 방법이다.

이 장치는 화분이나 상면의 표토를 굳어지게 하지 않고 물이 흘러내리는 일도 거의 없다. 더구나 흐르는 양이 적으므로 튜브파이프의 저항이 적고 넓은 범위에 걸쳐 균일하게 관수하기가 수월하다. 그러므로 분이나 용기에 재배되는 화훼류나 과습을 싫어하는 작물 등에서 필요한 부위에만 관수하는 데 적합하다.

물을 절약하고 실내습도를 높이지 않으며 비료를 혼합하여 시용할 수 있는 등 장점이 많으나 관수시간이 많이 걸리고 시설관리가 다소 번거롭다. 튜브는 안지름이 작아서 비교적 막히기 쉬운 문제도 있다.

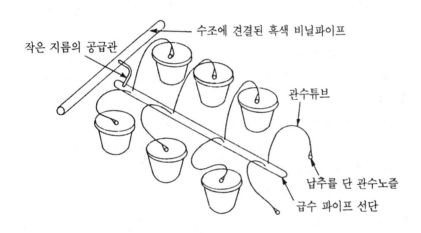

작은 지름의 공급관
수조에 견결된 흑색 비닐파이프
관수튜브
납추를 단 관수노즐
급수 파이프 선단

**<그림 3-19> 추 튜브 관수시설을 이용한 화분류의 관수형태**

## 바. 담수형 관수장치(湛水型 灌水裝置)

채소·화훼(花卉) 등의 번식·육묘 및 일반재배의 화분·상자를 얕게 물을 담은 수반(水盤)에 수용하는 방법이다. 항상 바닥이나 측면에서 물을 공급하거나 수반에 일정한 시간만 물을 담아서 급수하고 얼마후에는 배수하는 장치이다.

### 사. 지중 관수형 장치(地中灌水型裝置)

이 장치는 상면(床面) 재배용으로 점적관수의 일종이다.

염화 비닐파이프에 지름 0.12~0.15mm의 분출구를 적당한 간격으로 뚫고 이것을 흙속의 알맞는 깊이의 홈에 배치한다. 그리고 구멍에 흙이나 작물의 뿌리가 들어가지 않도록 플라스틱제 그물을 덮고 흙에 묻어 알맞는 상면을 만든다.

이 파이프의 구멍에서 물을 분출시켜 땅속에서 관수하는 것이므로 지면이 관수 때문에 굳어지는 일이 없다. 표층은 항상 비교적 잘 마르면서 흙에는 수분이 잘 주어진다.

이 때문에 뿌리가 잘 자라고 지상부도 건전하게 생육이 된다. 특히 줄기와 잎, 뿌리밑이 젖는 것을 싫어하면서도. 다량의 물을 요구하는 작물의 재배에 적합하다.

각종 채소· 화훼재배를 비롯하여 파종·삽목 및 육묘 등 상면에 재배하는 것에 적합하다. 다만, 흙의 윗부분에 염류(鹽類)가 집적(集積)되기가 쉽고 비용과 노력이 더 든다.

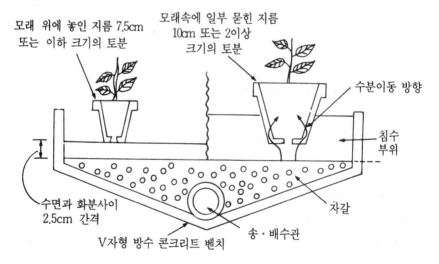

<그림 3-20> 분에 심어 가꾸는 원예작물에 대한 편리한 저면관수장치

## 아. 자동 관수장치(自動灌水裝置)

위에 설명한 분수형(噴水型)·살수형(撒水型)·분무형(噴霧型) 및 점적형(點滴型) 등의 관수장치는 이것을 자동화함으로써 관수능률을 높여서 소요 노력을 절약하고 적시(適時)·적량(適量)·적정 위치의 관수를 해서 생산을 향상할 수도 있다.

앞에서 설명한 여러 가지 관수방법들에 대한 주요 특징을 비교하면 다음 〈표 3-19〉와 같다.

**〈표 3-19〉 몇 가지 관수방법의 특징 비교**

| 관수방법 | 관수장치 | 사용위치 | | | 특  징 | | | |
|---|---|---|---|---|---|---|---|---|
| | | 지상 | 지표 | 지중 | 시설비 | 수압 | 수량 | 내구성 |
| 다세공튜브 | 세 공 분 수 | ○ | ○ | | 저 | 저 | 적음 | 작음 |
| 다세공파이프 | 세 공 분 수 | ○ | ○ | ○ | 중 | 중 | 적음 | 큼 |
| 분 무 관 수 | 노   즐 | ○ | | | 미스트 번식용 | | | |
| 살 수 관 수 | 노   즐 | ○ | ○ | | 극고 | 고 | 많음 | 큼 |
| | 유공파이프 | ○ | ○ | ○ | 극저 | 중 | 중 | 큼 |
| 점 적 관 수 | 유공파이프 | | ○ | | 저렴 | 저 | 적음 | 작음 |
| | 극 세 튜 브 | | | ○ | 고가 | 저 | 적음 | 중간 |

# 4. 영양

## (1) 필요성분과 흡수량

식물의 몸을 구성하는 원소의 수는 30가지 이상이나 되므로 이들 중 자연 상태의 토양속에는 비교적 적어서 인공적으로 보충하지 않으면 안 되는 것이 질소(N), 인산(P), 칼리(K), 칼슘(Ca), 마그네슘(Mg)의 5요소이고 여기에 유황(S)을 더하여 다량원소(多量元素)라고 하는데, 앞의 3요소는 이들 중에서도 제일 부족하기 쉽기 때문에 이를 비료의 3요소라고 한다.

이밖에 철(Fe), 망간(Mn), 구리(Cu), 아연(Zn), 붕소(B), 몰리브덴(Mo), 염소(Cl) 등의 원소는 적은 양이긴 하지만 없어서는 안되는 원소로서 이를 미량요소(微量要素)라고 한다.

양분의 흡수량은 〈표 3-20〉의 시비량을 산정하는 목표가 되므로 흡수량은 작물 또는 수확량에 따라서 차이가 크다.

**〈표 3-20〉 채소류 각 작물에 대한 시비기준량 조정** (단위 : kg/10a)

| 작물 | 현 행 | | | 조 정 | | | 차 이 | | |
|---|---|---|---|---|---|---|---|---|---|
| | 질소 | 인산 | 칼리 | 질소 | 인산 | 칼리 | 질소 | 인산 | 칼리 |
| **과 채 류** | | | | | | | | | |
| 고 추 | 24.0 | 20.0 | 23.0 | 19.0 | 11.2 | 14.9 | 5.0 | 8.8 | 8.1 |
| 토 마 토 | 30.0 | 20.2 | 30.0 | 24.0 | 16.4 | 23.8 | 6.0 | 3.8 | 6.2 |
| 오 이 | 30.0 | 20.0 | 30.0 | 24.0 | 16.4 | 23.8 | 6.0 | 3.6 | 6.2 |
| 딸 기 | 19.0 | 15.0 | 17.0 | 19.0 | 5.9 | 10.9 | 0 | 9.1 | 6.1 |
| 참 외 | 25.0 | 20.0 | 25.0 | 25.0 | 7.7 | 16.0 | 0 | 12.3 | 9.0 |
| 수 박 | 20.0 | 15.0 | 20.0 | 20.0 | 5.9 | 12.8 | 0 | 9.1 | 7.2 |
| 호 박 | 20.0 | 16.0 | 16.0 | 20.0 | 13.3 | 12.6 | 0 | 2.7 | 3.4 |
| 가 지 | 30.0 | 15.0 | 27.0 | 20.0 | 12.6 | 21.4 | 10 | 2.4 | 5.6 |
| **근 채 류** | | | | | | | | | |
| 생 강 | 30.0 | 20.0 | 10.0 | 24.0 | 9.3 | 7.2 | 6.0 | 10.7 | 2.8 |
| 당 근 | 20.0 | 15.0 | 17.0 | 20.0 | 9.6 | 12.2 | 0 | 5.4 | 4.8 |
| 무 | 28.0 | 15.0 | 24.0 | 28.0 | 5.9 | 15.4 | 0 | 9.1 | 8.6 |
| 고 구 마 | 7.0 | 7.0 | 18.0 | 5.5 | 6.3 | 15.6 | 1.5 | 0.7 | 2.4 |
| 감 자 | 10.0 | 10.0 | 15.0 | 10.0 | 8.8 | 13.0 | 0 | 1.2 | 2.0 |

| 작물 | 현 행 | | | 조 정 | | | 차 이 | | |
|---|---|---|---|---|---|---|---|---|---|
| | 질소 | 인산 | 칼리 | 질소 | 인산 | 칼리 | 질소 | 인산 | 칼리 |
| **경엽채류** | | | | | | | | | |
| 양 파 | 24.0 | 20.0 | 24.0 | 24.0 | 7.7 | 15.4 | 0 | 12.3 | 8.6 |
| 마 늘 | 25.0 | 20.0 | 20.0 | 25.0 | 7.7 | 12.8 | 0 | 12.3 | 7.2 |
| 상 추 | 20.0 | 15.0 | 20.0 | 20.0 | 5.9 | 12.8 | 0 | 9.1 | 7.2 |
| 배 추 | 32.0 | 20.0 | 27.0 | 32.0 | 7.8 | 19.8 | 0 | 12.2 | 7.2 |
| 시 금 치 | 25.0 | 15.0 | 15.0 | 25.0 | 5.9 | 11.9 | 0 | 9.1 | 3.1 |

## (2) 영양흡수에 관계되는 조건

### 가. 산소

양분의 흡수에는 호흡작용에 의한 에너지를 필요로 하기 때문에 토양속에 충분한 산소의 보급이 되지 않으면 안 된다. 산소의 요구도는 종류에 따라서 다른데 피망, 멜론은 통기(通氣)의 효과가 크고 가지, 오이, 토마토 등은 상대적으로 적었다(그림 3-21 참조).

### 나. 온도

뿌리의 호흡량은 땅온도에 좌우되며 저온일수록 호흡이 억제되기 때문에 흡수도 떨어진다. 온도가 낮으면 흡수가 현저히 떨어지는 것은 초산태(硝酸態) 질소와 칼리, 인산 등이다.

이에 대하여 암모니아태 질소, 석회(칼슘), 고토(마그네슘)는 지온이 떨어져도 흡수 감퇴의 정도가 적다(그림 3-22 참조).

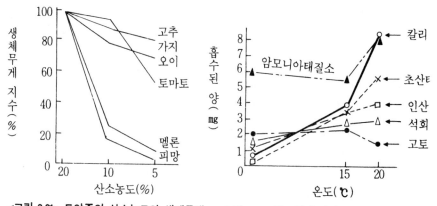

<그림 3-21> 토양중의 산소농도와 생체무게    <그림 3-22> 온도차에 의한 양분흡수변화

## 다. 토양산도(土壤酸度)와 길항작용(拮抗作用)

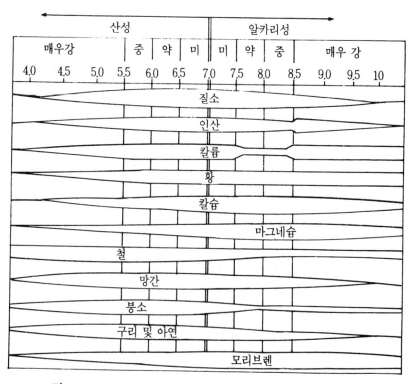

<그림 3-23> pH 차이에 따른 비료 원소의 용해도

토양의  pH가 떨어지면 인산, 칼슘, 마그네슘의 흡수가 억제되고 토양속의 알루미늄, 철 등이 활성화되어 인산을 불가급태(不可給態)로 만들어 보다 흡수를 나쁘게 한다.

칼슘의 다량시용(多量施用)은 칼리나 암모니아태 질소의 흡수를 억제하고 암모니아태 질소나 칼리의 농도가 높아지면 반대로 칼슘의 흡수를 억제한다. 또 칼리를 다량 시용하면 망간·칼슘·마그네슘의 흡수를 억제한다.

토양속에 질소가 많으면 칼리나 칼슘의 흡수가 줄어 들어 결핍증이 나기 쉽다. 인산을 과잉시비하면 철과 결합해서 철이 결핍되는 수도 있다.

토양 pH에 따른 각 비료성분의 용해도는 〈그림 3-23〉과 같다.

## (3) 주요 비료성분의 생리적 역할(生理的 役割)

### 가. 질소(窒素, N)

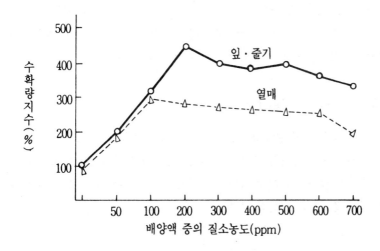

〈그림 3-24〉 배양액의 질소 농도와 가지의 생육

식물체의 주요물질인 단백질, 아미노산, 엽록소(葉綠素) 등의 구성요소이다.

질소가 부족하면 아랫잎(下葉)이 누렇게 되고 심하면 잎이 떨어진다. 또 생육이 나빠져 잘 자라지 않는다. 꽃(花器)의 발육도 불량하고 낙화가 많으며 과실이 잘 자라지 못한다.

반대로 질소가 너무 많으면 잎줄기는 우거지지만 연약해지고, 초산태질소가 많으면 농도장해를 일으키기가 쉽다(그림 3-24).

### 나. 인산(燐酸, P)

식물체의 성숙을 촉진하고 꽃눈분화에는 무기양분(無機養分) 중에서 제일 크게 좌우하며 뿌리의 발달이나 생산물의 품질을 좋게 한다.

인산은 생육 초기의 효과가 크고 특히 육묘기의 꽃눈분화의 촉진에 효과적이라서 토마토에서는 제1화방의 과실이 3cm 정도 자랄 때까지 전체 필요량의 90%를 흡수한다고 한다.

따라서 묘상(苗床)에서의 인산영향에 주의한다면 본포(本圃)에서는 별로 문제가 되지 않는다. 인산이 결핍되면 잎은 농록색으로 되어 잎이 말리거나 엽록(葉綠)에 안토시안이 생성되어 과실의 생육이 늦어진다.

### 다. 칼리(Kalium 加里, K)

광합성(光合成)과의 관계가 크고 탄수화물의 생성을 촉진함과 동시에 식물체를 튼튼히 하여 성숙을 빠르게 한다. 또 체내에서 아미노산 및 단백질의 합성에 중요한 역할을 하며 결핍되면 아미노산이나 암모니아가 많이 축적되고 단백질이 줄어들어 발육이 나빠진다.

### 라. 칼슘(calcium, 石灰, Ca)

초산태(硝酸態) 질소의 환원에 필요하며 암모니아태로 시비했을 때보다

초산태 질소를 시비했을 때 요구도가 높다. 단백질의 합성이나 탄수화물의
전류(轉流), 식물체내 유기산(有機酸)의 중화(中和) 등의 역할을 한다.
칼슘은 흡수가 적어지면 생장점이나 과실속에서 부족해져서 결핍증을 일
으킨다. 토마토·고추에서는 배꼽썩음병을 일으킨다.

### 마. 마그네슘(magnesium : 苦土, Mg)

마그네슘은 엽록소의 구성요소로서 광합성에 관계되며 효소의 구성요소
로서 당(糖)의 대사(代謝)에도 역할을 한다.
결핍되면 엽맥(葉脈) 사이의 녹색이 빠져서 누렇게 되고 더욱 진행하면
반점 모양으로 말라 죽는다. 또 흙 속에 칼리질 비료가 너무 많아도 길항작
용(拮抗作用)으로 흡수가 억제되어 결핍증이 생기기 쉽다.

### 바. 망간(manganese, Mn)

식물체내에서 탄수화물, 유기산, 질소 등에서의 산소반응활성에 관계가 있
다. 결핍되면 광합성이 떨어져서 체내의 전분이나 당이 감소하고 잎속의 엽
록소가 줄어들어 엽맥 사이가 누렇게 된다.

### 사. 붕소(硼素, B)

세포막의 형성에 관계가 있어 부족하면 세포분열시 세포막의 형성이 저해
되어 줄기와 잎자루가 물러진다. 꽃가루 세포의 분열에도 이상을 일으켜 여
물지 못하는 원인이 되거나 생장점이 마르는 수가 있다.

### 아. 몰리브덴(molybdan, Mo)

체내에서 단백질의 생성이나 철의 생리적 활성화, 엽록소의 생성에 관계
가 있다. 또 비타민의 합성, 코발트·구리·붕소·망간 등의 과잉흡수의 피

해를 완화하기도 한다. 결핍되면 생육이 나빠진다.

## (4) 엽면시비(葉面施肥)

### 가. 엽면시비의 필요성

작물에 대한 시비는 토양시비를 원칙으로 한다. 그러나 극히 제한된 범위 내에서 잎을 통하여 양분을 흡수할 수 있으므로 필요에 따라 엽면시비를 하는 경우가 있다.

엽면시비는 1920년경 파인애플의 위황병 방제를 위하여 황화철($FeSO_4$ $7H_2O$)수용액을 살포한 것으로부터 시작되었다고 할 수 있다. 그 후 감귤의 잎무늬병, 위황병 및 대황병의 방제를 위하여 망간(Mn), 아연(Zn) 등을 주로 한 미량요소의 엽면시비가 실시되어 왔으며 최근 질소를 비롯한 인산, 칼슘 및 칼리의 엽면시비도 많이 행해지고 있다.

채소가 정상적으로 영양을 흡수할 경우에는 엽면시비의 효과가 적은데 토양에 거름을 주어도 흡수하기 곤란한 경우나 특정 원소의 결핍으로 생리장해가 일어날 경우에 이들 원소를 신속하게 보급하기 위하여 엽면시비를 한다. 밭에서는 질소의 보조적 수단이나 석회나 붕소 등 미량요소의 엽면시비가 주로 행해지고 있다.

### 나. 엽면시비의 농도(濃度)

엽면시비의 농도가 지나치게 높으면 잎의 형태가 비정상적으로 되어(과잉장해) 생육이 저해되고 수량도 감소하므로 절대로 한계농도를 초과하여 시비하면 안된다. 그러나 고농도 장해가 일어나지 않는 범위내에서는 살포액의 농도가 높을수록 흡수가 잘된다. 몇가지 채소작물의 성분별 엽면시비 한계농도는 〈표 3-21 및 3-22〉와 같다.

### <표 3-21> 엽면시비의 한계농도 (단위 : %)

| 구 분 | 몰리브덴 (몰리브덴산 암모늄) | 붕 소 (붕산) | 망 간 (황산망간) | 아 연 (황산아연) | 마그네슘 (황산 마그네슘) | 석 회 (염화석회) |
|---|---|---|---|---|---|---|
| 토 마 토 | 0.5 | 1.0 | 2.0 | 1.0 | 2.0 | 0.5 |
| 강 낭 콩 | 0.5 | 0.5 | 1.0 | 0.5 | 2.0 | 0.5 |
| 오 이 | 0.5 | 0.5 | 2.0 | 0.5 | 2.0 | 0.5 |
| 시 금 치 | 0.5 | 0.5 | 1.0 | 0.5 | 2.0 | 0.5 |
| 상 추 | 0.5 | 0.5 | 2.0 | 0.5 | 2.0 | 0.5 |
| 샐 러 리 | 0.5 | 1.0 | 2.0 | 1.0 | 2.0 | 1.0 |

주) ( )안의 엽면시비하는 비료의 형태

### <표 3-22> 요소의 엽면살포 한계농도

| 농도(%) | 채소의 종류 |
|---|---|
| 0.3 | 온실, 온상, 터널, 하우스안의 채소 |
| 0.4 | 딸기, 토마토, 상추 |
| 1.0 | 가지, 수박, 오이, 감자, 고구마 |
| 2.0 | 무, 배추, 양배추 |
| 2.5 | 시금치, 근대 |

## 다. 엽면시비의 흡수(吸收)

비료의 엽면 흡수는 잎의 세포막과 기공을 통하여 이루어지는데, 생리기능이 왕성한 잎에서는 세포막을 통한 흡수율도 높다. 잎의 뒷면에는 잔털이 많아 살포액의 부착이 쉽고 기복이 많아서 표면적이 넓으며 기공수가 많고 세포막도 얇으므로 비료의 흡수율이 표면보다 높다.

엽면시비의 효과를 높이기 위해서는 잎에 살포했을 때 잎에 잘 묻고 빨리 마르지 않도록 해야 하므로 전착제를 물 20 *l* 에 5cc 정도 섞어 뿌려주면 좋다. 뿌려주는 시간은 바람이 없고 햇빛도 약한 저녁 이슬내리기 전이 가장 좋고 한낮에는 피하는 것이 좋다. 살포방법이 적합하면 살포후 24시간에 약 80%가 흡수된다 〈그림 3-25〉.

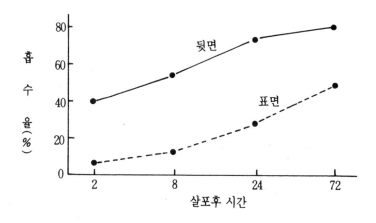

<그림 3-25> 사과잎의 표면과 뒷면에서의 요소 흡수율

## 5. 염류집적(鹽類集積)

하우스내에서는 살포한 비료가 빗물에 유실되는 일이 없어 흡수되지 않은 나머지 비료성분은 흙 속에 남아서 해마다 같은 땅에 연작하여 시비를 계속 하면 비료성분은 점차 집적되어 농도가 높아진다. 이렇게 되면 뿌리의 양분 흡수능력이 떨어져서 생육이 방해를 받는데 이를 염류집적(鹽類集積)이라 한다.

## (1) 염류의 뜻

화학에서는 산과 염기(알칼리)가 결합된 것을 염(鹽)이라 하고 비료로 사용되는 황산암모니아(유안)는 황산(산)과 암모니아(염기)가 결합한 염이며, 대부분의 화학비료는 염으로 되어 있다.

토양에 시용한 비료는 그대로 작물에 흡수 이용되는 것이 아니라 이들 비료는 토양중에서 작물에 흡수되는 부분(비료의 주성분)과 토양중에 남는 부분(비료의 부성분)으로 분해된다. 부성분은 토양중의 여러가지 성분과 결합하여 토양중에 있게 된다.

예를 들면 밭에 염화칼리($KCl$)를 시용하면 양($+$)이온인 칼리($K$)는 토양입자에 흡착되나 음($-$)이온인 염소($Cl$)는 토양입자에 흡착되지 못하고 토양중의 석회($Ca$)와 결합하여 염화칼슘($CaCl_2$)으로 되어 토양용액중에 있게 된다.

또한 토양에 질소비료(유안, 요소)를 시용하면 이들 비료는 토양중에서 미생물의 작용으로 암모니아태질소($NH_4-N$)로 변하며 이것은 토양입자에 흡착되지만 많은 경우 다시 토양의 질산화성균에 의하여 질산태질소($NO_3-N$)로 된다. 이것은 음이온으로서 토양입자에 붙지 못하고 토양용중액에 녹아 토양중의 석회($Ca$)와 결합하여 질산화칼슘[$Ca(NO_3)_2$]으로 되어 토양용액에 남게 된다.

이와 같이 질소비료가 질산태질소($NO_3-N$)로 되는 양은 질소비료의 시용량이 많을수록 증가한다.

일반적으로 토양중에 가장 많은 염류는 석회와 결합한 형태이다. 그 중에서도 질산화칼슘의 형태가 가장 많고 (이것은 질소비료를 많이 시용하였기 때문임) 다음이 염화칼슘이며 일부는 황산과 결합한 황산마그네슘, 황산암모니아 등으로도 집적되어 있다.

인산은 토양중의 철이나 알미늄과 결합되어 고정되기 때문에 물에 녹아 있는 경우가 적어 인산과 결합한 염류는 아주 적다.

위에서 설명한 것처럼 토양(특히 시설토양이 문제임)에는 각종 비료염(우리가 먹는 소금과는 의미가 다름)을 통털어 염류라고 하고 이들이 흙속에 모여서 작물이 정상적으로 자라는 데 지장을 주면 염류집적장해 또는 줄여서 염류장해라고 부르고 있다.

## (2) 염류의 집적과정과 염류농도 단위

### 가. 염류의 집적과정

염류집적에 대하여는 아직도 정확한 해석이 없지만 일반적으로 토양입자에 흡착된 상태(치환태)에 대하여는 집적이라고 하지 않는다. 다만 토양의 염기치환용량을 초과하였기 때문에 각종의 성분이 토양에 흡착하지 못하고 토양용액중에 녹아 있거나 염으로 되어 토양용액에 있을 때 염류가 집적되었다고 한다.

### 나. 염류농도의 단위

토양중에는 많은 종류의 염이 있다. 이들 염류는 일일이 측정하기가 어려워 전기전도도(電氣傳導度, EC)를 측정하여 염농도를 표시한다. 전기전도도는 미리모스(mmhos) 단위로 표시하고, 이 수치(미리모스)에 0.064를 곱하면 염류농도의 백분율(%)이 된다. 이때 EC값을 (mmhos)나 이를 줄여 (mS/cm)로 표시해 왔지만, 96년부터 이를 dS/m로 고쳐쓴다.

〈표 3-23〉중 위의 수치(0, 2, 4, 8, 16)는 전기전도도 EC값이고 아래 수치 (0, 0.1, 0.3 · 0.5, 1.0)는 염류농도를 백분율(%)로 나타낸 것이다.

염류농도와 작물생육 관계를 보면 다음의 〈표 3-23〉과 같다.

**<표 3-23> 염류농도와 작물생육**

토양의 포화침출액의 EC (dS/m)

| 0 | 2 | 4 | 8 | 16 |
|---|---|---|---|---|
| 미염 | 소염 | 중염 | 고염 | 강염 |
| 염류에 의한 영향이 없다. | 염에 강하게 감응하는 작물은 장해를 입는다. | 대부분의 작물은 장해를 입는다. | 염농도에 저항성인 작물만 수확가능 | 생육가능한 것은 2~3종의 잡초와 관목뿐임. |

| 0 | 0.1 | 0.3 | 0.5 | 1.0 |
|---|---|---|---|---|

토양의 포화 침출액 중의 염류농도(%)

## (3) 염류집적의 원인

### 가. 작기(作期)의 연장 및 재배 횟수 증가

시설내에서는 연중 작물을 재배할 수 있으므로 여러 종류의 채소를 계속 재배하고 있다. 생육기간이 짧은 작물일 경우에는 1년에 4~6기작도 가능하기 때문에 거름주는 횟수도 많아진다.

채소의 경우 시비된 비료성분중 질소는 50~60%, 인산은 10~20%, 칼리는 60~80% 정도를 흡수 이용하고 나머지의 일부는 유실되지만 대부분 토양중에 남아 있게 된다.

### 나. 지하수의 상승에 따른 무기성분의 이동

시설재배지는 강우(降雨)가 차단되고 작물의 생육에 큰 지장이 없을 정도의 적은 양의 물을 주기 때문에 근권토양에 수분이 부족하기 쉽다. 이때에 지하수가 모세관을 따라 상승하여 수분은 작물에 흡수 이용되거나 땅표면에서 증발되지만 무기성분은 극히 일부만 작물에 흡수 이용될 뿐 많은 양이 겉흙에 쌓이게 된다.

또한 물주는 양이 충분치 못하기 때문에 갈이흙층(作土層)의 무기염류가 물에 녹아 지하수층으로 내려가거나 유실될 기회가 거의 없어 근권토양에 쌓이게 된다.

특히 오랜기간 물을 주지 않을 때는 염류가 땅표면에 올라와 하얀색의 결정(結晶)을 이루기도 한다.

## 다. 경험에 의한 지나친 시비

시설재배 첫해에는 토양이 노지와 같이 비교적 척박하기 때문에 어느 정도 많은 양의 거름을 주더라도 작물생육에 지장을 초래하지 않고 오히려 수량과 품질을 향상시킨다.

그러나 시설재배 년수(年數)가 경과하여 토양중에 양분함량이 많음에도 불구하고 전년의 경험에 따라 같은 양 또는 그 이상으로 많은 양의 거름을 계속해서 주기 때문에 토양의 염류집적을 더욱 촉진하는 것이다.

특히 각종 유기질비료 및 성분을 알 수 없는 부산물비료의 남용과 석회 및 붕사와 같은 토양개량제를 필요 이상으로 해마다 계속 사용하여 토양염류집적의 주요 원인이 된다.

또한 염류장애를 받으면 작물의 생육이 부진하게 되는데 이때 양분의 부족으로 오해하여 웃거름을 더 많이 줄 경우에도 마찬가지 원인이 된다.

## 라. 토양의 이화학적 성질이 나빠짐

우리나라 토양은 양이온 치환용량(陽ion 置換容量)이 10me/100g 내외로 낮은 편이다. 따라서 염류가 쌓이게 되면 흙알을 분산시켜 물스밀성(투수

성)과 통기성(通氣性) 등을 저하시키고 겉흙층에 두꺼운 막을 형성함으로써
물스미는 속도가 현저히 떨어져 염류가 겉흙층에 계속 쌓이게 된다.

**<표 3-24> 물주는 양과 토양의 염류농도 및 무기성분함량 변화**

| 농도(%) | 물주기 전 | 1회 물주기<br>(45mm) | 3회 물주기<br>(45mm×3회) | 5회 물주기<br>(45mm×5회) |
|---|---|---|---|---|
| 염류농도(dS/m) | 10.5 | 6.60 | 4.90 | 1.85 |
| 염 소 (mg/kg) | 830 | 452 | 374 | 122 |
| 질 소 (mg/kg) | 560 | 490 | 346 | 175 |

## (4) 염류농도 장해 발생 원리

염류장해가 일어나는 원리는 다음과 같다.

연작하는 시설재배지 토양에 염류집적이 많은데 최근에는 유기물, 특히
많은 가축분의 시용으로 이런 현상이 더욱 촉진되고 있다는 것은 앞에서 설
명하였다.

비료를 너무 지나치게 많이 사용하거나 토양이 장기간 건조되어 토양용액
이 농축되면 작물은 염류장해를 받는다. 이것을 농도장해 또는 염류장해라
하며 이의 증상은 육안적으로도 알 수 있는 심한 경우에서부터 외관상으로
는 건전하게 보이는 것도 있다.

작물은 뿌리와 토양용액과의 삼투압차를 이용하여 수분이나 양분을 흡수
이용한다. 뿌리의 농도가 토양용액의 농도보다 높으면 작물은 정상적으로
수분이나 양분을 흡수하지만 토양용액의 염농도가 작물의 뿌리보다 높으면
작물은 수분이나 양분을 흡수하지 못하고 도리어 뿌리의 수분과 양분이 토
양중으로 나온다.

시설재배지는 작물 생육기간중에 토양양분 함량을 조사하여 보면 많은 비
료성분이 남아 있어 더 시비할 필요가 없는데도 불구하고 〈표 3-25, 26〉 농

민들은 웃거름으로 비료를 더 사용하는 것이 현실이다.

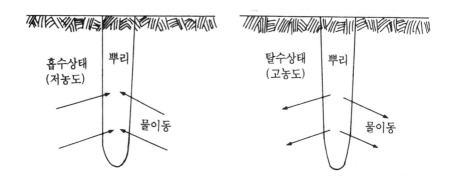

**<그림 3-26> 토양용액 농도와 수분흡수**

## (5) 우리나라 시설재배의 토양특성

우리나라의 원예산업은 각종 시설을 이용한 자본집약형 농업으로 발전과정에 있는데 채소 및 화훼류 재배를 위한 시설재배 면적은 90년 약 40,000ha이던 것이 '96년에는 77,251ha로 6년 사이에 2배 정도 늘어 급격한 증가추세를 보이고 있다.

최근 시설되고 있는 첨단의 유리온실과 같은 영구시설에서는 수경 또는 배지를 이용한 양액재배가 주로 이루어지고 있지만 99% 이상을 차지하는 비닐하우스 및 터널에서는 토양을 이용한 작물재배가 주종을 이루고 있다.

그러나 이 재배면적중 49%의 시설포장에서 염류가 지나치게 축적되어 있는 것으로 조사된 바 앞으로 시설토양의 효율적인 관리와 염류장해 토양의 개량이 시급한 실정이다.

특히 비료를 많이 사용하고 있는 시설재배지 토양에는 인산, 칼리, 염기포
화도, 염류농도 등이 적정치를 훨씬 초과하고 있고〈표 3-25〉, 시설재배지는 3
년만 연속 경작하여도 토양은 이미 작물의 생육에는 적합하지 않은 토양으로
변하고 있는 심각한 상황임을 잘 알고 대처해야 할 것이다〈표 3-26 참조〉.

<표 3-25> 시설재배지 화학성 특성

| 구 분 | 유효인산 (mg/kg) | 치환성 양이온 (c mol⁺/kg) | | | 염기 포화도 (%) | 염류농도 (%) |
|---|---|---|---|---|---|---|
| | | K | Ca | Mg | | |
| 채 소 류 | 1,407 | 1.15 | 7.0 | 2.2 | 103 | 0.24 |
| 화 훼 류 | 1,299 | 1.51 | 8.3 | 2.7 | 126 | 0.24 |
| 전국 밭 토양 | 231 | 0.95 | 4.6 | 1.4 | 64 | - |
| 적정 범위 | 300 400 | 0.5~ 0.6 | 5~6 | 1.5~ 2.0 | 65~80 | 0.08~ 0.16 |

<표 3-26> 시설재배 연수별 토양의 화학성변화

| 재배 년수 | 유기물 (%) | 유효인산 (mg/kg) | 치환성(양)이온 (c mol⁺/kg) | | | 염 기 포화도 (%) | 염류농도 (%) |
|---|---|---|---|---|---|---|---|
| | | | K | Ca | Mg | | |
| 1~3 | 3.0 | 1,087 | 7.3 | 2.5 | 2.5 | 108 | 0.22 |
| 4~6 | 3.3 | 1,504 | 8.0 | 8.0 | 2.8 | 119 | 0.26 |
| 7~9 | 3.3 | 1,599 | 8.0 | 8.0 | 2.8 | 120 | 0.27 |

## (6) 염류농도와 작물의 생육장해

작물이 토양내 염류고농도에 의한 장해가 일어나게 되면 일반적으로 작물
체의 생육속도가 둔화되고 잘 자라지 못한다.

염류농도가 높아져서 일어나는 생육장해 증상은 아랫잎부터 말라 죽고 잎

색이 농록(청)색을 띠게 되며, 잎 가장자리가 안으로 말리는 증상을 나타낸다(당근, 고추, 오이, 배추 등). 또 잎이 타든가 잎 끝이 말라 죽는 증상이나 마그네슘 또는 칼슘의 결핍증상이 나타나는 경우도 있다.

이러한 염류장해를 나타내는 한계농도는 작물과 토양의 종류에 따라 서로 다르다. 몇가지 작물의 토성별 염류농도를 보면 양배추, 무, 시금치, 배추 등은 강하고, 딸기, 상추, 양파, 오이 등은 약하다. 토성별로는 진흙에서 생육장해 및 고사한계농도가 높으며 모래땅에서는 낮다.

또 토양의 수분 혹은 지온 등 재배조건에 따라서도 서로 다르다. 그리고 작물의 체내성분의 동향도 그 후의 생육에 영향을 주므로 식물체의 초기 외관으로 후기에 있을 생육과 수량을 예측하기란 매우 어려운 일이다.

**<표 3-27> 주요 채소류의 염류농도 저항성**

| 종류 | 양배추 | 무 | 시금치 | 배추 | 우엉 | 샐러리 | 가지 | 파 | 당근 | 토마토 | 피망 | 오이 | 잠두 | 양파 | 상추 | 딸기 |
|---|---|---|---|---|---|---|---|---|---|---|---|---|---|---|---|---|
| 저항성 | 강 ──────── 중 ──────── 약 ──────── 최약 | | | | | | | | | | | | | | | |
| 염류농도 (dS/m) | 8.0 ~ | | 7.0 ~ | | | 6.0 | ~ | | | 5.0 | ~ | | 4.0 ~ | | 2.0 ~ | |
| (%) | 0.51 ~ | | 0.45 ~ | | | 0.38 | ~ | | | 0.32 | ~ | | 0.27 ~ | | 0.13 ~ | |

## (7) 염류 집적 대책

### 가. 내염성 작물의 재배

염류농도에 대한 작물의 저항성은 작물의 종류에 따라 다르다. 염류 농도가 높은 동일 포장에 딸기, 오이, 토마토, 가지 등을 재배하면 제일 먼저 딸기에 염류장해가 오고 다음에 오이, 토마토의 순위로 증상이 나타나지만 가지는 비교적 강하다. 그 외에는 카네이션의 경우 연작을 하면 잎의 넓이가 좁고 잎표면에 흰가루(白粉)가 적어진다.

토양의 염류농도와 작물별 수량의 감수정도는 〈표 3-28〉에 의하면 수량이 50%로 감수되는 토양의 염류농도는 시금치가 8.6dS/m(0.6%)인 데 비하여 딸기가 2.5dS/m(0.2%)로서 시금치는 딸기보다 3.4배나 염류농도에 대한 저항성이 강하다.

**〈표 3-28〉 작물별 수량에 미치는 염농도**                  (단위 : dS/m)

| 작 물 | 수 량 감 수 정 도 | | | |
|---|---|---|---|---|
| | 0% | 10% | 25% | 50% |
| 딸　　기 | 1.0 | 1.3 | 1.8 | 2.5 |
| 상　　추 | 1.2 | 2.0 | 3.1 | 5.0 |
| 고　　추 | 1.3 | 2.1 | 3.2 | 5.2 |
| 오　　이 | 1.5 | 2.2 | 3.3 | 5.1 |
| 토　마　토 | 1.7 | 2.5 | 3.8 | 5.9 |
| 가　　지 | 1.5 | 2.4 | 3.8 | 6.0 |
| 고　구　마 | 1.8 | 2.8 | 4.4 | 7.0 |
| (양) 배 추 | 2.5 | 3.3 | 4.4 | 6.3 |
| 무 | 2.5 | 3.5 | 5.0 | 7.6 |
| 시　금　치 | 2.0 | 3.3 | 5.3 | 8.6 |
| 벼 | 3.0 | 3.6 | 5.1 | 7.2 |

따라서 딸기는 연작지와 같이 염류농도가 높은 데서는 생육이 어려우며 논 뒷그루로 재배하는 것이 염류농도가 낮으므로 잘 자란다.

## 나. 토양검사에 의한 합리적 비료주기

시설내에서는 비료의 용탈이 거의 일어나지 않으므로 노지재배에서보다 시비량을 줄이는 것이 중요하다. 즉, 토양에 남아있는 염류의 양을 고려하여 시비량을 결정할 일이다.

특히 작물생육에 가장 큰 영향을 미치는 질소성분은 거의 질산태질소이며 이것이 토양의 염류농도를 높이는 주요인이 되므로 남아 있는 질소량을 미리 파악하여 필요 이상의 비료를 주지 않도록 노력하여야 한다〈표 3-29〉.

**〈표 3-29〉 염류농도와 시비법**

| EC(dS/m) | 질산태 질소(mg/100g) | 기비시비량의 가감 |
|----------|---------------------|------------------|
| 0.20 | 0 | 표준시비량 |
| 0.52 | 10 | 표준의 반량 |
| 0.84 | 20 | 표준의 반량(추비를 가감) |
| 1.16 | 30 | 비료를 안줌 |
| 1.80 | 50 | 비료를 안주고 심경 |
| 2.44 | 70 | 농도장해의 위험이 있음 |
| 3.40 | 100 | (제염대책이 필요) |

(주) 건토 : 물 = 1 : 5

※ 질소의 시비량은 10a 당 밑거름 (성분량) 12~18kg일 때임.

그 대책으로 제일 먼저 토양의 정밀검정을 실시하여 현재 시설토양의 염류집적 정도가 어느 수준인지를 파악하고 그에 적합한 대책을 강구하여야 한다. 토양검정은 가까운 농촌지도소에서 해 주고 있다.

또한 비료에는 부성분이 많이 함유되어 그것이 염류농도를 높이는 요인이 되므로 비종의 선택에도 주의하여야 한다.

**〈표 3-30〉 가축분뇨 시용기준**  (톤 /10a)

| 종 류 | 소거름 | 돼지거름 | 닭거름 |
|-------|--------|----------|--------|
| 엽 채 류 | 3 | 1~2 | 0.3 이하 |
| 근 채 류 | 1~1.5 | 1 | 0.3 |
| 오 이 | 3 | 1~1.5 | 0.3 |
| 고 추 | 3 | 1~1.5 | 0.3 |
| 가 지 | 3 | 1~1.5 | 0.3 |
| 기 타 과 채 류 | 2 | 1 | 0.3 |

시비량 조절이 어려운 것 중의 하나는 가축분뇨의 시용이다. 가축의 배설물은 성분을 정확히 산출할 수 없어 과잉시비가 되는 경우가 있다. 최근 일본에서 축산퇴비를 시용할 경우의 기준을 〈표 3-30〉과 같이 발표한 바 있다. 대체로 소거름에 비하여 돼지거름은 1/2 정도, 닭거름은 1/10 정도 주는 것이 안전하다는 것을 명심해야 한다.

### 다. 여름장마철에 시설의 피복물을 벗겨 물주는 효과를 거둔다.

1∼2년에 한번 정도 장마철에 피복물을 제거하여 비를 충분히 맞히면 염류농도가 크게 저하된다. 이 경우는 가능한 한도내에서 빗물을 맞히는 기간을 길게 하거나 폭우기간을 적절히 이용하면 염류제거의 효과가 크다. 또 재배전이나 재배기간중 전면 담수가 어려울 경우 충분한 양의 물을 주어 근권토양중의 염류를 씻어주는 방법으로 1회에 40∼50mm 정도로 하여 3회 내지 5회 정도 실시하면 효과적이라고 하나 실제 쉬운 일이 아니다. 50mm는 100평당 16,500 *l* (825말)이며 다시 말하면 5cm 높이로 물을 대어 주는 높이다.

### 라. 담수처리 및 답전윤환재배(畓田輪換栽培)

토양의 물빠짐이 좋으면 시설내 물을 많이 대어 염류를 거의 제거할 수 있다. 일부 지역에서 고랑에 물을 가득 채워 연작에 의한 집적염류를 제거하고 있으나 재배기간중의 담수는 유효성분의 유실, 지온의 하강, 경작토가 다져지므로 토양공극이 파괴된다.

이로 인해 뿌리의 호흡장해, 비료흡수장해 등이 있을 수 있으므로 휴작 기간 중에 담수하는 것이 합리적이다. 이러한 제염효과도 토성에 따라 다르다. 200mm의 관수를 하면 대부분의 염류가 제거된다고 한다.

염류집적이 아주 심한(6.0∼8.0dS/m 이상) 토양에 대하여는 작물재배전 포장에 물을 대어 전면 담수시키는 방법을 약 1주일 간격으로 3∼4회 정도 실시하면 염류제거 효과가 크지만 근권토양의 무기성분이 많은 양 용탈 (溶脫)되므로 지하수를 오염시키게 되어 환경보전 차원에서는 문제가 제기될 수도 있다.

그러므로 시설작물을 3년 재배하고 벼를 1~2년 재배하는 답전윤환재배는 토양관리 측면에서는 바람직하지만 시설의 활용면에서는 불리하다.

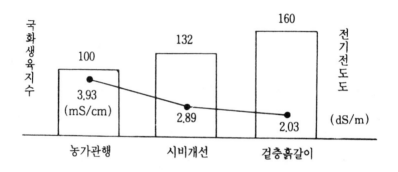

<그림 3-27> 겉흙층 흙갈이에 의한 국화재배지의 염류제거 효과

<표 3-31> 채소류 생육에 알맞는 토양화학적 특성

| 토양산도 (pH) | 염류농도 (EC) | 유기물함량(OM) | 질산태질소 (NO3-N) | 유효인산 (Ar.P2O5) | 치환성 양이온 (c mol⁺/kg) | | |
|---|---|---|---|---|---|---|---|
| | | | | | 칼리(K) | 석회(Ca) | 마그네슘(Mg) |
| 6.0~6.5 | 1.25~2.5 dS/m | 2.0~3.0 % | 100~250 mg/kg | 300~400 mg/kg | 0.5~0.6 | 5.0~6.0 | 1.5~2.0 |

## 마. 비료 흡수력이 높은 청예작물재배

염류집적 장해의 우려가 있을 경우 흡비성이 강한 청예작물을 재배하면 유효하다. 다량시비와 연작에 의하여 축적된 비료분을 생육이 왕성한 작물을 재배하여 양분을 흡수시킴으로써 염류를 제거시키는 방법이다.

여기에는 옥수수, 수수 등 심근성이며 흡비력이 강하거나 양배추, 배추, 무 같은 흡비력이 강한 작물을 심음으로써 채소연작시 흡수하지 못한 잉여성분을 흡수케 하는 것이다. 〈그림 3-28〉에서와 같이 옥수수재배는 담수에 의한 제염효과와 거의 비슷함을 알 수 있다. 또 옥수수를 재배하면 말린 것으로 10a당 2톤 정도의 건물이 생산되므로 이것을 퇴비나 사료로 사용할 수 있어 부수적인 가치도 있다. (염류농도가 높은 밭에는 쓸 수 없음)

EC(dS/m)

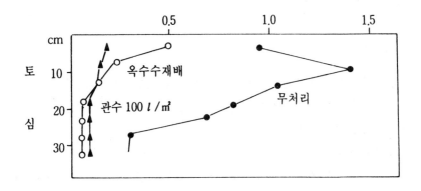

**〈그림 3-28〉 청예작물 및 담수처리에 의한 제염효과**

## 바. 마른볏짚 등 유기물에 의한 농도감소

〈표 3-32〉와 같이 마른 볏짚이나 마른 옥수수대 같은 유기물을 시용하면 토양중의 무기태질소가 유기화되어 무기태질소 특히 염류농도와 관계가 깊은 질산태 질소의 함량을 현저히 감소시킨다. 즉, 볏짚과 같이 썩지 않은 유기물을 시용하면 토양중 질소가 볏짚을 썩히는 미생물에 이용되어 토양의

염류농도를 낮추어 주고 썩힌 후에는 다시 양분(養分)으로 공급되어 효과가 크다.

**<표 3-32> 볏짚시용과 염류농도**

| 처 리 | 염류농도(dS/m) | | 암모니아태질소(mg/kg) | | 질산태질소(mg/kg) | |
|---|---|---|---|---|---|---|
| | 정식후 15일 | 30 | 15 | 30 | 15 | 30 |
| 비료안줌 | 4.9 | 1.3 | 1.8 | 0.5 | 51 | 34 |
| NPK(비료) | 24.5 | 12.2 | 41 | 23.9 | 1,454 | 670 |
| NPK+퇴비 | 19.8 | 10.0 | 118 | 173 | 1,353 | 1,116 |
| NPK+볏짚 | 10.9 | 8.1 | 39 | 23 | 428 | 427 |

### 사. 심경

쟁기 밑바닥의 물빠짐이 나쁜 토양에서는 담수효과가 없다. 이때는 비료염이 표층토에 주로 집적하기 때문에 심경을 하게 되면 비료염을 일시적으로 토양내에 분산시킬 수 있다.

그 외에도 토양을 부드럽게 하고, 통기성을 향상시킬 수 있는 효과도 있으나 이 방법은 어디까지나 하우스내에서의 분산이므로 약 1개월 이내에는 표층에 재집적할 우려가 있어 근본적인 제염효과는 기대할 수 없다. 따라서 심경에 의한 방지대책은 염류집적 정도가 극히 가벼울 때 효과를 얻을 수 있다.

### 아. 멀칭

비닐 등을 지면에 직접 피복하는 멀칭은 토양수분의 지면증발을 막을 수 있으므로 증발된 토양수분을 물방울 상태로 땅속으로 다시 환원시키기 때문에 땅 표면에 염류가 집적되는 것을 억제하는 작용이 있다. 염류집적의 정도가 적을 때는 장해 방지대책으로 유효하다.

## 자. 작토제거

하우스내의 토양이 염류집적 정도가 높고 작물의 농도장해가 발생할 우려가 클 경우에는 비료염을 많이 함유하고 있는 표면 토양을 하우스 바깥으로 배출시키면 된다. 하우스 토양을 건조시키면 토양내의 가용성염류가 모관상 승작용에 의하여 표층토에 집적되는데 이 표층토를 제거하면 유효하나 작업에 노력이 많이 든다.

또 양질의 경토를 감소시키는 결과가 되므로 제거하는 표층토의 양을 가급적 적게 하도록 노력해야 한다. 즉, 표층토의 제거에 의한 제염효과는 잔존 집적염의 층별분화가 클수록 유효하기 때문에 표층토 제거 20일 전부터 50~100mm 관수를 하면 가용성염류의 층별분화가 진행되어 2cm정도의 표층토 제거로도 어느 정도 제염효과를 기대할 수 있다.

# 6. 탄산가스 시용

## (1) 탄산가스의 작용

식물은 뿌리에서 흡수된 양분과 광합성에 의해 생산된 탄수화물에 의해 단백질을 합성한다.

일반적으로 하우스재배가 햇빛이 적은 상태에서 무리한 재배가 많아짐에 따라서 일조에는 신경을 많이 쓰나 탄산가스에는 관심을 갖지 않는 경우가 종종 있다.

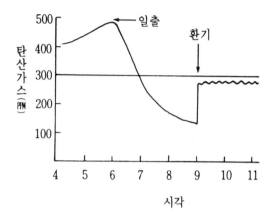

**<그림 3-29> 하우스내의 아침 탄산가스 농도의 변화**

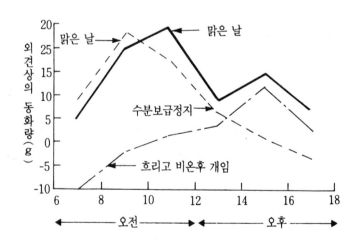

**<그림 3-30> 하우스내 오이 동화량의 일변화**

공기 중에는 0.03%의 탄산가스가 포함되어 있어 식물을 키울 만한 양이 되므로 굳이 인공적으로 주지 않아도 식물은 생육하지만 이것은 반드시 광합성에 적합한 양이 아니고 조건만 좋다면 이의 10배 정도까지 많아도 좋다.

또 저온기의 하우스재배에서 난방이 잘 되어 있으면 좋지만 저온재배에서는 창문을 충분히 열지 못하기 때문에 아침이나 밤에 일시적으로 앞의〈그림 3-29〉처럼 외기보다 탄산가스가 부족한 경우가 많다.

이럴 때는 인공적으로 탄산가스를 시용하면 생육이 진행되어 효과가 나타난다.

하우스내에서의 작물의 광합성은 〈그림 3-30〉처럼 이른 아침부터 시작되고 오전 중에 전량의 약 70%가 행하여진다. 그리고 빛이 강한 한낮에는 건조하기 때문에 기공(氣孔)이 닫혀져서 탄산가스가 조직내로 공급이 억제되어 중간 휴식상태로 되는 수가 많다.

이러한 상태에서 보면 탄산가스 시용시간은 설령 짧더라도 이른 아침 외기보다 부족한 시간에 시용하여 동화율을 높인다면 매우 효과적이라는 것을 알 수 있다.

오이에 대한 탄산가스 시용효과는 다음 〈표 3-33〉과 같다.

**〈표 3-33〉 오이의 탄산가스 공급원에 따른 시용효과**

| $CO_2$원(源) | 과수(주당, 개) | 지 수(%) | 과수(주당, 개) | 지 수(%) |
|---|---|---|---|---|
| 무 처 리 | 15.1 | 100 | 8.3 | 100 |
| 프로판가스 | 23.6 | 156 | 19.0 | 229 |
| 액 화 $CO_2$ | 17.4 | 115 | 13.6 | 164 |

일반적으로 액화 $CO_2$ 보다 프로판가스가 더 증수되는 경향이며 부수적으로 시설 내부에 열을 공급해 주는 이점이 있다.

## (2) 시설내의 탄산가스 농도

대기중의 탄산가스 농도는 일반적으로 0.03%이며 이와 같은 농도는 하우스내나 노지에서 큰 변화없이 대체로 일정하다.

그러나 하우스가 밀폐된 상태에서 작물이 동화작용을 왕성히 한다면 자연히 탄산가스가 동화에 소비되고 점차 농도가 낮아져 작물의 동화에 지장을 초래할 정도까지 내려가게 된다.

야간에는 탄산가스의 동화가 정지될 뿐만 아니라 토양중 미생물의 호흡에 의하여 탄산가스 농도가 높아져서 0.05~0.07%까지 된다.

그러나 해가 뜨면 작물이 동화작용을 하기 때문에 점차 탄산가스의 농도가 낮아지는데 광도(光度)가 3,000~5,000Lux가 되면 탄산가스의 농도가 급속히 저하된다.

겨울철이면 이와 같은 광도에 도달한 시각이 되어도 하우스내의 기온이 낮아 환기를 할 수 없기 때문에 탄산가스의 농도는 더욱 더 낮아지게 된다. 그리고 드디어는 동화작용과 호흡작용이 평행한 상태가 되는 탄산가스 보상점($CO_2$ 補償点)까지 내려가게 되는 것이다.

이와 같은 현상은 시설의 크기에 비하여 작물이 밀생한 육묘상이나 비닐하우스 내의 토마토나 오이와 같은 작물체의 밀도가 재배에서 심하게 일어난다.

## (3) 탄산가스의 필요량

태양에서 방사되는 광에너지 중에서 작물의 동화작용에 이용되는 광은 일광이 약한 경우 그 중의 5~10%, 일광이 강한 경우 1~2%이다. 그러나 겨울부터 이른봄의 시설내의 작물에서는 아침, 저녁 약한 광선과 함께 탄산가스 농도, 온도 등이 동화작용의 제한인자(制限因子)가 된다.

일광이 약한 경우는 동화작용에 대하여 탄산가스의 포화점도 저하되기 때문에 탄산가스의 농도를 지나치게 높이는 것은 무의미하다.

작물의 광합성 속도는 일사량이 일정한 경우, 탄산가스 농도 증가에 따라 어느 정도 증가한다. 오이의 광합성을 예로 설명하면 같은 일사량에서는 탄산가스의 포화점이 있는데 대체로 1,500~2,000ppm을 넘으면 광합성 속도가 극히 둔화된다. 작물에 따른 탄산가스 농도에 대한 반응은 메론이 광합성 증대 효과가 크고 딸기와 피망 등은 상대적으로 증수 효과가 낮다.

또한 탄산가스 농도가 300ppm 이하로 낮을 때의 감수율은 토마토가 비교적 둔감하고 오이나 수박은 상당히 민감하다. 따라서 대부분의 작물은 $CO_2$의 농도가 1,500ppm 이하에서 적정 농도가 형성된다고 볼 수 있으나 딸기의 경우는 600~800ppm에서 호적 농도가 되는 것에 유의해야 한다.

광합성은 일사량과 $CO_2$의 영향을 크게 받으므로 구름이 많이 낀 날에는 탄산가스 농도를 높게 공급해 줄 필요가 없이 오이에서는 500~600ppm이 적당하며 햇빛이 강한 날에는 1,000~1,300ppm이 바람직하다.

그러나 실제 시용상 어려운 점은 탄산가스 시용을 위해 환기창을 밀폐할 경우, 실내온도 상승으로 겨울철이라도 오전 11시 이후는 환기창을 열어 주어야 하므로 시용시간이 제한된다.

다행히 과채류의 경우 광합성 속도가 오후보다 오전이 훨씬 높으므로 오후에 $CO_2$가 공급되지 않아도 8시부터 11시까지만 시용되면 충분한 광합성 증대 효과를 거둘 수 있다.

## (4) 탄산가스의 시용시기

탄소동화작용의 능률은 일반적으로 오전이 오후보다 높다. 이것은 공기중의 탄산가스 농도가 오후에는 낮아지며 또한 식물체의 생리면으로 보아서도 오후에는 옆의 수분이 감소하거나 동화생성물이 축적되기 때문에 오전이 유리하다.

그러나 아침이라 하더라도 햇빛이 약할 때 시용하면 탄산가스의 이용률이 낮아진다. 그렇다고 일광이 강해진 뒤에 사용하면 고온으로 곧 환기하게 되므로 적절한 시기를 택해야 한다.

시설내의 탄산가스는 대체로 일조가 3,000~5,000Lux가 될 때부터 급격히 감소하게 된다. 이 시기는 맑은 날이면 대체로 해가 뜬 후 30~40분 경과한 때이다. 그리고 작물체의 입장에서 보아도 기공이 충분히 열려 있을 때에 사용해야 되는데 야간에는 보통 기공이 닫혀 있고 햇빛이 쪼여지면 서서히 열리기 때문에 일출후에 사용해야 됨을 알 수 있다.

## (5) 탄산가스의 사용 효과

**<표 3-34> CO2 사용효과**　(원시 '89 )

| 구분 | 오 이 | | | 토 마 토 | | |
|---|---|---|---|---|---|---|
| | 10a 당 수량 (kg) | 개낭무게 (g) | 상품과율 (%) | 10a 당 수량 (kg) | 개당무게 (g) | 상품과율 (%) |
| 사용 ( A ) | 8,858 | 194 | 88 | 8,637 | 184 | 80 |
| 무시용(B) | 6,690 | 183 | 83 | 6,255 | 163 | 67 |
| 효과(A/B) | 132 | 106 | 106 | 138 | 113 | 119 |

**<표 3-35> CO2 사용효과** (600 ppm)　(킴볼 , 1983)

| 작물명 | 측정예(점) | 평균증수율(배) | 작물명 | 측정예(점) | 평균증수율(배) |
|---|---|---|---|---|---|
| 과채류전체 | 97 | 1.23 | 상 추 | 54 | 1.35 |
| 오 이 | 12 | 1.3 | 근 채 류 | 17 | 1.52 |
| 딸 기 | 10 | 1.22 | 2 0 일 무 | 5 | 1.28 |
| 토 마 토 | 72 | 1.2 | 감 자 | 12 | 1.64 |
| 가 지 | 2 | 2.54 | 화 훼 류 | 110 | 1.23 |
| 엽 채 류 | 72 | 1.42 | | | |

'89년 원예시험장에서 오이와 토마토에 대하여 탄산가스 사용시험을 한

성적을 보면〈표 3-34〉총수량은 135% 그리고 상품과율은 106~119%가 증수한 것으로 나타나 효과가 큼을 보여주고 있다.
　일반적으로 작물의 광합성 속도는 1.5~1.8배 증가하고 과채류는 20~30% 정도 증수함과 동시에 상품화율이 높아지며, 엽채류는 40% 정도, 근채류는 50% 정도 증수한다.

## (6) $CO_2$ 발생방법

　$CO_2$ 발생원으로는 천연유기물로부터 탄화수소 연료까지 매우 다양한데 특성은 〈표 3-36〉과 같다. 현재 실용화되고 있는 $CO_2$ 발생방법은 액화 $CO_2$, 프로판가스, 천연가스 및 등유연소방식 등이 있다.
　액화탄산가스로 시용할 때는 안전을 위해 20~30kg의 가스통을 하우스 밖의 그늘진 곳에 설치하고 배관을 하여 하우스내로 공급하는 것이 좋다.

<표 3-36> $CO_2$ 발생원의 비교

| $CO_2$의 발생원 | | 가 격 | 조 작 | 안전성 |
|---|---|---|---|---|
| 유기질비료 | 볏짚, 퇴비 | ○ | × | ◎ |
| 액화탄산 | $CO_2$ 봄베 | × | ○ | ◎ |
| 고체탄산 | 드라이아이스 | × | △ | ◎ |
| | 석회석+염산 | △ | × | △ |
| $CO_2$ 발생제 | $CO_2$ 발생제 | × | △ | ○ |
| 탄화수소연료 | 백등유(석유) | ○ | △ | × |
| | 프로판가스 | △ | △ | ○ |
| | 천연가스 | △ | △ | ○ |
| | 연탄 | △ | × | × |

주) ◎ 양>○>△>×불량.

### <표 3-37> $CO_2$ 발생원별 특징

| 특  징 | 액화$CO_2$ | 프로판가스 | 천연가스 | 백등유(석유) |
|---|---|---|---|---|
| • 분자식 | $CO_2$ | $C_3H_8$ | $CH_4$-$C_4H_{10}$ | $C_{10}H_{22}$-$C_{16}H_{34}$ |
| • $CO_2$ 발생량 | | | | |
| 1kg당 | 1kg | 3.0kg | 3.0kg | 3.1kg |
| 1㎥, 1ℓ당 | | 6.3kg/m³ | | 2.5kg / ℓ |
| • 유해가스발생 | 무 | CO(일산화탄소), | CO, $NO_2$ | CO, $NO_2$ |
| | | $NO_2$(질산가스) | | $SO_2$(아황산가스) |
| | | $C_2H_4$(에칠렌가스) | $C_2H_4$ | $C_2H_4$ |
| • 발생기의 $CO_2$ | 쉽다 | 가능 | 가능 | 어렵다 |
| 발생량 조절 | | | | |
| • $CO_2$ 농도제어 | 쉽다 | 가능 | 가능 | 어렵다 |
| • 연소열의 이용 | | 가능 | 가능 | 가능 |
| • 공급의 용이성 | 시판장소가 | 쉽다 | 대도시에 한정됨 | 쉽다 |
| | 한정됨 | | | |
| • $CO_2$ 발생단가 | 비싸다 | 비싸다 | 프로판가스보다 싸다 | 싸다 |

액화탄산 방식은 유해가스가 발생하지 않고 비교적 쉬운 장치로 공급이 가능하여 각종 하우스에 적용하면 좋다. 반면 액화가스의 가격이 다소 비싼 것이 단점이다.

탄화수소방식은 프로판가스($C_3H_8$), 천연가스($CH_4$—$C_4H_{10}$), 백등유 ($C_{10}H_{22}$—$C_{16}H_{34}$)를 연료로 이용하는데, 연소시 원재료의 약 3배의 $CO_2$가 발생된다.

즉, 백등유 1ℓ(820g)를 연소시키면 2.54kg의 $CO_2$를 얻을 수 있다. 그러나 백등유는 연소시 에틸렌이나 아황산가스($SO_2$), 질산가스($NO_2$) 등의 발생위험이 있고 농도제어가 곤란한 단점이 있어 최근에는 프로판가스를 연료로 흔히 사용하고 있다.

 연소식의 경우 하우스 규모에 따라 발생기를 실내에 설치하는 방식과 대형 발생기를 실외에 설치하고 여러 하우스에 분배하는 방식이 있는데, 전자는 연소열을 전량 가온에 이용할 수 있는 이점이 있다.

 $CO_2$ 시용시기는 토마토, 가지, 고추 등은 본엽 2~3매 정도 오이, 멜론 등은 1매가 전개될 때가 좋다.

 시용시간은 일출 후 약 1시간 후부터 환기할 때까지 2~3시간 정도, 시용농도는 600~1,500ppm의 범위가 알맞다.

**<표 3-38> 주요 원예작물의 개략적인 $CO_2$ 시용기준**

| 품 목 | 시용농도(ppm) | 품 목 | 시용농도(ppm) |
|---|---|---|---|
| 채 소 류 | | 화 훼 류 | |
| 오 이 | 800~1,500 | 국 화 | 700 ~1,500 |
| 토 마 토 | 800~1,000 | 카 네 이 션 | 1,000 ~1,500 |
| 상 추 | 1,000~1,500 | 장 미 | 600 ~1,200 |
| 메 론 | 1,000 | 거 베 라 | 600 ~ 800 |
| 딸 기 | 1,500 | 베 고 니 아 | 600 ~ 800 |
| 고 추 | 1,000 | 백 합 | 600 ~ 900 |
| 가 지 | 1,000~1,500 | 포 인 세 티 아 | 800 ~1,500 |

 $CO_2$ 발생기 본체의 설치위치는 남쪽 또는 동쪽의 중앙에서 연료 교환이 편리하도록 한다.

 송풍기가 있는경우 온풍난방기와 되도록 멀리 설치하고, 송풍팬이 없는 기종은 온풍난방기 근처에 설치하여 $CO_2$를 균일하게 공급토록 한다.

 $CO_2$ 발생기는 수평으로 설치하여 작물체에 직접 온풍이 닿지 않도록 하고 발생열에 의해 시설 피복재가 손상을 입지 않는 위치에 두어야 한다.

 송풍기가 없는 가스 발생기는 온풍난방기의 팬이나 닥트 등을 이용하여 확산토록 하고 반드시 안전사용 요령을 잘 알고 사용토록 한다.

# 7. 광선

## (1) 시설내의 조도(照度)

식물은 태양광선에서 얻어지는 에너지를 이용하여 탄소동화작용을 하기 때문에 하우스내는 햇빛이 잘 들어야 한다.

채소 중에서도 과채류가 가장 강한 광선을 요구하는데 보통 그들의 광포화점은 약 30,000룩스(Lux)로 보고 있다.

실제 태양광선의 조도(照度)는 맑은날 여름에는 보통 100,000Lux 정도로서 채소의 광포화점을 초과하나 겨울에는 맑은 날이라도 30,000Lux 룩스밖에 안된다.

이 조도가 채소에 전부 수광되어야 하는데 실제 하우스의 필름을 통과하여 하우스내의 작물에 닿을 수 있는 것은 〈표 3-39〉에서 보는 바와 같이 감소가 매우 심하다. 더욱이 흐리거나 비나 눈이 내리면 태양의 조도가 심하게 떨어져서 탄소동화작용을 급격히 감소시키게 된다. 따라서 하우스의 필름도 깨끗해야 하고 골재(骨材)도 그늘이 많이 지지 않도록 가늘고 강한 것을 사용해야 한다.

**〈표 3-39〉 비닐하우스 내의 조도(照度) 예**

| 날　짜 | 시간(時) | 날　씨 | 조　도 (Lux) | | |
|---|---|---|---|---|---|
| | | | 노 지 | 하우스내 | 노지대비(%) |
| 2월 26일 | 11 | 맑음 | 30,000 | 21,000 | 70 |
| 2월 26일 | 14 | 〃 | 22,000 | 13,000 | 59 |
| 3월 21일 | 11 | 〃 | 40,000 | 28,000 | 70 |
| 2월 26일 | 12 | 흐림 | 9,000 | 5,500 | 61 |
| 3월 21일 | 14 | 〃 | 16,000 | 13,500 | 84 |
| 3월 27일 | 16 | 비 | 1,600 | 800 | 50 |

**&lt;표 3-40&gt; 피복자재별 하우스 내의 위치별 조도의 비교 예** (단위 : Lux)

| 월 일 | 시간 (時) | 날씨 | 폴리에틸렌필름(PE) | | | 초산비닐(EVA) | | | 노 지 |
|---|---|---|---|---|---|---|---|---|---|
| | | | 남 측 | 중 앙 | 북 측 | 남 측 | 중 앙 | 북 측 | |
| 1월 4일 | 10 | 맑음 | 4,350 | 2,750 | 1,750 | 7,400 | 3,950 | 2,550 | 28,000 |
| 〃 | 12 | 〃 | 17,000 | 19,000 | 14,500 | 27,500 | 24,500 | 14,500 | 32,000 |
| 〃 | 15 | 〃 | 14,500 | 13,000 | 12,000 | 20,000 | 16,500 | 12,000 | 21,000 |
| 〃 | 16 | 〃 | 950 | 850 | 750 | 1,150 | 1,000 | 850 | 1,900 |
| 1월 5일 | 9 | 〃 | 1,595 | 1,340 | 965 | 1,830 | 1,080 | 890 | 6,000 |
| 〃 | 11 | 〃 | 18,800 | 14,600 | 1,750 | 21,700 | 18,000 | 11,200 | 30,000 |
| 〃 | 13 | 〃 | 20,500 | 19,000 | 15,000 | 22,500 | 21,000 | 16,500 | 25,000 |
| 〃 | 15 | 〃 | 5,400 | 4,500 | 3,750 | 7,750 | 5,850 | 4,750 | 52,000 |
| 〃 | 16 | 〃 | 1,500 | 1,500 | 1,200 | 2,100 | 1,800 | 1,300 | 2,400 |
| 1월 6일 | 9 | 〃 | 1,650 | 1,600 | 1,250 | 1,400 | 1,350 | 1,100 | 6,200 |
| 〃 | 14 | 흐림 | 2,550 | 2,700 | 2,250 | 3,000 | 2,850 | 2,300 | 4,400 |
| 1월 8일 | 9 | 〃 | 1,100 | 1,100 | 900 | 1,450 | 1,400 | 1,300 | 2,000 |
| 〃 | 11 | 〃 | 4,700 | 4,350 | 3,750 | 6,300 | 5,400 | 4,550 | 12,000 |
| 1월 9일 | 9 | 〃 | 1,350 | 1,300 | 1,150 | 1,500 | 1,400 | 6,600 | 2,300 |

　그리고 같은 하우스라 하더라도 피복재료와 위치에 따라 광선의 투과량과 조도에 차이가 생긴다. 즉, 〈표 3-40〉에서와 같이 조도는 시설의 남쪽이 가장 높고 중앙, 북쪽 순으로 갈수록 낮아지고 피복재료는 보통 사용하는 폴리에칠렌 필름보다도 초산비닐(EVA)이 유리하므로 강한 조도를 요구하는 멜론이나 수박, 참외 등은 이와 같은 초산비닐(EVA)이나, 피브이시(PVC)필름을 사용하는 것이 좋다.

　그리고 같은 강도의 햇빛이라 하더라도 겨울에는 광선이 닿는 시간이 길어야 한다. 즉, 〈그림 3-31〉에서 보는 바와 같이 같은 조도라면 길면 길수록 작물에 유리하므로 터널 또는 하우스를 덮었던 거적 등은 가능하면 일찍 제거하고 늦게 덮도록 해야 한다.

　특히 아침의 광선은 오후보다 유리하므로 오전중 그늘이 드는 곳은 피하는 것이 좋다.

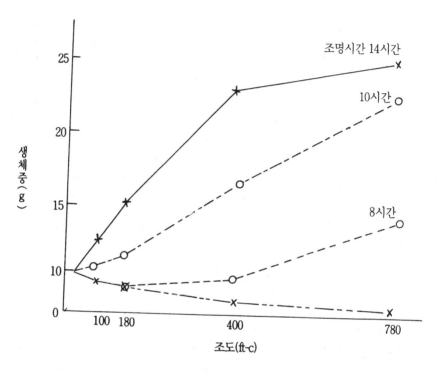

**<그림 3-31> 조도, 조명시간이 토마토의 생체중에 미치는 영향**

## (2) 채소 종류와 품종간 차이

주요작물에 대한 육묘단계에서 광포화점(光飽和点) 및 최대 동화도(最大同化度)를 측정한 결과는 <표 3-41>과 같다.

즉 온도를 24~25℃로 일정하게 하고 광도만을 달리하여 동화량을 측정한 것인데 대부분의 광포화점은 40,000~50,000Lux이나 수박, 토란 등은 70,000~80,000Lux가 된다.

그러나 강낭콩이나 상추 등은 25,000Lux가 광포화점으로 낮은 조도에서도 충분한 동화작용을 할 수 있다.

토마토 등은 최대동화도가 31.7mg $CO_2/dm^2 \cdot h$나 되어 동화능력이 가장 높으며 오이·수박 등으로 충분한 광선이 있어야 함을 알 수 있다.

최대 동화도의 단위는 1시간(h)당 잎면적 $100cm^2(100dm^2)$에서 흡수하는 탄산가스($CO_2$)의 양을 mg으로 환산한 것으로 이 수치가 높을수록 탄소동화작용이 왕성함을 뜻한다.

**<표 3-41> 각종 채소에 대한 광의 강도와 동화 특성**

| 채소의 종류 | 광보상점 (Klux) | 광포화점 (Klux) | 최대동화도 (mg $CO_2/100dm^2 \cdot h$) |
|---|---|---|---|
| 토 마 토 | 1.0 | 70 | 31.7 |
| 수 박 | 4.0 | 80 | 21.0 |
| 토 란 | 4.0 | 80 | 16.0 |
| 오 이 | 1.0 | 55 | 24.0 |
| 호 박 | 1.5 | 45 | 17.0 |
| 샐 러 리 | 2.0 | 45 | 13.0 |
| 가 지 | 2.0 | 40 | 17.0 |
| 완 두 | 2.0 | 40 | 12.8 |
| 양 배 추 | 2.0 | 40 | 11.3 |
| 배 추 | 1.5~2.0 | 40 | 11.0 |
| 고 추 | 1.5 | 30 | 15.8 |
| 강 낭 콩 | 1.5 | 25 | 12.0 |
| 상 추 | 1.5~2.0 | 25 | 5.7 |
| 생 강 | 1.5 | 20 | 2.3 |
| 머 위 | 2.0 | 20 | 2.2 |

조도가 저하되면 동화작용에 의한 양분의 축적이 없어지는 점을 광보상점 (光補償點)이라 하며 매일 아침·저녁 2번씩 있는데 일반적으로 1,500~ 2,000Lux이며 수박, 토란 등은 4,000Lux로 높은 것을 보아도 하우스내에 충분한 광선이 들어오도록 너무 밀식하지 말고 가지치기, 덩굴배치 등에도 충분한 고려가 있어야 함을 뜻한다.

다음은 품종에 따라서도 햇빛의 이용도에 차가 있으므로 품종선택에 있어서도 충분한 고려가 있어야 한다. 같은 조도일 경우 품종이나 온도에 따라 동화도가 다르다. 그래서 어느 온도에서도 동화도가 높으며 조도가 낮아도 동화도가 떨어지지 않는 품종이 시설재배에 이용되어야 하나 그에 대한 연구는 아직 충분하지 않다.

## (3) 재식밀도와 햇빛

다른 작물에서도 같은 현상을 나타내지만 토마토에서 예를 들면 묘가 커짐에 따라 동화도가 저하하게 된다. 즉, 3엽기 때 27mg $CO_2/dm^2 \cdot h$가 4~6 엽기에서는 15mg으로 낮아지고 8~12엽기에 가면 더욱 적어져서 12mg 으로 감소한다. 그러나 한포기 전체로 보면 잎면적이 많아짐에 따라 1포기 당 동화량은 급격히 증가된다.

그런데 지나치게 밀식하거나 자람에 따라 잎이 많아져서 지나치게 무성하게 되면 그늘 등으로 아랫잎은 동화능력을 가지고 있으면서도 광보상점 이하로 떨어져 동화능력을 발휘하지 못하는 경우가 나타난다. 그래서 밀식의 한계는 잎면적과 재배면적의 비율로 고려하는 것이 보통이다. 이것을 엽면적지수(葉面積指數, LAI)라고 하며 보통 4가 넘지 않는 범위로 재배관리함이 보통이다.

이와 같은 현상은 묘상에서 뿐만 아니라 본밭에서도 꼭같이 엽면적지수에 관계되며 잎이 위에서 아래로 갈수록 동화도가 떨어진다.

토마토의 재식방법별 개체의 동화능력을 각 화방간의 잎마다 측정한 결과를 보면 한 줄로 심은 구는 전반적으로 동화도가 높은데 특히 위잎과 아래 잎간의 차가 크다.

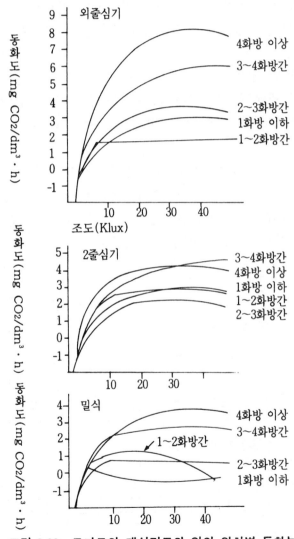

<그림 3-32> **토마토의 재식밀도와 잎의 위치별 동화능력**

두줄로 심은 구는 한 줄로 심은 구에 비하여 윗잎과 아래잎 간의 차가 적고 밀식구에서는 윗잎의 동화도는 두줄로 심은 구와 비슷하나 아래잎의 동화도가 크게 떨어진다. 따라서 밀식재배에도 한계가 있는 것이다.

오이에서도 이와 같은 수광상태를 고려하여 재식방법을 달리하여야 한다. 특히 촉성재배에서와 같이 일조시간이 짧고 일사량(日射量)이 적은 시기에 더욱 그러하다.

오이재배에서 수량의 제한인자(制限因子)는 여러 가지가 있으나 그 중에서 가장 중요한 것은 광환경(光環境)이다. 시설내에 들어오는 햇빛을 오이의 각 잎에 효율적으로 받게 하기 위해서는 재식방법이나 측지, 잎의 손질을 적절히 하여야 한다.

연동식하우스의 경우 남북동이 일반적인데 이런 경우 연결부에서 그늘을 적게 하여 햇빛을 보다 많이 받도록 하기 위해서는 종래의 재식방법을 수정하는 것이 좋다. 즉 〈그림 3-33〉 윗 그림은 관행 재배방식이고 아래 그림은 채광을 좋게 하기 위하여 이랑의 위치를 달리 한 것이다.

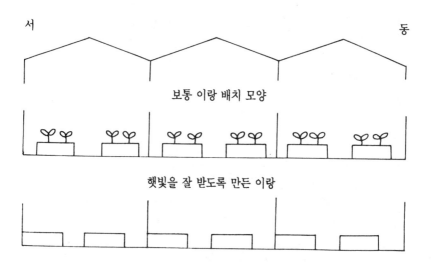

**〈그림 3-33〉 연동하우스의 그늘을 고려한 이랑의 배치**

　재식거리도 마찬가지이다. 이제까지는 난방시설이 불충분하였기 때문에 파종과 정식시기가 늦어짐이 보통이고 그로 인하여 수확기간도 짧기 때문에 초기 수량을 높이는 수단으로 단위면적당 주수를 많게 하여 1평당 10~12주까지 심었다.

　그러나 근래에 재배가 규모를 갖추게 되고 수확기간도 길게 되어 초기수량이 총수량 중에서 차지하는 비율이 떨어지고 있다. 밀식으로는 오히려 덩굴이 혼잡해져서 광선이 포기 밑부분까지 도달하지 못하므로 잎은 얇고 커져서 생리적 낙과의 원인이 된다. 이것은 더욱 덩굴을 무성케 하여 생리적 낙과라는 악순환을 일으키게 된다.

　같은 주수라 하더라도 줄사이를 넓게 하고 포기 사이를 좁게 하는 것이 햇빛을 받는 면적이 많아 증수를 할 수 있다. 오이 잎이 받는 햇빛은 하우스내에 들어온 광을 100이라 할 때 줄 사이에서는 20%, 잎 1매 밑에서는 7.5%, 잎 3매 밑에서는 4%로 감소한다고 한다.

　따라서 촉성재배와 같이 일조가 부족한 상태에서는 이랑 만드는 방법, 줄의 방향, 포기사이 등의 관계를 고려하여 시설의 규모를 결정해야 한다.

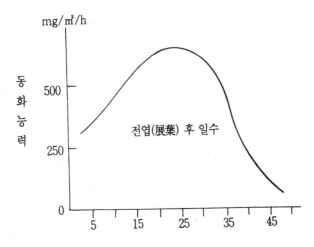

<그림 3-34> 잎의 나이(펴진후의 날짜 수)와 동화량

오이잎의 동화능력을 보면 〈그림 3-34〉에서 보는 바와 같이 잎이 전개하여 20~30일경이 가장 활발해지며 그 이후는 점차 떨어지는 경향이 있다. 그렇다고 묵은 잎을 따 버리는 적엽(摘葉)을 한다 하더라도 포기의 가장 아랫부분에 위치하기 때문에 포기에 미치는 영향이 극히 적어 적엽효과는 의문이다.

따라서 적엽은 포기 전체의 수광상태를 고려한 잎의 입체적 배치를 고려하여 그늘이 가장 많이 지는 잎을 솎아내는 기분으로 하여야 한다. 다만 같은 위치에서 어느 쪽을 적엽하여도 광선의 투과가 좋아질 경우라면 묵은 잎을 적엽하는 것이다.

그리고 1회의 적엽수가 많으면 포기가 충격을 받으므로 1회에 1주 3매가 한도이며 지나치게 무성할 때는 적엽 날짜 간격을 조절하는 것이 좋다.

# 8. 수막보온 재배기술

시설채소재배는 해를 거듭할수록 경영비의 증가로 수익성이 계속 낮아지고 있는 실정으로 이 같은 현상은 앞으로 더욱 가속화될 전망이다.

오늘날 시설채소의 경영은 생산 그 자체도 중요하지만 생산비와 노동력을 적게 들이고 출하시기를 잘 조절하여 생산물의 가격을 높게 받는 것이 경영개선의 주요 과제라 할 수 있다. 그런 의미에서 수막보온재배(水幕保溫栽培)는 시설비가 비교적 적게 들면서도 보온효과가 높기 때문에 출하 조절에 의한 농가소득증대에 매우 효과적이다.

이 재배기준의 방법은 2중 하우스를 설치하여 속 비닐 위에서 적당한 간격으로 노즐(nozzle)을 단 살수파이프나 분무용 살수호스를 설치하여 야간에 지하수(14~16℃)를 끌어올려 물을 뿌려 줌으로써 하우스내를 보온하는 것이다. 그러므로 수막식 보온하우스는 살수된 물이 배수로로 흘러나갈 수 있는 배수시설을 완벽하게 갖추어야 한다.

이 시설은 지하수만 충분하면 값싸게 이용할 수 있다. 보온효과를 높이기 위해서는 지하수의 수온이 중요한데, 일반적으로 남부지방에서는 수온이 높아 보온효과가 크지만 중부 이북지방에서는 그리 크지 않으므로 부수적인 보온시설이나 가온시설을 병행하는 것이 좋을 것이다.

## (1) 수막보온의 효과

수막보온의 효과는 보온효과, 수량증가, 품질향상, 난방비절감, 출하조절 및 경영개선효과로 나눌 수 있다.

### 가. 보온효과

보온효과는 지하수의 온도, 외기온, 뿌리는 물의 양 등에 따라 달라지는데 일반적으로 지하수의 온도가 높을수록, 물 뿌리는 양이 많을수록 보온효과가 높아진다.

**<표 3-42> 수막식 하우스내 보온효과**　　　(원예시험장, 1985 · 단위 : ℃)

| 물뿌리는양(ℓ) | 최저외기온 | 하우스내 최저기온(氣溫) | | | 하우스내 최저지온(地溫) | | | 물 온 도 | | |
|---|---|---|---|---|---|---|---|---|---|---|
| | | 수막 | 무가온 | 기온차 | 수막 | 무가온 | 기온차 | 지하수 | 퇴수 | 온도차 |
| 195 | -7.8 | 8.0 | -1.6 | 9.6 | 11.8 | 5.7 | 6.1 | 18.2 | 7.0 | 11.2 |
| 234 | -6.3 | 9.5 | -0.8 | 10.3 | 12.8 | 6.8 | 6.0 | 18.1 | 8.5 | 9.6 |
| 387 | -7.5 | 10.5 | -3.2 | 13.7 | 13.0 | 5.5 | 7.5 | 17.9 | 10.5 | 7.4 |
| 545 | -8.6 | 11.5 | -3.9 | 15.4 | 13.5 | 5.8 | 7.7 | 18.1 | 11.7 | 6.4 |

주) 조사기간 : '85. 2. 1~6.

시설 및 장치 : 외피복+대형터널+수막장치, 물뿌리는 양 : 300평당 1분동안 뿌린 량.

1985년 원예시험장 부산지장에서 실시한 시험결과를 보면 평균수온이 18℃이고 외기온이 -7.5℃일 때 하우스 내 기온이 10.5℃로서 내외의 기온차가 13.7℃를 나타내었다.

## 나. 증수효과

수막보온에 의한 증수효과를 보면 무가온(無加溫) 하우스(3중피복 : 초산
비닐(EVA) 필름+토이론+보온덮개)에 비해 상추는 66% 증수되었고 〈표
3-43〉, 토마토는 상품과율이 높을 뿐만 아니라 큰 과일의 생산비율도 높았
고, 총수량이 6% 정도 증가되었다〈표 3-44 참조〉.

**〈표 3-43〉 상추의 생육특성과 수량**　　　　　　　(원예시험장, 1985)

| 구분 | 잎수(매) | 잎길이(cm) | 잎너비(cm) | 포기당무게(g) | 수량(kg/10a) |
|---|---|---|---|---|---|
| 수막보온<br>하우스 | 21.1 | 24.2 | 25.4 | 203.8 | 3,337 |
| 무가온<br>하우스 | 18.7 | 18.4 | 22.0 | 120.6 | 2,010 |
| 대비(%) | 113 | 131 | 115 | 169 | 166 |

**〈표 3-44〉 토마토의 생육특성과 수량**　　　　　　　(원예시험장, 1985)

| 구 분 | 평균<br>무게(g) | 과일크기 분포(kg/10a) | | | 총수량(kg/10a) |
|---|---|---|---|---|---|
| | | 대 | 중 | 소 | |
| 수막보온<br>하 우 스 | 180 | 2,991.3 | 1,542.0 | 1,573.3 | 6,106.6 |
| 무 가 온<br>하 우 스 | 171 | 2,360.8 | 1,600.0 | 1,795.8 | 5,756.6 |
| 대비(%) | 105 | 127 | 96 | 88 | 106 |

## 다. 난방비 절감효과

수막보온을 가온재배와 함께 이용하면 상당한 연료의 절약효과를 얻을 수
있다. 난방기의 최저 설정온도를 10℃로 한 경우의 연료소비량을 보면 〈표

3-45 참조〉 지하수를 뿌려 주지 않은 하우스는 1일 기름소비량이 160ℓ인 반면, 시설면적 300평당 1분간에 지하수를 264ℓ 뿌려준 하우스는 38ℓ로 1/4밖에 소요되지 않아 난방비의 절감효과가 매우 큼을 알 수 있다.

**〈표 3-45〉 지하수 살수 유무와 연료소비량**　　　　　　(원예시험장, 1985)

| 살수의 유 무 | 살 수 량 (ℓ/분/300평) | 최저평균 외기온(℃) | 연료소비량 (ℓ/300평) | 보조난방기 설정온도(℃) | 살 수 시 간 |
|---|---|---|---|---|---|
| 유 | 264 | -8.2 | 160 | 10 | 16:30~8:30 |
| 무 | 0 | -6.8 | 38 | 10 | 0 |

## (2) 수막보온하우스의 설치요령

수막보온시설에 사용되는 자재는 가급적 품질이 좋은 제품을 이용하도록 한다. 가격이 싸다고 불량한 제품을 구입하여 설치하였다가 고장이나 문제가 생기면 수리에 드는 비용도 문제려니와 잘못하면 작물이 냉해나 동해를 입게 되어 피해를 보는 수가 있다.

### 가. 수막하우스의 구조

수막보온하우스는 〈그림 3-35, 3-36〉과 같은 구조를 기본으로 설치하되 농가여건을 고려하여 시설하도록 한다. 기존의 하우스가 너무 낮으면 기존 하우스를 안쪽의 수막하우스로 이용하고 바깥에 다시 하우스를 설치한다.

① 이중하우스 설치
안쪽 하우스는 19mm아연도금 파이프로 2m 정도의 간격으로 일정하게 박고 필름은 가능한 한 물이 고이지 않고 고루 잘 흐르도록 팽팽하게 씌운다.

② 지하배관(配管) 및 살수호스 설치

지하배관은 PVC파이프로 열손실과 혹한기에 얼어 터지는 것을 막기 위해 스티로폴 덮개나 헌 비닐로 잘 싸서 지하 50cm 이하에 설치한다.

살수호스는 수막용 분수호스를 하우스 골조의 최상부에 있는 파이프에 철사줄을 늘여 1~1.5m간격으로 달아 맨다.

이때 호스의 꼬임여부와 물이 뿌려지는 방향이 잘 되어 있는가를 확인한다.

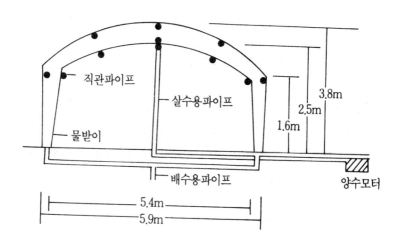

**<그림 3-35> 수막하우스 구조**

③ 물받이 필름과 물뺄 도랑 설치

물받이 필름은 안쪽 하우스 위로 흘러 내린 물을 밖으로 빼내기 위한 것으로 필름을 사용하는 것이 안전하다.

설치순서는 먼저 물받이 필름이 닿을 지면을 물뺄 도랑처럼 약간 파서 평평하게 잘 다듬은 다음 150cm 내외의 폭을 가진 필름을 내외(內外) 하우스

사이에 펴서 양쪽 높이가 같게 한 후 비닐고정용 클립이나 철사로 고정하는 데 이때 약간 경사지게 만들어 물이 잘 빠지게 한다.

시설 및 장치 : 외피복+살수장치+대형터널

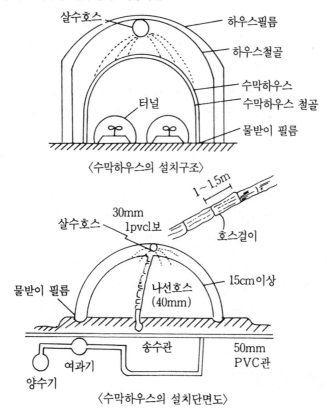

〈수막하우스의 설치구조〉

〈수막하우스의 설치단면도〉

**<그림 3-36> 수막하우스의 설치요령**

④ 물을 뿌려 주는 시간

물을 뿌려 주는 시간은 보통 해지기 1시간 전부터 다음날 해뜬 후 30분~1시간 전후로 하루 14~15시간 정도 해준다. 그러나 구름이 많이 끼거나 눈이 내려 하우스 안의 온도가 낮으면 낮동안에도 계속 뿌려 줘야 하며 온도가 높은 날은 시간을 다소 단축하는 등 물을 뿌려주는 시간을 적당히 조절해야 한다.

⑤ 양수기 관리

양수기는 하우스안에 설치하는 것이 좋으나 부득이 하여 밖에 설치했을 경우에는 낮에도 기온이 영하로 내려가 얼어 터지게 될 위험이 있으므로 물을 뿌려주지 않을 때에는 반드시 양수기에서 물을 빼놓도록 한다.

또한 관정을 설치한 경우에도 펌프의 물은 빼놓도록 하며, 저녁에 물을 뿌려 주기 시작하면 반드시 물이 제대로 뿌려지고 있나를 돌아보고 확인하도록 한다.

⑥ 기타 주의사항

수막재배시 철분이나 모래가 많거나 수온이 지나치게 낮은 것은 수막용 지하수로 적합하지 않으므로 피하도록 하며 하우스내에 습기가 많아지기 쉬우므로 물빼기와 환기에 유의하도록 한다.

수막시설이 보온효과는 높으나 무작정 재배시기를 앞당길 수는 없으므로 지역 여건에 알맞는 작기(作期)와 작목을 선택하도록 하고 전기를 동력으로 이용할 경우에는 각종 안전사고에 각별히 신경을 쓰도록 한다.


## 9. 병해충 방제


### (1) 시설재배에서의 병해충 발생의 환경적 특수성

#### 가. 온도 변동폭이 크다

시설은 밤낮의 온도폭이 크고 습도가 높아 병원균의 발생을 촉진한다.

가을~이른봄 사이에는 노균병·잿빛곰팡이병·균핵병 등 소위 저온균에 의한 병이 많이 발생하며 5~6월 이후 기온이 상승하면 시들음병·풋마름병 (靑枯病)·탄저병·덩굴쪼김병 등 고온균병해가 문제가 된다.

**<표 3-46> 시설재배에서 잘 발생하는 병원균의 발육온도**      (단위 : ℃)

| 병 해 명 | 최적온도 | 최고온도 | 최저온도 | 비 고 |
|---|---|---|---|---|
| 잿 빛 곰 팡 이 병 | 20 | 31 | 2 | |
| 균 핵 병 | 20 | 30 | 8 | 14℃에서 만연 |
| 잎곰팡이병(토마토) | 20~25 | 34~35 | 9~10 | 20℃ 이상에서 만 |
| 줄기마름병 ( 오이 ) | 20~24 | 35~36 | 5 | 연 |
| 검은별무늬병(오이) | 21 | 35 | 2 | 17℃에서 만연 |
| 노 균 병 ( 오 이 ) | 15~19 | 30~32 | 4 | 20~24℃에서 만연 |
| 흰 가 루 병 ( 오 이 ) | 20~25 | - | - | |
| 흑 고 병 ( 가 지 ) | 25 | 36 | 6~8 | |
| 위 조 병 ( 토 마 토 ) | 27~28 | 35~40 | 4~5 | |
| 싹 마 름 병 ( 딸 기 ) | 22 | 30 | - | |
| 위 조 병 ( 딸 기 ) | 20~22 | 32~36 | 8 | |
| 역 병 ( 토 마 토 ) | 24 | 30 | 10~13 | |

## 나. 습도가 높아 곰팡이 병의 발생이 쉽다

대부분의 작물병은 다습한 조건에서 발생이 심하다. 그런데 시설은 저온기에는 보온을 위한 밀폐 등으로 다습하기 쉽고, 고온기에는 비가림의 효과가 있다해도 재배작물을 위한 관수 등으로 습도가 높아 보편적으로 병의 발생이 많은 편이다.

〈그림 3-37〉에서 보는 바와 같이 무가온 하우스의 야간 상대습도는 100%에 가까울 정도로 높게 유지되는데, 이와 같이 다습한 환경조건하에서는 각

종 곰팡이 병의 발생이 많아 오이노균병〈표 3-47〉과 토마토 역병〈표 3-48〉의 습기가 많을수록 발생이 많음을 알 수 있다.

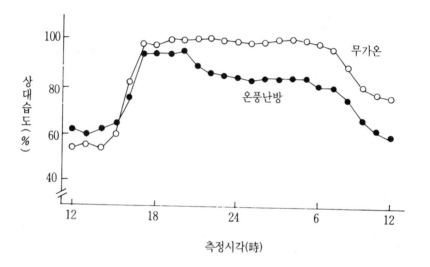

<그림 3-37> 무가온하우스와 온풍난방하우스의 공기습도 비교 (예)

<표 3-47> 오이 노균병의 발병과 습도와의 관계

| 습도 | 시험 1 | | | 시험 2 | | |
|---|---|---|---|---|---|---|
| (%) | 접종후 2일 | 접종후 3일 | 접종후 4일 | 접종후 2일 | 접종후 3일 | 접종후 4일 |
| 99 | 0 | 10 | 10 | 0 | 10 | 10 |
| 95 | 0 | 1 | 1 | 0 | 2 | 2 |
| 85 | 0 | 0 | 0 | 0 | 0 | 0 |
| 75 | 0 | 0 | 0 | 0 | 0 | 0 |

주) 표 안의 숫자는 접종한 잎 10매 중에서 발병 한 잎 수

<표 3-48> 토마토 역병균의 발병과 습도와의 관계

| 습도 (%) | 품 종 | 접종 후 발병지수(%) | | | |
|---|---|---|---|---|---|
| | | 3 일 | 4 일 | 5 일 | 6 일 |
| ≒100 (접종실내) | 大型福壽 | 25 | 75 | 100 | 100 |
| | FLR-43 | 25 | 50 | 50 | 75 |
| 91~96 | 大型福壽 | 0 | 0 | 13 | 13 |
| | FLR-43 | 0 | 0 | 0 | 0 |
| 82 이하 | 大型福壽 | 0 | 0 | 0 | 0 |
| | FLR-43 | 0 | 0 | 0 | 0 |

## 다. 광도·일사량이 상대적으로 약하고 적다

일반적으로 일조가 어느 수준 이하로 부족하게 되면 작물의 광합성이 떨어져서 병에 걸리기 쉬워진다. 시설은 여러 겹의 피복물과 보온자재 등으로 낮은 일조와 다비·밀식으로 연약하게 자라 병에 걸리기 쉽게 된다.

## 라. 시설조건과 작물의 연약화가 해충의 발생을 유인한다

시설은 외부로부터 해충의 침입을 억제하는 효과도 있지만 일단 침입한 해충에게는 증식에 알맞는 조건을 제공하므로 응애류, 진딧물류, 온실가루이, 선충 등 특정 해충이 많이 발생하게 된다.

즉, 시설은 연중 작물이 계속 재배되므로 해충도 연중 발생하고 특히 단위생식하는 것이 많고 세대가 빨라 증식력이 높으며 살충제에 대한 내성(耐性=저항성)이 생겨 방제하기 어렵다는 문제점이 있다.

## 마. 다비, 밀식, 연작으로 병해충 발생조건에 알맞고 한번 발생하면 방제가 힘들다

## (2) 주요 병해충 방제요령

### 가. 병해

특히 중요한 병해중 공통적인 것을 보면 다음 〈표 3-49〉와 같다.

**<표 3-49> 시설재배의 공통적인 주요 병해와 작물**

| 구 분 | 전 염 매 체 | 작 물 명 |
|---|---|---|
| 역　　　병 | 토양·공기·수분 | 토마토·오이·수박·딸기·가지·고추·호박 |
| 노　균　병 | 공기 | 참외·오이·멜론·수박·호박·시금치·배추 |
|  |  | 양배추·상추·파·양파 |
| 흰가루병 | 공기 | 토마토·오이·딸기·고추·가지·참외· |
|  |  | 멜론·수박·호박 |
| 균　핵　병 | 공기 | 오이·토마토·가지·고추·딸기·상추 |
| 잿빛곰팡이병 | 공기 | 딸기·토마토·가지·고추·오이·호박·상추 |
| 풋마름병 | 토양 | 토마토·가지·고추 |
| 덩굴쪼김병 | 토양·종자 | 오이·참외·멜론·수박 |
| 바이러스병 | 진딧물·토양·종자 | 오이·수박·멜론·호박·토마토·고추 |

### ① 역병(疫病)

시설재배시 박과 채소는 주로 지제부(땅과 접촉하는 부분)에서 수침상으로 발병하여 차츰 병반부가 가늘고 잘록해지면서 줄기가 말라죽게 된다. 토마토는 경엽과 과실에 발병하고 딸기는 잎에 발병한다.

잎의 경우 처음에는 수침상의 병반이 나타나고, 습윤한 조건이 되면 단시간내에 끓는 물에 데친 것 같은 병반으로 확대되는 데 병반 표면에 서리모양의 흰곰팡이가 돋는다.

병원균은 토양중에 생존하다가 다음해 전염원이 되는데, 발병하는 데에는 물을 필요로 한다. 균의 종류에 따라 발육온도가 다른데 박과 채소는 30℃ 부근의 고온에서 많이 발병하고 토마토나 딸기는 20℃ 부근의 저온 다습한 조건에서 많이 발병한다.

〈방제〉

㉮ 발병과 전염에는 물을 필요로 하므로 두둑을 높게 만들고 작물은 얕게 심는다.

㉯ 플라스틱필름 멀칭을 하고 환기를 하여 시설내부가 다습하지 않도록 한다.

㉰ 관수량을 적게 하고, 지제부 관수는 피한다.

㉱ 병원균이 토양중에 생존하므로 발병지에서는 연작을 피하고 상토소독을 한다.

② 노균병(露菌病)

노균병은 박과 채소 공통의 병해이며, 특히 오이와 참외에서 피해가 크다. 잎의 뒷면에 수침상의 병반이 생기고, 그 후 엽맥을 따라 다각형의 황색 내지 황갈색의 병반을 형성한다. 병반의 뒷면에는 암회색의 곰팡이가 밀생하며, 병반이 진전되면 잎 전체가 누렇게 마른다.

기온 20℃ 전후의 습도가 높은 조건에서 많이 발병하는데, 온·습도가 적당하면 24시간 이내에 제2감염이 일어나므로 만연속도가 빠르다. 연약하게 생장한 경우에 발병하기 쉬우며, 비료분 특히 질소질비료가 부족할 때 발병이 조장된다.

〈방제〉

㉮ 비료분이 떨어지지 않도록 적절히 추비를 한다.

㉯ 밀식을 피하여 통풍 및 일조가 좋도록 한다.

㉰ 멀칭을 하여 관수에 의한 토양으로부터의 병균의 튀김을 막는다.

㉱ 두둑을 높여 배수가 잘 되도록 하고 과습하지 않도록 환기를 한다.

㉲ 정기적으로 약제를 예방 살포한다.

### ③ 흰가루병(白粉病)

흰가루병은 주로 잎에 발병하나 딸기에서는 과실에 발병한다. 처음 작물의 아래잎에 밀가루를 뿌려 놓은 것처럼 점점이 곰팡이가 돋아나서 차차 잎 전체를 덮게 된다.

병반은 회색에서 암회색으로 변하며, 말기에는 아래잎부터 말라죽는다. 대부분의 작물에서 병징은 잎 표면에, 고추나 딸기에서는 잎 뒷면에 나타나기도 한다.

병원균은 비교적 고온을 좋아하며, 다습한 조건보다는 약간 건조한 조건에서 잘 발병한다. 따라서, 시설내에서는 가을과 봄의 기온이 높은 시기에, 저온기에는 가온재배를 할 때 발병하기 쉽다. 질소질비료의 다량시용은 발병을 촉진하는 경향이 있다.

〈방제〉

㉠ 병원균은 약제에 대한 내성이 생기기 쉬우므로 동일 약제의 연용을 피하는 것이 좋다.

㉡ 경엽이 너무 무성하지 않도록 질소질비료의 과다시용을 피해야 한다.

㉢ 시설내 공기습도를 90~95%로 유지한다.

㉣ 흰가루병은 포자가 발아할 때 가장 약하며, 병반이 진행된 후에는 약제방제가 곤란하므로 발병 초기에 신속하게 약제를 살포한다.

### ④ 균핵병(菌核病)

균핵병은 하우스 특유의 다범성(多犯性) 병해로서 많은 작물에 발병한다. 병든 곳이 담갈색 습윤상으로 변하며 다습할 때에는 병무늬 위에 솜과 같은 균사덩어리(균사괴·菌絲塊)를 만들므로 흰곰팡이로 뒤덮이게 되며, 뒤에는 병반 위에 쥐똥과 같은 검은 균핵을 형성한다.

비교적 습도가 낮은 환경일 때에는 병반부가 회갈색 또는 적갈색으로 변할 뿐 표면에 솜과 같은 곰팡이는 형성되지 않으므로 외관상 다른 병해와 식별하기 어려운 경우도 있다. 균사가 도관(導管)에 침입하면 입고(立枯) 또는 줄기마름 현상을 나타내게 되고, 잎이나 과실에 발병하면 연화·부패시킨다.

병반부에 형성된 균핵은 토양중에서 여름을 지난 후 가을부터 봄에 걸쳐 자낭반이라는 작은 버섯을 발생시키는데, 여기서 만들어지는 자낭포자에 의하여 작물에 전염·발병하게 된다. 자낭반의 발생적온은 16℃이고, 발병적온은 20℃ 내외로 비교적 저온이므로 저온기 시설재배를 할 때 많이 발병한다.

〈방제〉

㉮ 병원균인 균핵은 건조상태에서는 장기간 생존하나 담수상태에서는 수명이 짧으므로 여름 동안 담수상태로 균핵을 사멸시킨다.

㉯ 저온다습한 환경하에서 발병하므로 환기시키거나 야간가온으로 습도를 낮춘다.

㉰ 지면멀칭으로 시설내 습도를 저하시키고, 지표면에 발생하는 자낭반으로부터의 포자비산을 막는다.

㉱ 발병지의 연작을 피한다.

㉲ 자외선 제거필름으로 시설을 피복하여 발병을 억제한다.

⑤ 잿빛곰팡이병

잿빛곰팡이병은 시설재배 특유의 병으로서 대부분의 작물에서 발병한다. 과채류의 경우 작물의 경엽에도 침입하나 주로 어린 과실의 꽃잎에 침입하여 꽃이 떨어진 부분을 통하여 과실내에 침입한다.

병든 과실은 수침상으로 되고, 병반 표면에 잿빛의 곰팡이가 밀생한다. 병든 잎은 대형의 갈색 병반을 형성하고, 표면에 잿빛곰팡이가 돋는다. 조직의 상처부분으로부터 발병하는 경우가 많다.

병원균의 발육적온은 22℃ 정도로서 비교적 낮다. 발병에는 다습조건이 필요하므로 비가 오고 흐린 날이 계속될 때 시설내의 낮 기온도 낮고 다습한 조건이 연속되므로 발병하기 쉽다.

〈방제〉

㉮ 충분히 환기하여 시설내가 과습하지 않도록 한다.

㉯ 밀식과 질소질비료의 다량시용을 피한다.

㉰ 멀칭 및 가온으로 실내습도를 낮춘다.

㉱ 병든 어린열매 및 떨어진 꽃잎을 제거한다.

⑥ 풋마름병(청고병 靑枯病)

풋마름병(靑枯病)이란 세균(細菌)에 의하여 발생하는 도관병(導管病)을 말한다. 병이 들기 시작한 초기에는 잎줄기의 끝이 갑자기 수분을 상실한 것 같이 시드는데 아침저녁으로는 회복되지만 시들음 정도가 점차 심해져서 풋마름 상태로 되어 말라죽는다.

병든 포기는 뿌리의 한 부분이 갈색으로 변해 있고, 줄기를 절단해 보면 갈변된 유관속(維管束)에서 우유색의 점액(粘液)이 나오는 것이 특징이다.

병원세균은 토양중에 수년간 생존하면서 전염원이 되는데, 균은 단근이나 토양해충에 의한 뿌리의 상처부위로 침입하여 물관(도관) 내에서 증식한다.

병원세균의 발육적온은 35℃ 내외의 고온이며, 실제 재배에 있어서는 30℃ 부근에서 많이 발병한다. 토양이 다습하거나 건습의 차가 심할 때 발병하기 쉽다.

〈방제〉

㉮ 물을 알맞게 주고, 고온기에는 짚멀칭 등을 하여 지온상승을 억제한다.

㉯ 발병 토양의 연작을 피하고, 화본과 또는 박과 채소와 윤작을 한다.

㉰ 토양 소독을 하며, 선충의 방제에 힘쓴다.

㉱ 저항성 대목에 접목재배를 한다.

⑦ 덩굴쪼김병(만할병 蔓割病)

덩굴쪼김병이란 후자리움균이 물관 속에서 급격히 번식하여 물관을 막으므로 물의 공급을 막아 말라죽게 된다. 작물에 대한 후자리움균의 기생성이 분화되어 있어, 오이·멜론·수박에 기생하는 균은 같은 종으로 박이나 호박에서는 발병하지 않고, 박에 기생하는 균은 오이·수박·메론에 발병하지 않는다.

발병 초기에 경엽이 수분을 급격히 상실한 것처럼 시들고, 이것이 아침저녁이나 비가 올 때 등 증산량이 많지 않을 때에는 일시 회복되는 것 같으나 병세가 급격히 진전되어 결국에는 줄기가 말라 죽는다.

병원균은 병든 부위에 남아 토양중에 생존하며 전염원이 된다. 균은 27℃ 부근이 발병적온으로 비교적 고온일 때 많이 발병하고, 뿌리의 표피를 통해 물관에 침입하게 되므로 유관속이 갈변한다. 토양의 건습차가 심할 때 많이 발병한다.

〈방제〉

㉮ 종자소독을 한다.

㉯ 토양소독을 하고, 토양선충을 방제한다.

㉰ 박이나 호박 대목을 사용하여 접목재배를 한다.

㉱ 발병토양에 연작을 피하고, 질소질비료를 과용하지 않는다.

㉲ 석회시용으로 토양 pH를 높인다.

⑧ 바이러스병

바이러스병은 바이러스(virus)에 의한 전신병으로서 채소류·화훼류 등 거의 모든 바이러스의 종류에 따라 작물의 경엽이나 과실의 특징적인 축엽(縮葉), 모자이크(mosaic)·괴저증상(壞疽症狀) 등이 나타나는데, 이들 병징은 작물의 품종이나 재배환경에 따라 다르므로 병징만으로 병원바이러스를 판별하기는 어렵다.

시설재배에서는 진딧물 등 매개곤충에 의하여 전염되는 바이러스의 발병률은 노지재배보다 낮으나 집약관리되는 관계로 접촉전염에 의한 발병률은 노지재배에서보다 높다. 이 밖에 토양전염이나 종자전염을 하는 경우도 있다.

〈방제〉
㉠ 저항성 품종 이용
㉡ TMV(담배 모자이크 바이러스) 약독(弱毒) 바이러스 이용
㉢ 충매전염성 바이러스 : 반사필름 멀칭, 반사테이프 설치, 살충제 살포, 방충망사 피복재배
㉣ 종자전염성 바이러스 : 종자건열 소독, 제3인산소다 소독, 무병종자확보
㉤ 즙액전염성 바이러스 : 적심·적엽시 주의, 농작업칼 및 가위 소독
㉥ 토양전염성 바이러스 : 토양훈증제 소독·태양열 소독
㉦ 영양번식 작물의 바이러스 : 생장점배양에 의한 무병종묘 이용

## 나. 병해방제 요령

① 전염방법에 따른 채소병해의 종류
병해의 전염방법에 따른 구분으로 종자, 토양, 공기전염성 병해로 나눌 수 있다.
종자전염성(種子傳染性) 병해는 종자껍질이나 배유에 병원균이 잠복해 있다가 발병하는 것으로 다른 전염성병해와 겹치기도 한다.
대표적 병해는 곰팡이성으로는 노균병, 탄저병, 시들음병, 덩굴마름병(만고병) 등이 있고 세균성은 반점세균병이 있다. 그리고 바이러스성은 TMV(담배모자이크 바이러스), CGMMV(오이녹반 모자이크 바이러스), LMV(상추모자이크 바이러스) 등이 있다.
토양전염성(土壤傳染性) 병해는 병원균이 토양내에 잠복해 있다가 외부조건이 알맞으면 발병하는데 연작을 할 수록 병원균이 누적되어 다발되므로 연작장해 원인이 된다.
토양전염성 병해는 뿌리나 지제부에서 침입하여 전신감염성(全身感染性) 병으로 되기도 하는데 대표적인 병해는 곰팡이성으로는 역병, 시들음병(위조

병, 위황병, 덩굴쪼김병), 뿌리썩음병, 잘록병, 흰비단병, 균핵병 등이 있다. 세균성으로는 모든 세균병해로는 풋마름병, 무름병, 둘레썩음병(윤부병), 더뎅이병 등이 있으며, 바이러스병은 앞에서도 나온 TMV, CGMMV 등이 있다.

그리고 이 병해는 약제방제로는 효과가 낮으므로 종합적 방제대책이 필요하다.

공기전염성 병해는 병든 식물체의 잔재물에서 월동하는 대부분의 곰팡이 병해로 병원균의 증식이 대단위로 급속한 전파를 하며 종류가 가장 많다. 거의가 작물 지상부에 국부적 병해를 일으키며 약제방제 효과가 우수하다. 대표적 병해로는 잿빛곰팡이병, 흰가루병, 노균병, 덩굴마름병(만고병), 탄저병 등이 있다.

② 병해 방제 요점

병해방제란 한가지 방법으로는 곤란하다. 그래서 요즘 종합방제(綜合防除)란 개념이 적극적으로 도입되고 있는 것이다.

방제란 결국 병원성(병균)을 없애거나 발병수준 이하로 밀도(密度)를 떨어뜨리는 것으로 시설내의 환경관리와 저항성 품종재배를 위한 것이다. 즉 병원균 대책으로 시설내 병든식물을 빨리 제거하여 전염원을 줄이고 윤작 등 작부체계를 잘 운용하는 등 포장을 깨끗이 만들고 남아있는 병원균은 약제로 방제해야 할 것이다.

환경관리는 시설내 병해가 발생하지 않도록 온·습도와 시비, 관·배수 및 토양의 이·화학성과 생물적 균형을 유지하는 농토배양에 힘써서 작물체를 건강하게 키우도록 한다.

그리고 작목과 품종을 선택할 때 지역특성 및 품종적 특성과 병해저항성을 종합적으로 고려하여 저항성 품종을 선택하여 재배하도록 하는 것이 좋다.

③ 약제 방제상 요점

먼저 살포약제 중 바이러스 병해약제는 아직 개발된 것이 없으므로 진딧물구제 등 예방위주의 방제를 하여야 한다.

세균병해는 약제종류가 극히 제한되어 있고 약효도 그리 높지 않아 방제효과가 낮다.

그러나 곰팡이 병해는 약제 종류도 수백가지나 되고 약효도 우수하나 약제별 선택성이 있으므로 주의해야 한다.

약제는 또한 적용병해가 몇가지로 제한된 전문 약제와 광범위한 적용범위를 가진 광범위 약제로 나눌 수 있는데 비교하면 다음 〈표 3-50〉과 같다.

**〈표 3-50〉 전문 약제와 광범위 약제 차이**

| 약 제 | 장 점 | 단 점 | 비 고 |
|---|---|---|---|
| 전문약제 | 침투이행성 방제효과 우수 선택성 좋음 | 내성균이 생기기 쉬움 약값이 비쌈 | 리도밀, 훼나리 빈졸, 베노밀 등 |
| 광범위약제 | 내성균이 잘 생기지 않음 약값이 쌈 | 침투이행성 약함 방제효과 낮음 비선택성 | 만코지, 다코닐 동제 등 |

약제 살포시기는 병발생(예방) 전이나 병발생 초기에 뿌려야 효과가 높다. 살포요령은 반드시 정확한 병명을 알아야 하는 것이 가장 중요하다. 그리고 발병전이면 광범위 약제를 예방적으로 살포하고 발생후라면 전문약제를 선택하는데 한 가지만 계속 뿌리면 내성(약제저항성)이 발생할 우려가 있으므로 다른 약제나 광범위 약제와 교대로 뿌리도록 한다.

## 다. 충해 방제

시설내의 주요 해충은 진딧물과 응애, 달팽이 등으로 각 작물에 많이 발생하는 해충의 종류는 〈표 3-51〉과 같다.

① 진딧물류

진딧물은 작물의 즙액을 빨아먹으므로 잎이 오그라들거나(위축) 황화되는 등 작물의 생육이 저해될 뿐만 아니라, 배설물(甘露)이 작물 표면에 부착되어 그을음병(매문병·煤紋病)을 유발시켜 수확물의 상품가치를 저하시키고, 진딧물의 종에 따라서는 바이러스병을 매개함으로써 양적·질적인 피해가 크다.

**<표 3-51> 시설채소에 발생하는 주요해충**

| 작 물 | 해 충 종 류 |
|---|---|
| 십자화과(무, 배추, 케일, 양배추 등) | 달팽이, 진딧물류, 배추흰나비, 배추바구미, 배추순나방, 파밤나방, 완두굴파리, 뿌리혹선충 |
| 박과(오이, 호박, 참외, 수박, 멜론) | 진딧물류, 응애류, 온실가루이, 장님노린재류, 파밤나방, 작은각시들명나방, 뿌리혹선충 |
| 고추 | 진딧물류, 응애류, 온실가루이류, 담배나방, 파밤나방 |
| 토마토, 가지 | 응애류, 진딧물류 |
| 딸기 | 달팽이류, 응애류, 진딧물류, 선충류 |
| 상추 | 달팽이류, 진딧물류, 뿌리혹선충, 도둑나방 |
| 샐러리 | 파밤나방, 달팽이, 진딧물류, 응애류 |
| 파, 쪽파, 부추 | 응애, 진딧물, 파좀나방, 파굴파리, 파밤나방, 파총채벌레, 고자리파리 |

진딧물의 번식적온은 대부분의 종류가 15~25℃ 로서 시설내에 일단 침입하면 환경이 번식적온이 되며, 비·바람·천적 등으로부터 보호를 받게되므로 빠른 속도로 증식한다.

시설재배를 할 때에는 육묘기부터 철저한 방제가 필요하다. 진딧물의 유시충(有翅蟲·날개달린 어미 진딧물)은 바람에 의하여 운반되므로 출입문이나 환기창에 방충망을 피복설치하면 비래를 막을 수 있다. 항상 잎의 뒷면을 잘 관찰하여 발생할 때에는 즉시 약제를 살포해야 하는데 약제저항성이 생기기 쉬우므로 동일 약제의 연용은 피하는 것이 좋다.

② 응애류

응애류의 성충은 크기가 작은데, 특히 차먼지 응애는 육안으로 보이지 않을 만큼 작다. 종류에 따라서는 휴면없이 연중 발생하여 1년에 열 몇 세대가 생기는 것도 있으며, 약제에 대하여 저항성(내성)도 강하다.

시설내에서는 일조가 강하고 건조가 계속될 때 돌발적으로 밀도가 상승하여 잎이 누렇게 되고 심하면 말라죽는다. 시설내에서는 잡초가 발생원이 되는 경우가 많으므로 작기가 끝난 후에는 시설 구석구석의 잡초를 철저히 제거해야 한다.

또한 묘에 묻어서 시설내로 반입되기 쉬우므로 약제를 잎 뒷면에 충분히 부착되도록 살포하여 정식하는 것이 좋다.

응애류는 약제에 대한 내성이 생기기 쉬우며, 응애약제는 작물에 약해를 일으키는 일이 많으므로 사용할 때 주의를 요한다.

③ 온실가루이

온실가루이는 최근 외국에서 관엽식물에 묻어서 반입된 것으로 추정되는 새로운 해충이다. 성충은 체장이 약 1.5mm이고 백색의 파리모양으로 단위생식(單爲生殖)을 한다. 잎의 뒷면에 산란하는데 고온을 좋아하며 시설내에서는 연 10회 정도 산란하여 단시간내에 증식하기 때문에 시설재배에서 방제가 까다롭다.

흡즙에 의하여 작물생육이 저해될 뿐만 아니라 배설물이 그을음병을 유발하기 때문에 생산물의 상품가치를 떨어뜨린다. 시설내로 온실가루이가 기생하고 있는 모를 반입하지 않는 것이 중요하며 기생잡초를 철저히 제거할 필요가 있다.

④ 선충류(線蟲類)

선충류에는 뿌리혹선충류·썩이선충류·구근선충류 등이 있는데, 모두 기주의 범위가 넓다. 뿌리혹선충은 뿌리에 기생하는 지렁이 모양의 작은 벌레로서 육안으로 보이지 않는다. 작물의 뿌리에 침입한 선충이 분비하는 물질에 의하여 뿌리가 혹모양으로 부풀어 양·수분의 흡수기능이 저해되므로 작물의 생육이 불량하게 된다.

작물재배 기간중의 선충 방제는 곤란하다. 전작(前作)에서 선충이 발생하였던 포장은 작물을 심기 전에 토양소독을 하거나 담수처리를 함으로써 방제가 가능하다.

## 參考 文獻 資料

- 李炳馹 施設園藝學 鄕文社
- 表鉉九 菜蔬園藝總論 鄕文社
- 表鉉九 菜蔬園藝各論 鄕文社
- 朴鍾聲 植物病理學 鄕文社
- 白雲夏 害蟲學 鄕文社
- 農林部 '96 채소생산실적('97)
- 農村振興廳 標準營農敎本 - 農土培養技術
- 農村振興廳 標準營農敎本 - 菜蔬栽培
- 農村振興廳 '95~97 園藝作物專門技術敎材
- 農村振興廳 施設園藝 새技術 便覽
- 農村振興廳 '96 菜蔬評價會 敎材
- 農村振興廳 菜蔬生理障害 및 農資材活用敎材
- 農業技術硏究所 원색도감 菜蔬害蟲 生態와 防除
- 農藥工業協會 '96 農藥使用指針書
- 서울 種苗社 다수확을 위한 고추 재배기술
- 농업협동조합중앙회 고추재배기술과 경영
- 아세아채소연구 개발센타, 고추병해충 포장안내수첩
- 農文協 原色野菜の 病害蟲 診斷
- 農文協 土壤病害を どう防ぐか
- '96~'97 국내 각 종묘사 채소종자 카다록
- 채소재배기술, 서울종묘기술연구소
- 농민신문사 무, 배추 경쟁력 있는 기술과 경영
- 농촌진흥청 '96 채소재배 중점기술

# 제2편

# 주요 채소의 시설 재배요령

# 제1장 오이

## 1. 국내 생산 및 수급현황

'85년도 이후부터 노지재배 면적이 감소하고 있는 반면 시설재배 면적은 급격히 증가하고 있어 오이의 안정생산이 이루어지고 있으나 단위생산성은 크게 증가되지 못하고 정체되어 있는 상태(일본의 약 60%)이다. 이는 시설 재배환경의 불량 때문으로 생각되며 앞으로 이의 개선이 이루어져야만 양질 다수확이 가능해질 것이다.

**<표 1-1> 오이의 연도별 재배면적과 생산량**

| 연 도 | 재배면적(ha) | | 10a 수량(kg) | | 총생산량(t) | |
|---|---|---|---|---|---|---|
| | 전 체 | 시설 | 전 체 | 시설 | 전 체 | 시설 |
| 1990 | 6,951 | 3,929 | 3,109 | 3,677 | 216,130 | 144,480 |
| 1992 | 7,949 | 4,976 | 3,435 | 3,971 | 273,041 | 197,612 |
| 1994 | 8,710 | 5,762 | 3,484 | 4,011 | 303,436 | 231,135 |
| 1995 | 8,548 | 5,948 | 3,947 | 4,374 | 337,348 | 260,142 |
| 1996 | 7,191 | 4,996 | 5,002 | 5,993 | 359,708 | 299,401 |
| '96시설비율(%) | | 69.5 | | 120 | | 83.2 |

오이수출량을 보면 '89년에 약 479톤이었으나 '92년에는 약 435톤으로 오히려 44톤 감소하였는데 이는 수출가격 보다 국내가격이 비싸 물량확보가 곤란하고 품질이 떨어지기 때문이다.

따라서 앞으로 수출물량을 증대시키기 위해서는 품질의 고급화와 생산비 절감을 위한 생력재배를 행하여야 할 것이다. 이 문제만 해결된다면 오이 수출 전망은 밝으며 국내가격도 안정화될 것이다.

# 2. 생태적 특성과 재배환경

## (1) 기상조건

생육적온은 낮 24~26℃, 밤 14~15℃로서 5~7월의 온화한 기후에 적합하다. 종자의 발아적온은 25~30℃이다. 시설재배에서는 추울 때 주로 재배하기 때문에 적온을 유지하기 어려워 오히려 최저온도가 문제가 될 것이다.

박과류 중에서 생육적온이 비교적 낮은 편이나 생육 한계온도는 8~10℃ 정도이고 동사(凍死) 온도는 대개 0~-2℃정도이다.

적정지온은 20~23℃이지만 실용적으로는 15℃만 되면 재배할 수가 있다. 12℃ 이하로 되면 뿌리의 신장이 멈추어지고 하엽이 생리적으로 마른다. 저지온(低地溫)에 대한 능력저하는 다른 작물보다 크므로 지온이 낮은 시기의 재배는 저온신장성이 높은 호박을 대목으로 한 접목재배를 하는 것이 좋다.

오이는 토양, 공중 모두 건조에 약하여 약간 다습한 쪽이 잘 자란다.

적정습도는 낮 60%, 밤 90% 정도이나 너무 과습하면 병해가 발생하기 쉽다는 것을 염두에 두고 조절하도록 한다.

## (2) 토양조건

얕은 뿌리성(淺根性) 작물이며 포기의 노화(老化)가 다른 작물에 비하여 빠르므로 유기물이 충분히 들어있는 비옥한 토양이 좋다.

토양건조에 약하기 때문에 뿌리(根群) 발달을 촉진시키기 위하여 물주기와 비료를 충분히 주는 것이 중요하다.

사질토는 생육은 진행되지만 포기의 노화가 빠르기 때문에 반촉성재배와 같은 조기수확을 목적으로 하는 재배에 적합하다. 점질토는 생육이 늦어지고 영양성장이 왕성해져서 줄기와 잎이 무성해지기 때문에 하우스재배와 같은 한정된 용적 안에서 조기수확을 목적으로 할 경우는 불리하게 된다.

토양산도는 pH5.7~7.2가 적합하여 산성에는 약하므로 재배포장에는 토양검정을 한 결과에 따라 충분한 농용석회를 살포해야 한다.

## (3) 광선조건과 결과습성(結果習性)

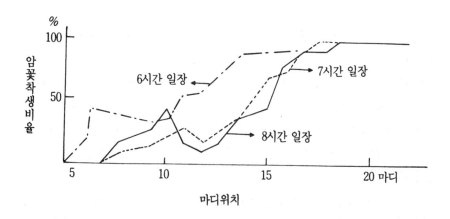

<그림 1-1> 육묘기간 중의 일장시간과 암꽃착생 비율

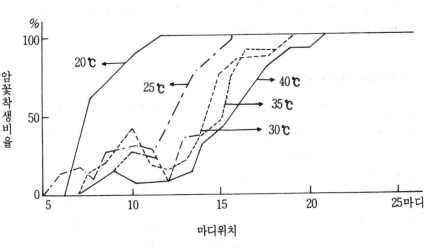

<그림 1-2> 육묘기간중의 온도와 암꽃착생비율

호광성(好光性) 광엽형(廣葉型) 작물로 타작물에 비하여 햇빛을 가리는 차폐율이 높다. 광포화점은 약 5~6만 Lux가 되므로 밀식을 피하고 1줄씩 재배하는 것이 좋으며 늙은 잎과 기형과는 일찍 제거하는 것이 좋다.

결과습성은 일장(日長)이 짧고 일조량이 적으면 생육은 지연되고 암꽃의 분화는 촉진되나 감응성은 품종에 따라 차이가 있다. 즉, 낙합(落合)과 청장계(靑長系)는 일조량이 부족하여도 생육이 보통이나 사엽계통은 일조량이 부족하면 생육이 현저히 지연된다.

육묘기간중 일장과 온도에 따른 암꽃 착생비율은 <그림 1-1, 1-2>와 같다.

# 3. 작형(作型)과 품종

플라스틱 필름에 의한 보온자재의 개발과 재배기술의 발달로 각 지역별 작형이 확립되어 작형별로 알맞는 품종이 육성 보급되어 가고 있어, 신선한 오이가 사시사철 언제나 공급될 수 있게 되었다. 그동안 분화되어 전국적으로 정착된 작형은 〈표 1-2〉와 같다.

### 〈표 1-2〉 작형 및 품종

| 작 형 | 파종기 | 정식기 | 수확기 | 주요품종군 |
|---|---|---|---|---|
| 촉 성 재 배 | 10월 하순~<br>12월 중순 | 12월 중순~<br>1월 하순 | 2월 중순~<br>4월 상순 | 청장계, 낙합계 |
| 반촉성재배 | 1월 상순~<br>2월 중순 | 2월 하순~<br>4월 상순 | 4월 중순~<br>5월 중순 | 반백계, 낙합계<br>청장계 |
| 조 숙 재 배 | 3월 상순~<br>3월 중순 | 4월 상순~<br>4월 중순 | 5월 중순~<br>5월 하순 | 반백계, 청장계 |
| 노 지 재 배 | 4월 상순~<br>5월 상순 | 5월 상순~<br>5월 하순 | 6월 상순~<br>6월 하순 | 흑진주계, 반백<br>계, 백침계 |
| 노지억제재배 | 5월 중순~<br>6월 하순 | 6월 중순~<br>7월 하순 | 7월 중순~<br>8월 하순 | 흑진주계, 백침<br>계, 사엽계 |
| 시설억제재배 | 7월 중순~<br>8월 중순 | 8월 중순~<br>9월 상순 | 9월 상순~<br>10월 상순 | 장일낙합계, 흑<br>진주계, 청장계 |

주) 품종군별 실용 품종의 예

- 청장계 : 금강청장, 중앙청장, 만능청장, 만춘청장
- 낙합계 : 금강하우스, 월동청장, 우미하우스, 하우스청록
- 반백계 : 백록다다기, 홍농백다다기, 하우스흰다다기, 하우스백다다기, 은봉백다다기, 은성백다다기
- 흑진주계 : 장형흑진주, 신흑진주
- 백침계 : 새서울백침오이, 녹풍오이, 신풍오이, 녹원오이, 미풍여름오이
- 사엽계 : 여름삼척, 상록삼척, 불암사엽, 평강내병삼척
- 장일 낙합계 : 조생낙합, 장일입추, 장일가락 1호, 장일만능, 장일 추석

# (1) 작형

## 가. 촉성재배(促成栽培)

생육기간은 대부분을 보온하는 작형으로 겨울기온이 5℃ 이상인 지방에서는 난방을 하지 않고 보온만으로 전 생육기간을 재배할 수 있다. 경남의 남지, 진주, 전남의 고흥, 순천, 광양, 벌교 등 남부해안선에서 성행되고 있는 작형이다. 보온은 2중 또는 3중 비닐하우스로 하고 제일 바깥부분에 거적을 덮는 것이 보통이다. 대체로 경남지방은 청장계통, 전남지방은 낙합계 품종이 재배되고 있다.

## 나. 반촉성재배(半促成栽培)

생육전반기는 저온에서 재배되므로 보온을 철저히 해야하며 생육후반기에는 기온이 상당히 높아지므로 환기에 신경을 써야 하는 작형이다.

촉성재배의 출하 최성기에 이 작형은 수확이 시작되는 시기이므로 하루하루 가격의 폭이 심하다. 중남부지방이 대부분이나 강원도에서도 춘성군 일대에서 일부 재배하고 있다. 비교적 재배의 안정성은 중남부가 유리한 편이다.

중부지방은 반백계 품종이 대부분이나 남부지방은 청장계, 낙합계 품종이 재배되고 있다.

## 다. 시설억제재배(施設抑制栽培)

생육초기는 고온이고 후기는 저온하에서 재배되기 때문에 재배하기가 까다롭다.

남해안지방에서 대부분 재배되는데 비닐하우스내에서 묘를 길러 아주 심기를 하며 생육중·후기부터는 하우스를 2중으로 피복해야 한다. 경남지방은 흑진주와 청장계가 대부분이나, 전남지방은 장일낙합계가 주로 재배되고 있다.

## (2) 품종

품종을 선택할 때에는 저온신장성(低溫伸張性), 마디성(절성성 · 節成性), 수요자의 기호를 고려해야 하고 과실의 모양, 색깔, 육질, 시장성 등과 일치할 수 있도록 한다.

오이의 마디성의 표시는 보통 25마디까지 암꽃이 맺히는 성질을 %로 나타낸다. 25마디까지는 유전적 형질의 지배를 크게 받고 그 이후는 자연환경 등 재배조건에 따라 달라진다.

### 가. 반백계(半白系)

과실은 원통형으로 과실색은 담록색이며 밑부분은 하얗다.

저온에 견디는 힘이 중간 정도로써 반촉성 및 조숙재배에 적합한 품종이다. 암꽃착생이 매우 왕성하며 열매 달림성이 높은 품종이 많고 풍산성이다.

주요 실용품종은 백록다다기, 홍농백다다기, 하우스흰다다기, 하우스백다다기, 은봉백다다기 등이 있다.

### 나. 낙합계(落合系)

과실은 녹색이며 육질은 비교적 단단하다. 반백계에 비해 열매달림성이 약간 나쁘나 저온신장성이 우수하고 약광에서도 잘 견디므로 촉성, 반촉성 재배에 적합하다.

주요 실용품종으로는 설풍촉성, 월동청장, 겨우살이청장, 하우스청록 등이 있다.

### 다. 청장계(靑長系)

촉성 및 시설억제재배용으로 적합하다. 암꽃착생이나 이식성은 반백계, 낙합계보다 못하다.

주요 실용품종은 금강청장, 중앙청장, 만능청장, 만춘청장 등이 있다.

### 라. 사엽계(四葉系)

과실은 길고 가늘며 과실표면에는 주름과 가시가 많으나 병해에 강하다. 더위에 견디는 힘과 추위에 견디는 힘이 강하여 노지억제재배에 적합하다.

주요품종은 여름삼척, 상록삼척, 불암사엽, 평강내병삼척 등이 있다.

오이는 작형분화에 따른 품종육성이 가장 많이 이루어지고 있어 종묘 회사별로 좋은 품종이 많으나 모두를 수록하기 어려우므로 주요품종과 그 특성을 들어보면 〈표 1-4〉와 같다.

### <표 1-3> 오이작형별 요구되는 특성

| 작 형 | 낮은온도 약한광선 | 내밀식성 | 분지성 | 강건성 | 조숙성 | 내서성 |
|---|---|---|---|---|---|---|
| 반촉성재배 | ◎ | ○ | ○ | ○ | ○ | — |
| 조숙재배 | — | — | ◎ | ◎ | ◎ | ○ |
| 억제재배 | ◎ | ○ | ○ | ○ | — | ○ |

주) ○ : 중시    ◎ : 특히 중시

## <표 1-4> 주요 오이품종 특성표

| 품종명 | 종묘사 | 등록연월 | 숙성 | 재배형 | 마디성(%) | 과색 | 과침색 | 길이(cm) | 무게(g) | 내서성 | 내한성 |
|---|---|---|---|---|---|---|---|---|---|---|---|
| 겨울나기청장 | 흥농 | 95. 8 | 중 | 촉 성 | 52~68 | 농록 | 흑 | 25~28 | 160~180 | 약 | 강 |
| 은성백다다기 | ′ | 86. 5 | 조 | 조 숙 | 72 | 반백 | 흑 | 19~23 | 100~140 | 중 | 중 |
| 겨울살이청장 | ′ | 84. 7 | 중 | 촉 성 | 52 | 녹 | 흑 | 24~26 | 170~190 | 약 | 강 |
| 장일반백 | ′ | 86. 7 | 조 | 시설억제 | 60 | 반백 | 흑 | 18~22 | 120~140 | 강 | 중 |
| 내서삼척 | ′ | 94. 12 | 중 | 노지억제 | 16~24 | 농록 | 백 | 31~34 | 180~220 | 강 | 중 |
| 춘광백다다기 | 서울 | 94. 8 | 조 | 반 촉 성 | 70~85 | 반백 | 흑 | 22~26 | 150~180 | 중 | 중강 |
| 남부청장 | ′ | 94. 8 | 중 | 촉 성 | 62~78 | 농록 | 흑 | 26~29 | 180~210 | 약 | 강 |
| 가을낙합 | ′ | 95. 1 | 조 | 시설억제 | 30~45 | 농록 | 흑 | 24~28 | 150~180 | 중강 | 중강 |
| 청미삼척 | ′ | 90. 12 | 중 | 노지(억제) | 30~40 | 농록 | 백 | 32~35 | 180~220 | 강 | 약 |
| 미다래 | ′ | 95. 12 | 조 | 노지억제 | 30~45 | 농록 | 백 | 26~30 | 180~210 | 강 | 약 |
| 가락만춘 | 중앙 | 86. 11 | 조 | 반촉성(조숙) | 64~84 | 농록 | 백 | 28~32 | 210~230 | 중 | 중강 |
| 만춘청장 | ′ | 86. 5 | 조 | 반촉성(조숙) | 60~80 | 농록 | 백 | 24~27 | 190~220 | 중 | 중 |
| 여름삼척 | ′ | 86. 7 | 만 | 노지(조숙) | 25 | 농록 | 백 | 28~32 | 225~275 | 특강 | 약 |
| 긴설록 | ′ | 91. 8 | 조 | 반 촉 성 | 90~96 | 녹 | 흑 | 24~27 | 180~210 | 중 | 강 |
| 백화다다기 | ′ | 93. 11 | 조 | 조 숙 | 70~75 | 반백 | 흑 | 20~23 | 140~180 | 중강 | 강 |
| 해동백다다기 | 한농 | 91. 8 | 조 | 반 촉 성 | 65~75 | 반백 | 흑 | 20~23 | 150~160 | 약 | 강 |
| 일향청장 | ′ | 96. 7 | 중 | 촉 성 | 55~72 | 농록 | 흑 | 24~28 | 130~160 | 약 | 강 |
| 백미백다다기 | ′ | 89. 11 | 조 | 조 숙 | 70 | 반백 | 흑 | 20~23 | 130~170 | 강 | 중 |
| 구월반백 | ′ | 92. 5 | 조 | 시설억제 | 40~60 | 반백 | 흑 | 22~26 | 160~190 | 중강 | 중강 |
| 은화백다다기 | ′ | 94. 12 | 조 | 노 지 | 75~85 | 반백 | 흑 | 22~25 | 145~165 | 강 | 중 |
| 장백다다기 | 농우 | 91. 8 | 중 | 반 촉 성 | 70~80 | 반백 | 흑 | 24~27 | 170~200 | 약 | 강 |
| 백봉다다기 | ′ | 90. 8 | 중 | 반 촉 성 | 60~80 | 반백 | 흑 | 20~23 | 140~170 | 약 | 강 |
| 멋진반백 | ′ | 94. 1 | 조 | 시설억제 | 40~50 | 반백 | 흑 | 20~25 | 150~200 | 강 | 중강 |
| 춘심백다다기 | 동원 | 89. 8 | 조 | 반 촉 성 | 80~85 | 반백 | 흑 | 22~24 | 160~180 | 중 | 강 |
| 나성백침 | ′ | 94. 12 | 조 | 노 지 | 55~65 | 농록 | 백 | 23~25 | 170~190 | 강 | 중 |

# 4. 재배기술

## (1) 육묘기술

### 가. 육묘의 중요성

"묘농사 반농사"라고 하여 육묘의 중요성을 강조하는데 그 이유는 육묘기간중에 꽃눈이 분화되기 때문이다 (본엽 5매 전개시 16~23마디까지).

이 기간은 영양생장과 생식생장의 균형적인 발달을 위한 환경을 만들어 주어야 한다.

#### ① 육묘기간중의 꽃눈 형성

오이는 수꽃과 암꽃이 있지만 당초부터 결정되어 있는 것은 아니고 발육과정의 환경에 의해 암수가 결정되는데 일장과 온도의 영향이 크며 품종의 유전적 특성에 의하기도 한다.

#### ② 육묘기간중의 양분공급

육묘기간중에 충분한 양분을 공급하는 것은 묘의 초세 뿐만 아니라 꽃눈형성 등 묘소질에도 영향을 준다. 비료양분중 질소, 인산, 칼리의 시용량은 상토 5*l*당 질소 1g, 인산 1~2g, 칼리 1g정도가 요구된다. 그러나 질소의 시용량을 증시하면 생육이 떨어지고 염류농도장해를 받기 쉬우므로 유의해야 한다.

#### ③ 작형별 육묘 관리 포인트
#### ㉮ 고온기 육묘

기온이 높기 때문에 생장속도가 빠르고 환경에 민감해서 순간의 관리 잘못이 묘소질에 크게 영향을 준다. 따라서 주야로 서늘한 환경조성, 적기파종, 적습유지가 대단히 중요하다.

㉯ 저온기 육묘

저온과 약한 햇빛에서는 암꽃착생이 많아지는 반면 곁가지 생장이 억제된다. 영양생장과 생식생장과의 균형적인 발달을 도모하기 위한 주야 온도관리에 주의를 해야 한다.

## 나. 파종

먼저 종자소독을 실시한다. 벤레이트 티 200배액이나 호마이 400배액에 1시간 정도 담근후 파종상을 이용하여 〈표 1-5〉와 같이 파종하여 25~30℃를 유지시켜 준다.

발아후는 상내온도를 낮에는 22~24℃, 밤에는 13~15℃로 유지하도록 하고, 입고병을 예방하기 위하여 다찌가렌을 관주하는 것이 좋다.

또한 온상내 찬바람이 들어오는 것을 막고 관수할 때는 20℃정도 되는 따뜻한 물로 준다.

**〈표 1-5〉 파종량 및 파종면적**

| 구 분 | 파종량(dl) | 파종상면적(㎡) | 줄사이(cm) | 종자사이(cm) | 비 고 |
|---|---|---|---|---|---|
| 오 이 | 2 | 3.3~4.4 | 5~6 | 0.5~0.6 | 가식시풋트이용 |
| 대 목 | 20 | 10~12 | 8~10 | 1.0 | 접목 |

## 다. 상토의 구비조건과 조제

어떤 작형에서도 육묘상토는 무병이고 물리성이 좋으며 적당한 양분이 함유된 것을 이용하는 것이 건묘육성의 필수적 조건인데, 구비조건을 요약하면 다음과 같다.

- 물리성 ┬ 기상률(氣相率) 15% 이상
  ├ 정상생육 유효수분 20% 이상
  ├ 전공극률 75% 이상
  └ 투수속도 - 물 100cc가 10분내에 스며드는 정도

- 화학성 ┌pH 5.8~7.0
　　　　├EC 0.5~1.2mS/cm
　　　　└수용성 인산 0.2~1.0mg/100ml

① 속성 상토조제

상토재료중 주재료로 부엽토, 붉은 산흙, 마사토, 논흙, 버미큐라이트, 퍼라이트 등과, 부재료는 퇴비(볏짚, 바크, 톱밥 등), 피트모스, 훈탄, 발효왕겨 등을 하며 이들을 75~50 : 25~50로 잘 섞어 쓴다.

이때 비료는 상토 1톤당 질소 : 200g, 수용성 인산 : 400~500g, 칼리 : 200g 정도 혼합하며 토양개량제로 석회와 제오라이트를 각각 2kg 정도 섞으면 더욱 좋다.

조제방법은 포트에 이식하기 약 2주전에 비닐하우스 내에서 주재료와 부재료를 비료양분과 토양개량제를 골고루 섞어 쌓아서 약 7일 정도 밀폐하여 두었다가 벗겨 2~3회 뒤적거린 후 포트에 담아 사용한다.

## (2) 접목재배기술

### 가. 접목재배의 필요성

오이는 토양전염성 병해인 만할병과 역병에 약하고 저온 및 고온의 장해를 쉽게 받아 생육이 불량해지기 쉬우므로 생산이 불안정한 연작지 재배의 경우 이에 저항성인 대목에 접목하여 안전 다수확을 목표로 재배하는 것이 안전하다.

① 접목재배의 좋은 점

토양전염성 병해의 회피, 저온과 고온에서 잘 자라게 하여 초세강화 및 양질안전 다수확재배가 가능한 장점이 있으나 접목 노동력 과다소요 및 종자대가 비싸서 생산비가 높아지는 문제점도 있다.

② 접목의 종류 : 호접(互接 · 맞접), 삽접(插接 · 꽂이접)
③ 대목의 선정

호박(흑종, 신토좌, 백국좌 등)이 주로 이용되고 있는데 어느 것이나 병해
저항성은 있으나 저온 신장성, 초세, 내서성 등은 대목의 종류에 따라 다르므
로 목적에 알맞게 선정할 필요가 있다. 특히 최근에는 꽃가루가 생기지 않는
대목 품종(휘호, 운용, 히카리, 일휘 등)이 육성되어 시판되고 있으며 주요대
목의 특성은 다음과 같다.

- 저온 신장성 : 흑종>토좌계>백국좌=무접목
- 초세강화 : 흑종>신토좌>백국좌>무접목
- 친화성 : 토좌계=백국좌>흑종
- 흡비성 : 흑종>신토좌>백국좌>무접목
- 내습성 : 백국좌>토좌계>흑종
- 내서성 : 토좌계>백국좌>흑종
- 내건성 : 토좌계>흑종>백국좌

## 나. 접목요령

접목은 오전 10시부터 오후 3시까지 마치도록 하는데 알맞은 장소는 따뜻
하고 바람과 직사광선이 없으며 적당히 습기가 있는 곳이어야 한다.

① 맞접(互接)의 요령

먼저 대목의 생장점을 제거하고 대목의 생장점으로부터 1/3지점을 위에서
밑으로 45°, 2/3 깊이로 비스듬히 자른다.

접수(接穗)는 대목(臺木)과 반대로 밑에서 위로 잘라서 서로 끼운 후에
크립으로 대목과 접수를 고정시킨다.

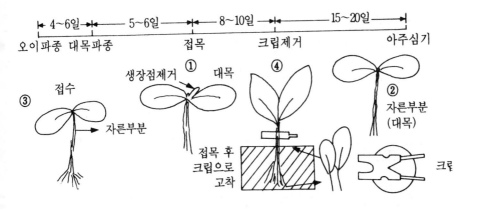

<그림 1-3> 맞접의 파종시기 및 작업순서

| ←　4～6일　→ | ← 5～6일→ | ← 8～10일→ | ←――――― 15～20일 ――――→ |
|---|---|---|---|
| 접수파종 | 대목파종 | 접목 | 접수절단(크립제거)　　아주심기 |
| | | 온도(23～25℃) | |
| 접수와 대목 | | | |
| | | 습도(75～80℃) | |
| 경화(22～23℃) | | | |
| | | 햇빛가림, 웃자람주의(20～22℃) | |

28～29℃　27～28℃　　접목 후 2～3일 부터　절단후 10일경(18～20℃)부터
　　　　　　　　　　 수광, 서서히 온도내림　보통모기르기로 관리

<그림 1-4> 맞접의 작업순서별 육묘관리

② 꽂이접(插接) 요령

접수인 오이를 파종한 후 8～10일경 떡잎(子葉)이 완전히 전개되면 생장점에서 배축(胚軸)까지 7～8mm 정도 되게 쐐기모양으로 만든다. 대목은 생장점을 제거한 후 끝이 뾰족하지 않은 이쑤시개를 이용하여 45°각도로 비스듬히 구멍을 뚫는다. 이때 끝이 대목의 배축면에 나오지 않도록 주의해야 한다.

쐐기모양으로 만들어 둔 오이삽수를 대목의 생장점 옆 구멍에 꽂는다. 꽂이접의 묘판 관리요령은 맞접과 같다.

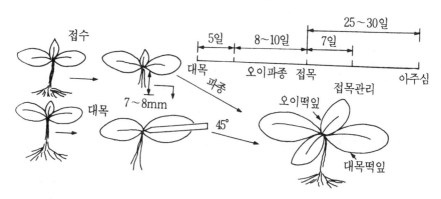

**<그림 1-5> 꽃이접의 파종시기 및 작업순서**

③ 접목후의 관리

㉮ 접목상내의 온도는 23~25℃, 습도는 75~80% 유지하고 이때 도장할 우려가 있으니 주의를 해야 한다.

㉯ 접목후 3~4일간은 관수가 어려우므로 접목하고 충분한 물을 주고, 습도를 유지하기 위해서는 온상바닥에 물을 뿌려준다.

㉰ 광선은 접목후 1~2일 정도 발로 가려 주었다가 그 후부터는 아침, 저녁으로 서서히 햇빛을 쪼여 접목후 7일이 경과하면 활착이 되므로 이때부터 충분한 광선을 쪼여 활착시킨다. 접목후 너무 오랫동안 햇빛을 가려주면 활착이 늦어지므로 이점을 주의해야 한다.

㉱ 접목후 10~12일경이면 활착이 완료되므로 이때 접목부위에서 대목의 떡잎부분과 접수의 뿌리부분을 절단한다(맞접).

㉲ 절단후 2~3일간은 접목상에서 보호한다.

## 다. 육묘상 관리요령

### ① 온도

낮기온은 25℃ 전후로 관리하여 동화작용을 촉진시키고, 밤온도는 13~15℃로 해준다. 땅온도는 17~18℃로 하되 밤지온(夜間地溫)은 상내기온(床內氣溫)보다 높게 한다. 본잎 1매까지는 지온 17~18℃, 본잎 2매부터 야냉육묘 (지온 14~15℃, 기온 10~11℃)를 하도록 한다.

### ② 햇빛

보온 및 햇빛투과율이 좋은 피복재를 이용하되 식물체에 저온의 피해가 없는 한 보온자재를 오전에 일찍 제거하여 광선량을 최대로 이용하고 햇빛을 고루 받도록 육묘포트 또는 상자의 위치를 서로 교환해 준다.

### ③ 물주기(灌水)

육묘 초기는 2~3일 간격으로 마르지 않을 정도로 주고 육묘 중기는 3~4일 간격으로 뿌리밑까지 젖을 정도로 준다. 그리고 육묘 후기는 4~6일 간격으로 충분히 준다. 이때 모가 연약하면 깻묵을 썩힌 물을 10배 섞어 주거나 시중에서 판매되고 있는 생장조절제를 엽면살포(葉面撒布)한다.

### ④ 모굳히기(경화)

정식 7~10일경부터 하우스나 노지포장의 환경에 맞도록 모굳히기를 실시한다.

## (3) 정지 및 이랑 만들기

정식까지 시간적 여유가 있으면 1개월 전에 10a당 퇴비를 3톤 이상, 고토석회 120kg을 살포해 둔다. 식양토(埴壤土)나 건조하기 쉬운 사질토에서는 퇴비의 시용 효과가 높다. 토양산도는 pH 6.5 정도가 되도록 교정해 둔다. 정식 며칠 전에 밑거름을 준 뒤 잘 갈아 이랑을 만들고 심을 구덩이를 판다.

그리고 멀칭을 하거나 터널을 씌워 지온이 오르기를 기다려서 정식한다.

지온이 낮을 때는 지중온수파이프나 전열선을 매설하는데 생육초기의 발열체는 뿌리밑 가까이에 두게 하여 초기의 뿌리뻗음을 좋게 할수록 효과가 크다.

온수파이프는 깊이 10~15cm 정도, 전열선은 10cm 정도로 하고 가급적 뿌리에 접근시킨다. 전열은 3.3㎡ 당 50W로 최저기온을 약 2℃ 높일 수가 있다. 이들 발열체는 정식 1~2일 전부터 작동시켜서 지온을 상승시킨다.

## (4) 거름주기

### 가. 거름주는 양

하우스 재배할 때는 10a 당 질소 : 인산 : 칼리를 35 : 20 : 35kg으로 기준하고 노지재배일 때는 25 : 15 : 25kg으로 한다.

접목한 묘를 재배하거나 또는 비옥한 토양은 10~15% 정도 비료를 적게 주는 것이 안전하다. 비료주는 예는 〈표 1-6〉과 같다.

**〈표 1-6〉 오이 거름주기 (  )내는 노지** (단위 · kg)

| 비 료 | 총 량 | 밑거름 | 웃 거 름 | | | |
|---|---|---|---|---|---|---|
| | | | 1 회 | 2 회 | 3 회 | 4 회 |
| **성 분 별** | | | | | | |
| 질    소 | 35 (25) | 15 (10) | 5 (5) | 5 (5) | 5 (5) | 5 |
| 인    산 | 20 (15) | 20 (15) | - | - | - | - |
| 칼    리 | 35 (25) | 15 (10) | - | 10 (7.5) | 10 (7.5) | - |
| **비 종 별** | | | | | | |
| 퇴    비 | 3,000 (2,000) | 3,000 (2,000) | - | - | - | - |
| 요    소 | 55 (40) | 20 (10) | 9 (10) | 9 (10) | 9 (10) | 8 |
| 용 과 린 | 75 (50) | 75 (50) | - | - | - | - |
| 염화칼리 | 38 (22) | 38 (8) | - | 12 (7) | 11 (7) | - |
| 석    회 | 120 (120) | 120 (120) | - | - | - | - |

거름은 작형에 따라서 차가 있으나 일반적으로 흡수량에 비하여 상당히 다비(多肥)재배가 이루어지고 있다. 이것은 다른 작물보다 다비에 견디고 다비로 하는 편이 수확량이 많기 때문이지만 건조하거나 연작을 하면 종종 농도장해도 일으키므로 주의하도록 한다.

퇴비는 비료로서의 효과 이상으로 밭흙의 물리성을 좋게 하여 뿌리의 발달을 돕고, 사질양토에서는 수분이나 비료의 완충능력을 돕는다. 또 무기성분을 흡수하여 비료의 유실을 막는 등의 효과가 크므로 가급적 많이 쓰도록 한다.

오이는 최후까지 영양생장을 계속하므로 시비법으로는 성숙과를 수확하는 작물보다도 웃거름이 중점이 되고, 반촉성재배에서는 밑거름으로써 질소와 칼리를 40~50%, 인산을 70~80% 준다.

밑거름 양이 적으면 당연히 웃거름 양이 많아지지만 천근성(淺根性)이므로 다른 작물보다도 뿌리썩음을 일으키기 쉬우므로 15~20일 간격으로 나눠주는(분시) 것이 안전하다.

즉, 뿌리가 얕은 천근성이기 때문에 비료피해를 입기 쉽다. 특히 토양용액 농도를 높이기 쉬운 질소는 뿌리피해의 원인이 된다.

따라서 다비하여도 뿌리피해가 잘 일어나지 않는 깻묵이나 어박(魚粕) 등의 유기질비료를 중심으로 준다.

## (5) 정식(定植)

활착의 좋고 나쁨은 지온 및 기온에 크게 좌우되므로 반촉성재배에서는 지온 15℃ 이상, 최저기온 13℃ 이상으로, 촉성재배에서는 지온 20℃ 이상, 기온 16℃ 이상을 확보할 수 있는 상태로 된 뒤에 정식한다.

한편, 정식 당일에는 창문을 닫고 실온을 높이는 것이 좋고 비오거나 흐린 날에는 정식해서는 안된다.

반촉성재배에서는 7~10일 전부터 모를 저온에 순화시켜 1~2일 전부터는 정식포장(定植圃場)과 같은 조건으로 관리하여 순화시키지만 촉성재배에서는 그럴 필요가 없다.

모의 크기는 반촉성의 봄오이에서는 잎이 5~6매, 여름오이에서 3매, 촉성 오이에서는 3매, 억제오이에서는 2.5~3매 전후로 하되 대체적인 작형별 육 묘일수를 다음과 같다.

- 촉성, 반촉성재배 : 35~40일 모 (잎 5~6매 정도)
- 조숙·노숙재배 : 25~35일 모 (잎 3매 정도)
- 억제재배 : 25~30일 모 (잎 2.5~3매 정도)
- 접목재배 : 40~45일 모

작형별 재식거리 및 포기수는 〈표 1-7〉을 참고하기 바란다.

**〈표 1-7〉 재식거리 및 포기수**

| 작 형 | 재식거리(cm) | 1단보당 포기수(주) | 비 고 |
|---|---|---|---|
| 촉 성 , 반 촉 성 | 180×30~40 | 3,900~2,400 | 이랑은 2줄로 재배 |
| 조 숙 , 노 지 | 180×40~45 | 2,200~2,000 | |
| 노지억제, 시설억제 | 180×45~60 | 2,000~1,800 | |

모는 정식 2~3시간 전에 충분히 관수(灌水)하여 정식시에 육묘분의 흙 이 깨어지지 않도록 한다.

정식이 오전중에 끝나면 충분히 관수한 후 멀칭이나 터널을 씌워서 지온 과 기온의 상승을 꾀한다. 작업이 저녁녘이 되게 되면 관수만 이튿날 아침으 로 연장한다.

## (6) 가꾸는 법

재배시기(작형), 방법, 품종에 따라서 열매 달리는 성질이 달라지기 때문 에 정지법(整枝法)도 크게 차이가 있다. 어미덩굴을 수확의 주체로 하는가, 아들, 손자덩굴을 주체로 하는가의 방법으로 대별할 수가 있고 이에 따라

지주(支柱)의 종류도 달라진다.

## 가. 어미덩굴 1줄기 세우기

봄오이를 저온재배하면 아들덩굴의 발생은 적고 어미덩굴에 과실이 달리는 성질(節成性)이 강하므로 이것을 길게 뻗게 해서 수확을 계속하는 방법이다. 온도가 높으면 아들덩굴이 발생하는 수가 있는데 전부 2~3마디에서 적심(摘芯) 한다.

수확시작이 빠르고 초기 수확량이 많다. 상당한 밀식이 가능하며 적심이나 가지고르기에 노력이 들지 않는다. 그러나 하우스의 높이에는 제한이 있으므로 일정기간마다 덩굴내리기의 작업이 필요하게 된다.

덩굴내리기 때마다 잎의 위치가 정상위치로 돌아오는 며칠간은 수확이 떨어지고 덩굴내리기와 함께 아래쪽의 잎따는 품도 든다.

지주는 끈이 많이 쓰이는데 끈의 끝에 클립(집게) 등을 달아 이것을 마디 사이에 걸치는 방법이 많이 쓰여진다.

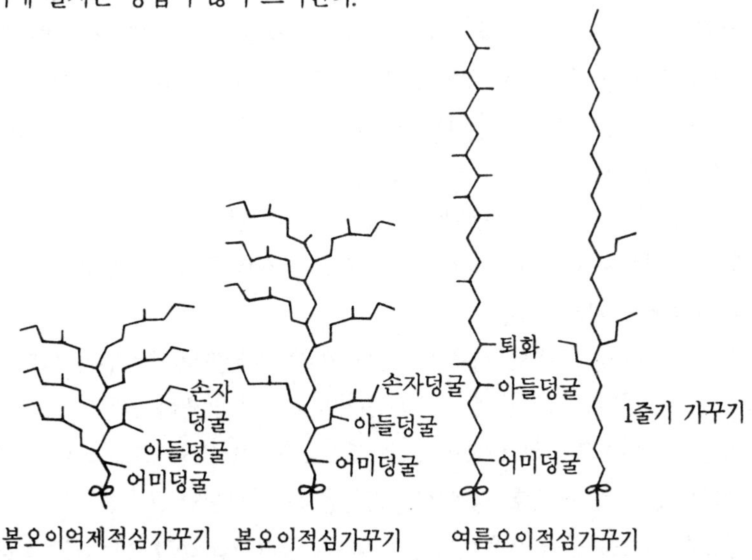

**<그림 1-6>** 오이를 가꾸는 방법별 덩굴 손질법

덩굴내리기에 노력이 들기 때문에 그물지주를 써서 비스듬히 유인하는 방법도 있다. 그러나 수확기간이 2개월 이상 걸치는 재배에서는 오이줄기 끝이 그물 위로 넘어 반대편 잎과 줄기를 덮으므로 처치하기 곤란하게 된다.

## 나. 봄오이의 적심가꾸기

억제재배에서는 고온장일하에서 육묘되기 때문에 어미덩굴에는 거의 암꽃이 나오지 않는다. 암꽃이 착생하지 않는 줄기를 계속 키우면 포기의 노화가 빨라짐과 동시에 너무 무성해져서 병해의 발생이 많아지므로 어미덩굴은 아들덩굴의 발생에 필요한 마디수만을 남기고 순지르기를 한다.

암꽃을 많게 하려면 암꽃착생 마디를 많게 해야 하는데 어미덩굴 1줄기보다도 아들, 손자덩굴 등으로 덩굴수를 많게 하는 것이 유리하므로 강한 적심가꾸기를 한다.

표준적인 적심과 가꾸기는 앞의 〈그림 1-6〉과 같은데 수확목표 기간이나 마디성에 따라서 적심의 정도가 달라진다.

억제재배에서는 아들덩굴 5~6줄기 내는데 필요한 마디수로서 어미덩굴을 7번째 마디에서 적심한다. 또한 1주당 아들덩굴수는 5~6줄기 밖에 나오지 않으므로 열번째 마디 이상에서 적심해도 5~6줄기의 아들덩굴 이외에는 퇴화해서 자라지 않는다.

고온기의 육묘에서도 아들덩굴의 첫번째 마디에는 암꽃이 반드시 달린다. 경우에 따라서는 두번째 마디에도 발생하므로 세번째 마디에서 적심하여 다시 손자덩굴을 내게 한다.

장기간 수확을 계속할 경우에는 손자덩굴도 마찬가지로 3번째 마디에서 적심하는데 단기간으로 끝낼 경우는 손자덩굴을 계속 자라게 한다.

적심가꾸기는 적심의 노력이 들고 조기다수확은 바랄 수 없으나 마디성(절성성·節成性)이 강할 경우에는 적심을 하여 한동안 포기를 휴식시키고 불필요한 마디를 줄이고 유효한 암꽃마디를 증가시킬 수가 있어 단기수확에는 적합하지 않으나 장기간에 걸친 다수확을 계속하는데 적합하다.

## 다. 여름오이의 적심가꾸기

여름오이는 원래 어미덩굴에 대한 암꽃착생이 나쁘고 아들 또는 손자덩굴을 주체로 해서 수확하는 품종을 말한다. 그러나 하우스재배용으로서 육성된 품종에는 어미덩굴에도 상당히 착생하므로 어미덩굴과 곁가지를 수확의 대상으로 한다.

아들덩굴이나 손자덩굴은 온도가 높으면 신장이 잘 되지만 적당한 저온조건하에서는 이것이 퇴화하여 1~2번째 마디에서의 암꽃만이 크게 발육하게 되므로 일단 어미덩굴을 적심해두면 이후는 적심하는 일이 없이 아들 혹은 어미덩굴의 암꽃만을 발육시켜서 봄오이의 적심가꾸기와 마찬가지로 수확을 계속할 수가 있다.

봄오이는 덩굴내리기에 품이 들지만 여름오이는 어미덩굴만을 적심해 놓으면 이후는 비교적 품이 들지 않는 것도 이들 재배가 보급된 원인의 하나이다.

여름오이는 봄오이에 비하면 잎이 크다. 묘의 수를 줄이고 초세가 강하여 너무 우거짐을 방지하기 위해 5~6잎에서 적심하여 2줄기 가꾸기로 한다. 3.3㎡당 4주, 덩굴수는 8개로 한다.

그물지주를 이용하여 본엽 22매 전후에서 적심해두면 이후 가꾸기의 노력이 들지 않는다는 것은 커다란 장점이라 할 수 있다.

곁가지를 주체로 하여 재배하는 품종에서는 아들덩굴이나 손자덩굴이 발생하지 않으면 의미가 없다. 따라서 어미덩굴을 중심으로 하는 품종보다는 육묘와 정식 후의 온도를 높게 하지 않으면 곁가지의 발생이 나빠진다.

## (7) 일반관리

### 가. 온도

적온은 낮 25℃ 전후, 밤 10℃ 이상, 지온은 20℃ 전후지만 실제로 겨울에는 이보다도 낮고 여름에는 고온에서 재배되는 수가 많다. 경제재배에서의 저온한계는 봄오이에서는 약 8℃, 지온은 약 13℃, 여름오이에서는 기온 10℃, 지온 15℃이다.

품종에 따라서는 암꽃착생 마디를 보다 많이 발생시킬수록 수확이 늘어나므로 온도를 높여서 신장을 빠르게 하는 것이 좋다.

하우스내의 온도관리는 변온관리가 좋은데 〈그림 1-7〉과 같이 1일 관리를 목표로 한다.

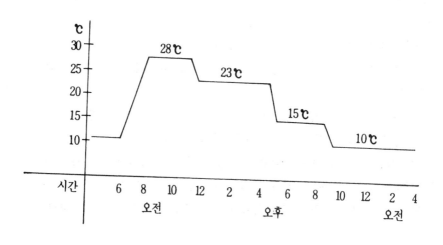

<그림 1-7> 시설내 1일 변온관리 기준

밤온도는 일조와 관계가 크다. 일조가 많을 경우는 온도를 올려도 되지만 흐리거나 비가 오는 등으로 일조가 적을 때는 밤온도를 2~3℃ 낮춘다.

촉성재배에서는 햇빛쬠이 적어 온도를 올리기 위한 방한피복(防寒被覆) 등에 의해 만성적인 일조부족 상태에 있으므로 2~3일의 일기불순으로 열매도 잘 자라지 않고 포기의 노화가 진행된다. 따라서 고온재배할 수록 일조부족시의 밤온도 관리에 주의해야 한다.

밤낮의 온도교차는 10~15℃가 좋다. 밀폐하우스내의 온도는 외온(外溫)의 약 2배가 되므로 저온기에도 제때 환기하지 않으며 너무 고온이 된다. 밤낮의 온도차가 크거나 공기가 건조할 때는 잎이 오므라들어 충분히 펴지지 않는다.

오이는 건조하면 덩굴의 신장이나 과실의 비대가 억제되므로 공중습도가 낮에는 60%, 밤에는 80% 전후로 관리하는 것이 좋다.

다만, 환기시에 잎이 흔들릴 정도의 강풍을 넣거나 온풍난방기의 온풍(溫風)이 직접 잎줄기에 닿지 않도록 주의하여야 한다.

지온은 기온의 평균과 대략 같아도 되며 최저지온은 최저기온보다 5℃ 더 높게 관리하면 된다. 따라서 최저기온 12℃에서는 최저지온 17℃로 한다. 기온만을 높게 해도 지온이 이를 따르지 못할 때는 생육이 늦어져 경엽이 가늘어진다.

낮은 지온에 약한 여름오이는 기온만을 올리면 덩굴의 신장이 억제되고 측지의 발생이 나쁠 뿐더러 작은 반점 모양의 바이러스 증상이 많이 발생한다. 또 기온은 낮은데 지온만 올리면 뿌리의 능력은 왕성하게 되는 데도 불구하고 경엽은 신장하지 않으므로 줄기는 굵고 잎이 커져서 과번무가 된다. 다만 기온, 지온 모두가 적온보다 낮을 경우는 같은 1℃를 올린다면 지온을 올리는 쪽이 생육촉진 효과가 높다.

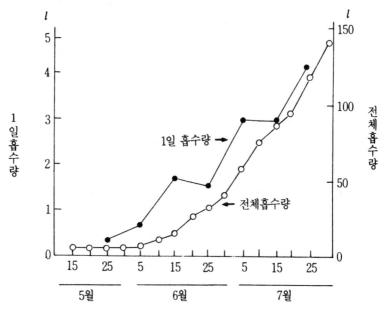

**<그림 1-&> 오이의 생육에 따른 수분흡수량(1주당)**

## 나. 물주기(관수, 灌水)

토양속의 공기유통을 억제하지 않는 한 토양수분은 많은 것이 좋고 관수점을 PF 1.5~2.0으로 한다. 오이는 다비재배를 하기 때문에 토양수분을 많게 함으로써 토양용액 농도를 낮게 유지하여 고농도장해를 피할 수가 있다.

따라서 유기물을 많이 시용하거나 흙알맹이를 크게 해서 성긴 틈이 많은 토양일수록 가꾸기가 쉬워진다. 공중습도와 함께 건조는 생육을 크게 억제할 뿐 아니라 쓴맛의 원인이 되므로 주의하도록 한다.

오이는 기온이나 땅온도의 급격한 저하에 약하므로 관수는 개인 날의 오전중에 하는 것이 좋다. 촉성재배에서는 기온, 지온이 상승하기 시작한 9~10시경으로 하고 지하수를 직접 빨아올리거나 하우스내에 모아둔 미지근한 물을 주는 것이 좋다.

토양온도는 건조할 때보다 다습상태인 때가 저온이 되므로 오이재배에서
는 멀칭이 효과적이다. 이렇게 하면 지온을 올림과 동시에 나지(裸地)에 비
해 토양수분 변화를 완만하게 해서 뿌리를 보호하는 효과가 있다.

또 급격한 토양수분이나 지온변화를 막는다는 의미에서는 이랑 사이에 물
을 대어주는 것(휴간관수)도 효과적이다.

억제재배를 하는 7~9월의 고온기에는 경엽이 충분히 무성하기 전에 흙
이 직사광선을 받아 고온이 되므로 한낮의 관수는 피하고 이른 아침이나 저
녁 나절에 한다.

물주는 양은 공기습도와 함께 병충해의 발생에 크게 관계한다. 매일 아침
잎에 물방울이 있으면 버짐병(露菌病)이 발생하므로 흐리거나 비오는 날을
제외하고는 잎에 물방울이 생기지 않을 정도를 한도로 한다.

토양습도가 높아서 아무래도 물방울이 생길 때는 난방을 해서 밤온도를
2~3℃ 높임으로써 잎에 묻은 물을 마르게 하는 것이 좋다.

## 다. 잎과 줄기의 정리

1줄기 가꾸기에서는 덩굴이 자라는데 따라서 덩굴내리기를 하지만 각 잎
은 각각의 위치에서 가장 빛을 많이 받는 방향으로 뻗어나기 때문에 덩굴내
리기를 하면 각 잎이 받아들이는 햇빛량이 줄어들어 일시적으로는 과실의
발육이 멈추어진다. 따라서 덩굴내리기는 너무 자주 하는 것이 바람직하지
못하며 한번에 50cm 전후로 한다. 이때 흙에 닿는 잎 가운데 아랫쪽에 겹치
거나 병든 것은 따내는 것이 좋다.

적심(摘芯)재배에서는 1줄기가꾸기보다 잎 줄기가 훨씬 더 많이 우거져서
동지(冬至) 무렵에는 해가 하늘 가운데 있는 시각이라도 맨 밑의 잎은 광합
성 보상점(光合成補償點)과 거의 같은 상태에 있어 더욱 나빠진다.

햇빛은 현재 착과하고 있는 마디의 잎에 충분히 쬐어야 좋은 오이가 얻어

지므로 아들덩굴이나 손자덩굴에 착과하고 있을 때는 이미 수확이 끝난 어미덩굴의 잎은 따내고 아들 또는 손자덩굴의 잎에 햇빛을 쬐어준다. 덩굴 수가 너무 많아서 지나치게 무성할 때는 아들 또는 손자덩굴을 적당히 밑동에서 잘라낼 필요도 있다.

**<표 1-8> 오이의 잎면적과 수확일수**

| 잎 면 적 | 수확까지의 일 수 |
|---|---|
| 표준구 | 7.5일 |
| 4/5엽구 | 9.0 |
| 3/4엽구 | 9.5 |
| 2/3엽구 | 10.5 |
| 1/2엽구 | 11.0 |

다만, 과실의 비대는 잎면적에 크게 관계하여 다음〈표 1-8〉과 같이 잎면적이 줄어들면 비대가 늦어지므로 주의해야 하다.

잎이 너무 무성하면 햇빛쬐임을 막을 뿐 아니라 하우스내의 공기유통을 나쁘게 하고 병충해 발생의 원인도 되므로 생육 후기는 흙바닥에서 위로 50cm 정도에서 하우스의 반대쪽 끝이 내다 보일 정도로 잎따기를 하는 것이 바람직하다.

## (8) 생리장해와 대책

### 가. 농도장해와 가스장해

오이는 다른 과채류에 비하여 다비재배되고 천근성(淺根性)이다. 게다가 생육 말기까지 영양생장을 계속함으로써 연속적인 추비로 농도장해에 의한 뿌리장해가 가장 생기기 쉬운 작물이라 할 수 있다.

또 고농도에 대한 장해는 다음 〈표 1-9〉와 같이 다른 작물에 비하여 크다.

농도장해를 막으려면 유기물을 많이 써서 무기성분을 흙알갱이(토양입자)에 잘 붙도록 함과 동시에 보수력을 좋게 하여 용액농도를 항상 낮게 유지한다.

**<표 1-9> 염류농도(鹽類濃度)에 대한 장해정도**

| 종 류 | 배양액농도 | 지상부 무게지수(%) |
|---|---|---|
| 가 지 | 표준구 | 100 |
| | 4배액구 | 55 |
| 토마토 | 표준구 | 100 |
| | 4배액구 | 46 |
| 피 망 | 표준구 | 100 |
| | 4배액구 | 25 |
| 오 이 | 표준구 | 100 |
| | 4배액구 | 22 |

토양이 알칼리성으로 되면 초산화성균(硝酸化成菌)의 활동이 떨어지면서 아초산이 괴어서 서서히 초산이 만들어진다. 이와 동시에 토양은 산성화하여 축적된 아초산이 가스화하여 장해를 일으킨다. 사질토는 완충능력이 적으므로 특히 주의하도록 한다.

질소가스는 시비후 1주일 전후에서, 아초산가스는 40~60일경부터 발생하며 기압이 낮을 때에 가스의 발생이 많다고 한다.

오이는 다른 작물보다도 환기의 정도가 적다는 것도 가스장해가 발생하기 쉬운 조건의 하나로 되어 있다.

### 나. 고온 장해(高溫障害)

30℃ 이상의 고온이 계속되면 외견상 덩굴은 잘 자라지만 동화능력은 감퇴하여 호흡에 의한 소모가 늘어나서 영양상태가 나빠지기 때문에 암꽃의 발육정지나 과실의 비대가 나빠지고 변형과가 많아진다.

### 다. 저온장해

동해(凍害)까지는 가지 않더라도 10℃ 이하로 되면 생육은 급격히 떨어지고 8℃ 이하에서는 생육이 정지된다. 또 지온은 봄오이에서는 13℃ 이하, 여름오이에서는 15℃ 이하에서 뿌리의 호흡이 줄어 들고 세포의 투과성 감소에 의해 양분이나 수분의 흡수가 줄어든다.

잎에서의 수분 발산은 저온에서도 그다지 감소하지 않으므로 저온이 되면 토양수분은 충분하면서도 뿌리의 활력이 떨어져 수분을 잘 흡수하지 못하여 건조와 같은 조건이 된다.

건조하면 덩굴 끝의 생육이 멈추어져 비녀모양으로 되는데 온도가 낮을 때는 토양수분이 충분하면서도 비녀눈이 잘 발생하는 것도 이 때문이다. 이것을 순멎이현상이라 한다.

### 라. 구부러진 오이(만곡과)

구부러지는 데는 생리적인 원인과 물리적인 원인으로 발생하는 수가 있다. 생리적으로는 영양상태가 나빠져서 초세가 약할 때가 많은데 원인으로는 일조부족, 온도관리불량, 뿌리장해, 병해충 등이다. 따라서 병해충이나 뿌리장해 등과 같이 명확한 원인이 없이 구부러진 오이가 많을 때는 고온, 밤낮의 온도 교차, 밤기온과 지온이 낮을 때 등 온도관리의 불량이라 볼 수 있다.

영양상태가 나쁠 경우는 개화시의 씨방(子房)이 빈약하여 꽃필 때 이미 구부러진 것이 많고 이것이 비대하면 만곡은 더욱더 커진다.

일조부족은 급격히 나타나기 때문에 이것이 원인이 되는 경우는 꽃필 때의 씨방이 건전하더라도 착과후 만곡과가 생긴다.

물리적인 변형은 암꽃이 잎, 지주, 덩굴손 등에 닿아서 발생하는 수가 많다. 긴오이(장형과)일수록, 봄오이보다 여름오이가 많이 발생한다. 대책으로서는 언제나 영양상태를 좋게 유지하는 것이 선결문제이다.

### 마. 끝이 가는 것 (뾰죽과)과 굵은 오이 (곤봉과, 뭉툭과)

오이는 가루받이(수정)를 하지 않더라도 과실이 비대하는 단위결과(單爲

結果), 즉 제꽃 열매맺이의 성질이 있다. 저온기의 하우스재배에서는 곤충이 없으므로 거의 단위결과에 의해 비대한다.

종자가 없더라도 영양상태가 좋다면 정상적인 과실이 되지만 영양상태가 나빠지거나 초세가 떨어지면 과실의 비대도 나빠져서 뾰족한 오이가 발생한다.

또 가루받이를 하여도 불완전하여 선단부분만 종자가 여물면 다른 부분보다도 결실한 부분쪽이 비대가 진행되므로 선단만 부풀어 끝이 굵은 오이가 된다.

끝이 가는 오이, 끝이 굵은 오이 모두가 포기의 영양불량에 의한 과실비대의 지연이 원인이다.

영양상태의 악화에도 만곡과의 항에서 기술한 바와 같이 온도, 일조, 비료, 토양수분, 병충해 등의 모두가 관계하게 된다.

따라서 변형과가 발생했을 경우는 원인이 분명하면 그 대책을 세움과 동시에 일찍 수확하여 초세의 회복을 도모하도록 한다.

## 바. 쓴 맛 오이

쓴 맛은 에라테린이라고 하는 물질에 의한 것으로서 질소과다나 인산·칼리부족으로 발생하기가 쉽다. 특히 질소의 일시적인 과잉흡수는 쓴맛을 발생시킨다. 또 온도가 낮거나 너무 높을 때, 일조가 부족하여 영양상태가 나빠져서 변형과가 발생할 때 많이 생긴다.

쓴맛에는 유전성이 있어 품종간에 차가 있고 농록색계의 품종에서 쓴맛이 나기 쉬운 것이 많다.

## 사. 미량원소 결핍증

① 석회(칼슘 Ca) 부족
생장점과 어린잎부터 가장자리가 오그라지면서 점점 아랫잎으로 확대되

어 낙화 및 낙과한다. 대책은 염화칼슘이나 황산칼슘으로 엽면살포를 하고 보온 및 건조를 방지하여 질소질비료가 과다하지 않도록 주의한다.

② 붕소 결핍

공동과(空胴果)가 생기는 수가 있는데 보온을 잘 해주고 붕사를 10a당 2kg 시용한다.

## (9) 수확

암꽃수가 많아 일시적으로 착과수가 많아지거나 과실을 오래 달아두어 크게 하면 그루의 노화를 진행시켜 측지의 발생을 억제하므로 일시적으로는 다수확이 되지만 전체의 수확량은 줄어든다.

**<표 1-10> 수확시의 오이 크기와 생육, 수확량**

| 수확과의 크 기 (cm) | 1개평균 무 게 (cm) | 개화후수확 까지의 일수 (일) | 1주당의 수확과수 (개) | 1 주 당 수 확 량 (g) | 주 지 의 길 이 (m) | 측 지 의 줄 기 수 (줄기) |
|---|---|---|---|---|---|---|
| 12.6 | 59.7 | 6.10 | 28.1 | 1,672 | 2.9 | 9.3 |
| 15.9 | 139.5 | 7.64 | 18.3 | 2,553 | 2.8 | 6.5 |
| 19.2 | 159.7 | 9.84 | 16.5 | 2,635 | 2.6 | 6.1 |
| 24.3 | 283.5 | 11.84 | 8.0 | 2,268 | 2.2 | 6.1 |

따라서 오이가 몇 마디씩 건너 뛰며 맺히는 성질(飛節性)이 높은 품종일수록 큰 오이열매를 딸 수 있고 수확기간을 길게 할 수도 있다. 오이를 제때(약 20cm 정도) 수확할 수 있는 품종일수록 아들, 손자덩굴이 많이 발생하여 장기간 수확할 수가 있다.

꽃핀 후 수확까지의 일수는 재배조건에도 따르지만 굵은 오이는 7~10일, 가는 오이는 5~6일이 된다.

특히 첫번째 과실은 자라기 전에 따 버리거나 일찍 수확하는 것이 좋다.


# 5. 병충해 방제


오이에 발생하는 병은 15종류가 되는데, 이 주요병에 대한 재배작형에 따른 병 발생정도와 오이의 각종 생리장해 및 병해진단표를 요약하고 주요 병해충에 대한 설명을 덧붙였다.

### <표 1-11> 오이의 작형별 주요 병 발생정도

| 병　　명 | 촉성·반촉성 | 노지조숙 | 억　제 |
|---|---|---|---|
| 버 짐 병 ( 露菌病 ) | ◎ | ◎ | ◎ |
| 돌 림 병 ( 疫病 ) | ○ | ◎ | ○ |
| 회 색 곰 팡 이 병 | ◎ | △ | △ |
| 균 핵 병 ( 菌核病 ) | ◎ | △ | △ |
| 흑 성 병 ( 黑星病 ) | ◎ | △ | ◎ |
| 잘 록 병 ( 立枯病 ) | ○ | ○ | ○ |
| 탄 저 병 ( 炭疽病 ) | ◎ | ◎ | ◎ |
| 덩굴마름병(蔓枯病) | ◎ | ○ | ○ |
| 덩굴쪼김병(蔓割病) | △ | ◎ | ○ |
| 흰 가 루 병 ( 白粉病 ) | ○ | ◎ | ○ |
| 바 이 러 스 ( virus ) | △ | ◎ | ○ |

주) ◎ : 많음, ○ : 중, △ : 적음.

시설오이에서 피해가 큰 것을 버짐병(노균병), 회색곰팡이병(회색미병), 탄저병, 흰가루병 등이다. 이들은 습기가 많으면 발병하기 쉽고 일단 발병되면 방제가 곤란하므로 바닥멀칭과 환기를 잘 하고 약제방제하도록 한다. 잎줄기가 무성하면 아래잎부터 적당히 따내는 것도 예방효과가 크다.

**<표 1-12> 오이의 각종 생리장해 및 병해 진단요령**

| 발생하는곳 | 주 요 증 상 | | 진단결과(주요인) |
|---|---|---|---|
| 가. 잎의 증<br>상과 요인<br>① 윗잎 | • 잎전체<br>　의 황화 | 잎맥사이 황백화 | 철(Fe) 결핍 |
| | | 엷어지며 황화 | 유황(S)결핍 |
| | • 잎 가장자리<br>　의 고사 | 잎맥사이 황백화 | 암모니아과잉 |
| | | 잎가장자리 황갈색 됨 | 칼슘(Ca) 결핍 |
| | | 순멎이, 작아짐, 구부러짐 | 먼지응애피해 |
| | | 일부갈변, 위축 | 붕소(B)결핍 |
| | • 모자이크 모양 - 잎색깔이 짙고 엷은 얼룩모양<br>　모자이크 | | 모자이크병 |
| ② 가운데잎 | • 물에 젖은 것처럼 되었다가 갈색으로 변하고<br>　그 위에 검은 가루가 생김 | | 흑성병 |
| | • 시듦　　잎줄기 모두 시듦 | | 덩굴쪼김병(만할병) |
| | | 시들어 말라 죽음 | 돌림병(역병) |
| | • 잎맥사이 변색　잎가장자리를 남기고 잎맥사이황화 | | 마그네슘(Mg)결핍 |
| | | 잎가장자리 황갈색으로 변함 | 아연(Zn)결핍 |
| | | 둥글고 작은 점무늬 | 황화병 |
| | • 잎맥사이 병무늬　갈색의 작은 점무늬 | | 반점세균병 |
| | | 잎맥에 둘러싸인 갈색병무늬 | 버짐병(노균병) |
| | | 황갈색 둥글고 작은 점무늬 | 탄저병 |
| ③ 아랫잎 | • 잎가장자리고사 | | 칼리(K)결핍 |
| | • 잎가장자리 이상 - 잎가장자리의 말림 | | 붕소과잉 |
| | • 잎맥에 따라 이상 - 황갈색 무늬 | | 망간과잉 |
| | | 잎맥축에 딱지모양이고 담갈색 | 덩굴마름병(만고병) |
| | • 잎맥사이 황화 - 가장자리를 남기고 잎맥사이 황화 | | 마그네슘(Mg)결핍 |

| 발생하는 곳 | 주 요 증 상 | | 진단결과(주요인) |
|---|---|---|---|
| 나. 줄기의 증상과 요인 | • 잎전체 황화 | ┌ 줄기가 회갈색으로 됨 | 덩굴마름병(만고병) |
| | | ├ 줄기가 마르고 흰가루 생김 | 덩굴쪼김병(만할병) |
| | | └ 줄기가 수침상 또는 물러짐 | 돌림병(역병) |
| | • 줄기가 황갈색 또는 암갈색 수침상으로 되며 물러짐 | | 돌림병(역병) |
| | • 굽은 오이 - 비료부족, 일조부족, 건조, 영양불량, 과도한 잎따기 | | |
| | • 곤봉과(先太果) - 곤충의 영향, 수정의 불충분, 영양 불균형 | | |
| | • 뾰죽과 - 수정장해, 고온건조, 초세약화 영양불균형 | | |
| | • 몽땅과 - 접목불완전, 수분공급 부족 | | |
| | • 어깨빠짐과 - 저온, 유전, 영양생장과다 | | |
| | • 묶음과 - 붕소결핍, 고온건조, 꽃눈 발육중 장해 | | |
| | • 터진오이 - 건조후의 급격한 흡수 | | |
| | • 부름과 - 밤온도 높음, 지온높음, 일조 부족 | | |

## (1) 버짐병(노균병, 露菌病)

### ① 병징(病徵)

병무늬는 잎에만 나타나는데 노란 무늬가 잎에 있는 그물맥을 따라 모가 진 모양이며 병무늬가 생긴 잎의 뒷면에 곰팡이가 핀 것을 볼 수 있는 것이 특징이다. 일반적으로 아래잎에서부터 병무늬가 나타나기 시작하여 윗잎으로 번지는 경우가 많다.

### ② 발생환경

오이를 이어짓기하면 병든 잎 속에서 겨울을 지난 병원균의 난포자(卵胞子)나 분생포자가 전염원이 되어 병이 발생하게 된다.

　오이 노균병은 오이 뿐만 아니라 참외, 수박, 호박 등에서도 병을 일으키므로 오이대신 참외를 재배하였던 하우스나 밭에서 병원균이 남아 있다가 전염한다. 보통 바람에 의하여 병원균이 옮겨져서 잎뒷면에 물방울이나 습기가 많아지면 숨구멍(기공·氣孔)을 통하여 침입한다.

　이 병은 특히 질소질비료를 너무 적게 주어 오이의 자람이 나쁠 때 많이 발생하는 경향이며, 일반적으로 공중습도가 높고 기온이 20~24℃가 될 때 피해가 많다.

　③ 방제요령

　이 병의 전염원이 되는 병원균을 없애기 위해서는 병든 잎이 하우스나 밭에 남아있지 않도록 해야 한다. 오이를 수확한 후에는 다음 농사를 위하여 병든 것을 깨끗이 청소하여 뒷관리를 잘 하는 것이 피해를 줄일 수 있는 가장 경제적인 방법이라고 할 수 있다.

　이 병은 질소가 부족할 때 생기기 쉬우므로 질소질비료를 충분히 주고 하우스에서는 과습하지 않도록 관리를 해야 한다. 재배도중 병이 발생하게 되면 발생 초기에 알맞는 농약을 선택하여 잎 뒷면에 농약이 묻도록 충분한 양을 살포하여 주어야 한다.

　오이 노균병을 방제할 수 있는 품목이 고시된 농약으로는 프로피수화제, 리도밀엠지, 코사이드, 다코닐, 캡타폴 등이 있다.

## (2) 잿빛곰팡이병

　① 병원균(Botrytis cinerea)의 특징

　오이 뿐만 아니라 딸기, 토마토, 상추, 들깨 등 많은 채소에서 병을 일으키는 다범성(多犯性) 병원균이다. 이 병원균은 15~27℃에서 잘 자라지만 22℃ 전후가 적온이며, 병무늬 위에 생긴 포자가 바람에 쉽게 날아가 전염된다.

② 병징(病徵)

열매채소에서는 열매, 잎채소에서는 잎에 피해를 주는데 병무늬 위에 잿빛의 곰팡이가 핀 것을 볼 수 있는 것이 특징이다. 오이에서는 꽃이 달려 있다가 잘 떨어지지 않은 꼭지에서부터 발병되는 경우가 많다.

③ 발생환경

노지보다 하우스에 오이를 재배할 때 오이가 약하게 자라고 하우스안이 과습하며 온도가 낮은 것이 병을 생기게 하는 원인이 된다.

병든 열매를 그대로 두면 병원균이 번져서 피해가 늘어나게 된다.

④ 방제요령

하우스안에 병든 오이가 발견되면 즉시 따서 없애버려야 하는데 병든 것을 따서 그대로 들고 나오면 병원균이 바람에 날려 전염되므로 병든 과일을 따 버린 효과를 볼 수 없다.

그러므로 비닐봉지와 같은 것을 준비하여 병든 과일을 넣고 밀봉하여 버리도록 해야 한다. 쓰레기장에 병든 과일을 그대로 남겨두어도 안되므로 땅에 묻거나 병원균이 날아가지 않도록 뚜껑을 하는 것이 좋다.

병든 오이를 제거한 후에는 하우스 안이 과습하지 않도록 관리하고 품목 고시된 농약 중에서 알맞는 것을 선택하여 1주일 간격으로 2~3회 뿌려 주어야.한다.

이 병의 방제농약으로는 프로피수화제(스미렉스), 빈졸수화제(놀란), 디크론수화제가 있다.

## (3) 돌림병(역병, 疫病)

① 병원균(Phytophthora melonis, P. nicotionae var parasitica P. capsici)의 특성

이 병을 발생시키는 병원균에는 오이, 참깨 역병균과 고추역병균(P.

capsici)이 있다. 오이역병균은 유주자낭이라고 하는 주머니를 만들고 그속에 있는 유주자가 물이 많을 때 물을 따라 움직여 식물체에 침입하게 된다. 병원균은 28~30℃일 때에는 유주자낭이 직접 발아하여 식물체를 침입한다.

② 병징(病徵)

오이역병은 모가 어릴 때부터 생기기 시작하는데 땅 가까이에 있는 줄기가 수침상으로 물러지면서 포기 전체가 말라 죽는다. 하우스에서는 잎이나 열매에 커다란 수침상의 병무늬가 생기면서 1~2일 사이에 열매 전체가 썩어버릴 정도로 병세가 빨리 진전되며 병에 걸린 열매위에 하얀 균사가 생기는 것을 볼 수 있다.

호박 등에 접목하여 오이를 재배할 경우 호박은 덩굴쪼김병에는 강하지만 역병에는 걸리기 쉬우므로 역병의 피해를 받을 수 있다.

③ 발생원인

이 병은 밭이 과습한 상태이며 기온이 24℃ 전후가 될 때, 그리고 토양산도가 5~6인 산성땅에서 많이 발생한다.

④ 방제요령

이 병을 예방하려면 무엇보다 배수가 잘 되도록 이랑을 만들어 주고 병원균이 땅표면 위로 튀어오르지 않도록 멀칭을 하는 것이 좋으며 특히 이 병이 심했던 곳에는 하우스를 만들지 않는 것이 좋다. 물론 오이를 재배하기 전에 토양을 훈증소독하는 방법도 있으며 작물을 재배하는 동안 이 병이 생기면 발병초기에 디포라탄수화제 1,000배액을 뿌려주는 방법도 있으나 우리나라에서는 박과 채소의 역병에 쓸 수 있는 농약이 아직 품목 고시되어 있지 않다. 그러나 고추 역병에 쓸수 있는 농약으로는 리도밀동수화제, 프리엔(파모액제), 쿠퍼수화제(코사이드) 등이 있다.

# (4) 모잘록병(立枯病)

① 병원균(Pythium debaryanum, Rhizoctonia solani)의 특징
두 종류의 곰팡이가 모두 토양전염되는 병원균이며, 오이 뿐만 아니라 많은 종류의 채소에서 잘록병을 일으킬 수 있는 균이므로 모판에서 관리를 잘 못하면 피해가 큰 병해이다.

② 병징(病徵)
병원균이 많은 흙을 상토로 쓰게 되면 무엇보다 오이 등의 발아율을 떨어뜨리는 원인이 된다. 일반적으로 피시움(Pythium)균에 의하여 어린모가 쓰러지는 것을 보면 땅가까이에 있는 줄기가 물러지면서 과습할 경우에는 하얀 솜모양의 곰팡이가 핀다.
라이족토니아(Rhizoctonia)균에 의하여 모가 쓰러질 때에는 무르는 증상보다는 줄기 겉조직이 부서지는 것처럼 색깔이 변한다. 두 병원균을 간단히 구별하기 위해서는 병든 포기를 비닐봉지에 담아 밀봉하고 2~3일 두었을 때 솜같은 곰팡이가 피는 것이 피시움(Pythium)에 의한 잘록병이다.

③ 발생환경
병원균이 많은 흙을 상토로 쓰기 때문에 생기며 모판이 과습하고 온도가 낮을 때 많이 발생한다.

④ 방제요령
작물을 재배하지 않은 흙을 상토로 쓰거나 상토소독을 하여 모를 길러야 한다. 모를 기를때 병이 발생하면 농약을 뿌려주어야 하는데 가지란 수화제나 다찌에이스 액제나 분제를 흙과 잘 섞어서 사용한다.
모를 기르는 기간에는 잘록병균 뿐만 아니라 종자전염되는 다른 병원균에 의하여 이 병이 발생할 수도 있으므로 베노람수화제 200~300배액에 담갔다 건져 파종하거나, 종자 1kg당 약 4g을 분의소독(粉衣消毒-약 가루를 씨앗에 묻혀 소독하는 것)하여 파종하는 것이 좋다.

채소종자 소독약으로 많이 사용되고 있는 것은 베노람수화제(벤레이트티) 외에도 종자소독약 수화제 2호 (호마이)가 있는데 호마이는 종자 1kg에 5g(0.5%)의 비율로 분의소독하는 것이 좋다.

약물에 담구는 소독은 파종하기 직전에 하는 것이 좋다.

## (5) 탄저병(炭疽病)

### ① 병원균(Glomerella lagenarium)의 특성

자낭균에 속하며 23℃ 전후에서 잘 자라는 균이다. 종자전염도 될 수 있지만 주로 병무늬위에 생긴 포자덩어리로 병든 잎과 함께 남아있다가 전염된다. 비가 올 때 또는 물방울이 맺혀 떨어질 때 병원균이 함께 옮겨진다. 즉, 잿빛곰팡이처럼 바람만 불어도 잘 전염되는 병원균은 아니다.

### ② 병징(病徵)

열매에 주로 피해를 주지만 잎 줄기에도 병무늬가 생긴다.

잎에 나타나는 병무늬는 황갈색의 둥근 무늬로 나타나고, 병무늬 가운데가 잘 찢어져 구멍이 뚫리게 된다. 줄기에도 비슷한 병무늬가 생기고 줄기나 병든 과일에 검은 점과 같은 병무늬가 생긴다.

### ③ 발생환경

하우스에서는 비교적 발병이 적으나 노지재배를 할 때 6월경에 많이 발생하는데 그 이유는 병원균이 빗물에 의하여 잘 전염되기 때문이다. 그러나 하우스에서도 위에서 물을 살포하여 주면 발생하기 쉬우며 노지에서도 비가 자주 오고 기온이 낮을때 발생하기 쉽다. 질소질 비료를 너무 많이 주어 잎이 무성하게 되면 이 병은 더 많이 발생된다.

### ④ 방제요령

발생초기에는 농약을 살포하여 주어야 되는데 우리나라에서는 오이에 품목고시된 것이 없으나 수박에는 프로피수화제를 사용한다.

## (6) 흰가루병(白粉病)

### ① 병원균(Sphaerotheca fuliginea)의 특성

자낭균에 속하는 군으로 순활물기생균(純活物寄生菌)이다. 오이 뿐만 아니라 호박, 멜론, 참외, 수박 등의 흰가루병도 같은 병원균에 의하여 생기는 병해이다.

### ② 병징(病徵)

잎에 흰가루가 생기는 병으로서 병원균의 흰가루는 균사(菌絲), 분생자경(分生子梗)과 포자(胞子)이며 병징이 오래된 것에서 까만색의 돌기같은 것이 생기는 것은 병원균이 자라서 날씨가 서늘할 때 생기는 자낭이다.

### ③ 발생환경

건조할 때 생기는 병이므로 하우스안이 과습하게 되면 노균병이나 잿빛곰팡이병은 많이 발생되지만 반대로 흰가루병은 잘 발생하지 않는다.

그러나 비가림만 해 준 하우스에서는 이 병이 많이 발생하는 경우도 있다.

### ④ 방제요령

흰가루병은 농약을 살포하여 주면 쉽게 방제할 수 있는 병해이다. 샤프롤유제, 피라조유제(아프칸), 훼나리유제, 티디폰유제(바리톤), 지노멘 수화제(모레스탄) 등의 농약이 있다.

## (7) 덩굴 쪼김병(蔓割病)

### ① 병징(病徵)

포기전체가 시들어 죽는 병으로서 어릴 때보다 오이가 달리기 시작하면서 죽기 때문에 피해가 큰 병이다. 처음에는 병에 걸린 포기가 시들시들하다가 병이 심해지면 아랫 줄기가 황갈색으로 변하며 끈끈한 진물이 나오는 것을 볼 수 있다. 병이 걸린 포기의 뿌리나 줄기를 잘라보면 유관속(維管束)이 갈색으로 썩어있는 것을 볼 수 있다.

② 발생환경

오이를 이어짓기하고 질소질비료를 너무 많이 주게 되면 많이 발생하며 땅의 온도가 20℃ 이상이 되고 비가 자주 온 후에 날씨가 화창해지고 건조할 때 병든 포기가 많이 나타나는 경우도 있다.

③ 방제요령

병원균을 없애버리거나 병에 걸리지 않는 호박이나 박을 대목으로 하여 접목재배하는 방법으로 이 병을 예방할 수 있다. 오이를 재배하는 동안 병이 생기는 것은 농약으로도 방제하기가 힘들다.

병원균이 종자를 통하여 전염될 수도 있으므로 종자소독을 하고 오이를 재배할 밭이나 하우스는 싸이론훈증제로 토양을 소독해야 한다. 훈증효과를 높이기 위해서는 농약의 사용방법, 처리조건 등을 농약병에 표기된 대로 따라야 한다.

덩굴쪼김병은 곰팡이 자체만으로도 병을 일으킬 수 있지만 선충이 많아져서 뿌리 등에 상처를 줄 때 병균이 쉽게 침입할 수 있어 피해가 커진다. 토양훈증소독은 이러한 선충을 죽이는 효과도 얻을 수 있다.

이어짓기를 하여 병원균이 많아진 곳에서도 흑종호박에 접목하여 재배하여야 한다. 박이나 신토좌 등도 대목으로 이용할 수 있다.

# 제2장  토마토(tomato)

## 1. 국내 생산 및 수급현황

**<표 2-1> 토마토의 연도별 재배면적 및 생산량**

| 연 도 | 재배면적(ha) | | 10a 수량 (kg) | | 총생산량(t) | |
|---|---|---|---|---|---|---|
| | 전 체 | 시 설 | 전 체 | 시 설 | 전 체 | 시 설 |
| 1990 | 2,485 | 1,992 | 3,124 | 3,180 | 77,728 | 63,337 |
| 1992 | 3,101 | 2,423 | 3,787 | 3,962 | 117,438 | 95,998 |
| 1994 | 3,619 | 3,021 | 4,109 | 4,285 | 148,703 | 129,458 |
| 1995 | 3,927 | 3,334 | 4,518 | 4,749 | 177,413 | 158,333 |
| 1996 | 4,044 | 3,828 | 5,513 | 5,636 | 222,943 | 215,756 |
| '96시설비율(%) | | 94.6 | | 102 | | 96.8 |

## (1) 수출입 대응방안

가. 생식용 토마토의 품질을 개선하여 소비시장에서의 가격 차별화를
유도해야 한다.

### <표 2-2> 한국과 일본의 생식용 품종 특성 비교

| 시 장 | 수확때 익은 정도 | 익었을 때 단단하기 | 열매무게(특품g) |
|---|---|---|---|
| 일 본 | 완 숙 | 단단함 | 150~200g |
| 국 내 | 미 숙 | 무름 | 250g 이상 |

우리나라는 푸른상태일 때 따기 때문에 일본보다 상대적으로 맛과 영양이 떨어지고, 품종특성상 완숙했을 때는 물러 취급이 나쁘다. 근래는 우리나라도 소비자 기호도가 완숙형으로, 크기도 중간형으로 바뀌고 있다.

나. 시설환경 개선에 의한 수확기 연장(고단재배 기술도입) 및 품질개선 을 위한 기술을 도입해야 한다.

① 장기 고단재배 기술개발 및 확립

### <표 2-3> 장기 고단재배법 확립에 대한 정지법별 수량성 비교　(kg/10a)

| 품종 | 정지법 | 상품과 | | 비상품과 | 총 계 | |
|---|---|---|---|---|---|---|
| | | 수량(kg) | 지수(%) | 수 량 | 수 량 | 지수(%) |
| 모모따로 | 줄기내림법 | 2,714 | 128 | 488 | 4,202 | 114 |
| (도태랑) | 측지이용법 | 2,614 | 90 | 437 | 3,051 | 82 |
| | 경사유인법 | 2,983 | 100 | 808 | 3,702 | 100 |
| 강 육 | 줄기내림법 | 2,533 | 145 | 914 | 3,447 | 128 |
| | 측지이용법 | 2,486 | 142 | 680 | 3,166 | 117 |
| | 경사유인법 | 1,747 | 100 | 949 | 2,696 | 100 |

주) 송등, 1990, 원예시험장, 시험연구보고서

② 시설환경 개선 주요 투입요인 : $CO_2$ 시비로 품질 향상

**<표 2-4> 탄산가스 시용에 의한 생산량 비교**

| 구 분 | 관 행 | 탄산가스 시용 |
|---|---|---|
| 수 량(kg/10a) | 6,255(100%) | 8,637(138) |
| 상 품 과 율 ( % ) | 67 | 80 |
| 품 질 | 공동과 많이 발생 | 공동과 발생 감소 |

③ 수막 하우스에 의한 보온관리로 경영개선 효과

**<표 2-5> 수막보온 하우스에 의한 경영개선 효과**

| 구 분 | 비 용 (원) | | | | 수량 (kg/10a) | 온도 (℃) |
|---|---|---|---|---|---|---|
| | 계 | 살수비용 | 연료대 | 전기료 | | |
| 수막하우스 | 99,449 | 64,846 | - | 34,623 | 6,107 | 12.4 |
| 관 행 | 667,923 | - | 167,923 | - | 5,757 | - |
| 차 | 568,474 | 64,846 | 667,923 | 34,623 | 350 | - |

주) 외기온이 -7.6℃ 인 경우

# 2. 생태적 특성과 재배환경

## (1) 기상조건

생육적온은 야간 17℃, 주간 23~28℃, 생리적인 최고한계는 35℃라고 한다. 또, 저온에도 잘 견디어 순화만 되면 밤에 10℃라도 자라며 경제적으로는 8℃가 한계이다.

꽃눈의 착생이나 과실의 발육은 생육적온보다 약간 낮아 최저온도 12℃ 전후에서 경과한 쪽이 착생과 비대가 좋아진다. 꽃밥(약·葯)이 벌어지는 최저온도는 15℃이며, 꽃가루가 죽는 최저온도는 5℃, 30℃ 이상이 되면 기능이 떨어진다고 한다. 꽃눈이 분화되기 전부터 초기에 걸쳐 10℃ 이하에서 10일 이상으로 계속 만나면 난형과(亂形果)가 발생하기 쉬워진다.

다른 작물보다 강한 빛을 좋아하며 빛에 대한 반응은 민감하다. 햇빛에 대한 포화점(飽和點)은 70klux, 보상점(補償點)은 1klux라고 한다.

시설내의 광선투과율은 유리하우스에서 80%, 비닐하우스에서는 70% 이하의 경우가 많으므로 동지(冬至)때 태양이 하늘 한가운데 있을 때에도 비닐하우스에서는 광포화점에 달하지 못하는 수가 많다.

햇빛의 세기가 약하면 꽃가루의 활력이 저하되어 불임화분(不稔花粉)이 발생하기 쉽다. 따라서 착과초기는 일조부족에 의한 낙화, 변형, 비대억제가 종종 보인다.〈표 2-6참조〉

**<표 2-6> 광도와 토마토의 낙과율**  (단위 : %, 藤井, 1948)

| 구분\광도 | 100 | 75 | 50 | 25 | 15 |
|---|---|---|---|---|---|
| 제1화방 | 10.8 | 30.2 | 38.9 | 63.3 | 73.5 |
| 제2화방 | 11.7 | 45.5 | 68.2 | 74.9 | 100.0 |
| 제3화방 | 23.1 | 38.7 | 81.8 | 91.6 | 100.0 |
| 평    균 | 15.2 | 38.6 | 62.9 | 77.8 | 91.1 |

## (2) 토양 적응성

작토가 깊고 보수력이 있는 양토 또는 식양토에서 생육이 좋고, 건조하기 쉬운 사질토양에서는 수량이 낮으며, 토양 수분이 많을 경우 총수량은 증가하나 기형과가 많이 발생하여 상품수량이 떨어진다.

토마토는 건조에 강한 편이지만 너무 건조하면 낙화현상과 배꼽썩이병이 많이 발생하고 과습은 풋마름병과 역병 등을 발생시킨다.

토양산도는 pH6.5~7.0이 적합한데 pH 6.0 이하의 경우 석회시용을 하면 효과적이다.

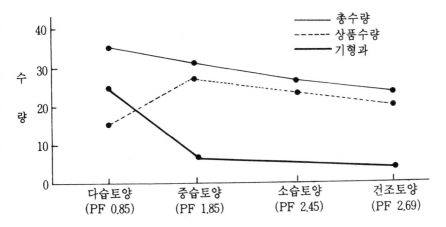

<그림 2-1> 토양수분과 품질별 수량과의 관계

# 3. 작형과 품종

## (1) 작형

토마토는 전국에 걸쳐 다양한 작형이 개발되어 있어 연중 신선한 토마토를 먹을 수 있다. 현재 우리나라의 작형은 〈표 2-7〉과 같다.

### <표 2-7> 작형의 재배양식

| 작 형 | 재배지역 | 파종기 | 아주심기 | 수확기 |
|---|---|---|---|---|
| 촉 성 재 배 | 제주, 남해안 | 9 ～ 10 월 | 11～12월 | 2 ～ 5 월 |
| 반 촉 성 재 배 | 남　　부 | 12상～12중 | 2 중 ～ 2 하 | 5 상 ～ 6 하 |
| 〃 | 중　　부 | 1 상 ～ 1 중 | 3 중 ～ 3 하 | 5 중 ～ 7 상 |
| 조 숙 재 배 | 전　　국 | 2 하 ～ 3 상 | 4 하 ～ 5 상 | 6 ～ 8 월 |
| 억 제 재 배 | 고 랭 지 | 4 중 ～ 5 상 | 6 중 ～ 7 상 | 8 ～ 10 월 |
| 〃 | 남　　부 | 7 ～ 8 | 8 ～ 9 월 | 10～11월 |

## 가. 촉성재배

육묘 초기는 고온기에 해당하므로 착화수가 적고 꽃도 빈약하다. 정식 후 온도가 낮고 일사량이 부족하기 때문에 과일을 빨리 비대시키는 경우 아래 화방의 과실은 조부병 발생이 많고, 4~5 화방의 과실은 기형과나 공동과가 되기 쉽다.

한 겨울에 착과시키는 것이므로 적온 유지와 일조 관리에 세심한 주의가 필요한데, 온도관리는 낮 25~30℃, 밤 12~15℃, 지온 17℃를 목표로 한다.

**<표 2-8> 남부지방 촉성재배력**

| 월별 | 9월 상/중/하 | 10 상/중/하 | 11 상/중/하 | 12 상/중/하 | 1 상/중/하 | 2 상/중/하 | 3 상/중/하 | 4 상/중/하 | 5 상/중/하 | 6 상/중/하 |
|---|---|---|---|---|---|---|---|---|---|---|
| 작부시기 | ○------ | -- X ☻ ☼ | --- | --- | --- | --- | ▦▦▦ | ▦▦▦ | ▦▦▦ | |
| 주요작업 | 파종 | 옮겨심기·하우스설치 / 아주심기준비·비닐덮기 | 가온·측지제거 / 아주심기·보온·받침대설치 | 방제·측지제거 / 물주기시작·착과제처리·웃거름 | 김매기작업 / 웃거름 | 수확시작·순지르기·방제철저 | 웃거름 | 웃거름·가온중지·비닐커튼제거 | 수확완료 | 밭정리·자재소독 |

주) ○ : 파종 , × : 아주심기, ☻ : 보온, ☼ : 가온, ▦ : 수확

## 나. 반촉성재배

우리나라에서 가장 많이 재배되는 작형으로 하우스 외부에 섬피 등을 2~3중으로 피복하여 가온을 하지 않고 재배한다.

육묘기는 기온이 낮기 때문에 기형과 발생의 우려가 많으므로 저온에 강한 품종을 선택하는 것이 좋다.

최저온도를 10℃로 관리해 주어야 한다.

### <표2-9> 남부지방 반촉성재배력

| 월별 | 11 | | 12 | | | 1 | | | 2 | | | 3 | | | 4 | | | 5 | | | 6 | | | 7 | |
|---|---|---|---|---|---|---|---|---|---|---|---|---|---|---|---|---|---|---|---|---|---|---|---|---|---|
| | 중 | 하 | 상 | 중 | 하 | 상 | 중 | 하 | 상 | 중 | 하 | 상 | 중 | 하 | 상 | 중 | 하 | 상 | 중 | 하 | 상 | 중 | 하 | 상 | 중 |
| 작부시기 | ○ | - | - | - | - | - | - | - | × | ☀ | | | | | | | | ▦ | ▦ | ▦ | | | | | |

주요작업: 하우스설치·파종준비·온상설치 / 파종 / 이중커튼설치·옮겨심기·온상육묘 / 옮겨심기·온상육묘 / 아주심기준비 / 아주심기·보온 / 반침대설치·유인 / 측지제거·착과제처리 / 웃거름·방제시작 / 순지르기·커튼제거 / 웃거름 / 잎따주기 / 수확시작 / 수확완료 / 밭정리·자재소득

주) ○ : 파종, × : 아주심기, ☀(●) : 보온, ☀ : 가온, ▦ : 수확

### <표 2-10> 중부지방 반촉성재배력

| 월별 | 12 | | 1 | | | 2 | | | 3 | | | 4 | | | 5 | | | 6 | | | 7 | |
|---|---|---|---|---|---|---|---|---|---|---|---|---|---|---|---|---|---|---|---|---|---|---|---|
| | 중 | 하 | 상 | 중 | 하 | 상 | 중 | 하 | 상 | 중 | 하 | 상 | 중 | 하 | 상 | 중 | 하 | 상 | 중 | 하 | 상 | 중 |
| 작부시기 | ○ | - | - | - | - | - | - | × | ☀ | | | | ▦ | ▦ | ▦ | | | | | | | |

주요작업: 하우스설치·파종준비·온상설치 / 파종 / 이중커튼설치·옮겨심기·온상육묘 / 옮겨심기·온상육묘 / 아주심기준비 / 아주심기·보온 / 반침대설치·유인 / 측지제거·착과제처리 / 웃거름·방제시작 / 순지르기·커튼제거 / 웃거름 / 수확시작 / 웃거름·잎따주기 / 밭정리·자재소득·수확완료

주) ○ : 파종, × : 아주심기, ●(☀) : 보온, ☀ : 가온, ▦ : 수확

### <표 2-11> 고랭지 억제재배력

| 월별 | 4 상 | 4 중 | 4 하 | 5 상 | 5 중 | 5 하 | 6 상 | 6 중 | 6 하 | 7 상 | 7 중 | 7 하 | 8 상 | 8 중 | 8 하 | 9 상 | 9 중 | 9 하 | 10 상 | 10 중 | 10 하 |
|---|---|---|---|---|---|---|---|---|---|---|---|---|---|---|---|---|---|---|---|---|---|
| 작부시기 | ○----------------×———————————————▦▦▦▦▦———————— | | | | | | | | | | | | | | | | | | | | |
| 주요작업 | 파종준비 / 파종 | | | | 옮겨심기 | | 아주심기준비 / 아주심기·비닐덮기 / 반침대설치·유인 / 측지제거 | | | 방제시작·착과제처리 / 물주기·웃거름 | | | 수확시작 / 웃거름·순지르기 | | | | | | 수확완료 / 밭정리·자재소독 | | |

주) ○ : 파종 , × : 아주심기, ▦ : 수확

## 다. 억제재배

### <표 2-12> 남부지방 시설억제재배력

| 월별 | 6 상 | 6 중 | 6 하 | 7 상 | 7 중 | 7 하 | 8 상 | 8 중 | 8 하 | 9 상 | 9 중 | 9 하 | 10 상 | 10 중 | 10 하 | 11 상 | 11 중 | 11 하 | 12 상 | 12 중 | 12 하 | 1 상 | 1 중 | 1 하 |
|---|---|---|---|---|---|---|---|---|---|---|---|---|---|---|---|---|---|---|---|---|---|---|---|---|
| 작부시기 | ○------×———————————————▦▦▦▦▦◉————————— | | | | | | | | | | | | | | | | | | | | | | | |
| 주요작업 | 파종상준비 | | | 파종 / 냉상육묘 / 옮겨심기·방제 | | | 하우스설치·아주심기 / 방제시작 / 반침대세우기·유인 | | | 물주기·웃거름 / 김매기 | | | 웃거름·하우스피복 | | | 잎따주기 | | | 가온시작 / 이중커튼설치 / 수확완료 / 밭정리·자재소독 | | | | | |

주) ○ : 파종 , × : 아주심기, ◉ : 보온, ▦ : 수확

정식후 10월경에 기온이 내려가면 하우스를 피복하여 보온해 주는 작형으로 수확 말기에 기온이 낮고 일조량이 부족하기 때문에 저온에서 착색이 잘되고 조부병 발생이 적은 품종을 선택하는 것이 유리하다.

주의할 점은 고온기에 육묘, 이식하는 것이므로 제1화방이 낙화하기 쉬우므로 통풍이 잘 되고 서늘한 장소에서 육묘하는 것이 중요하다.

### 라. 조숙재배

정식후 30~40일 제1화방의 과실이 비대되기 시작할 때까지 터널을 하여 보온하고 늦서리가 지난후 터널을 제거하여 노지상태에서 재배하는 방법으로 육묘기는 저온이기 때문에 기형과 발생이 많고 연작지에 시들음병 피해가 많으니 주의해야 한다.

**<표 2-13> 조숙재배력**

| 월별 | 2 | | | 3 | | | 4 | | | 5 | | | 6 | | | 7 | | | 8 | | |
|---|---|---|---|---|---|---|---|---|---|---|---|---|---|---|---|---|---|---|---|---|---|
| | 상 | 중 | 하 | 상 | 중 | 하 | 상 | 중 | 하 | 상 | 중 | 하 | 상 | 중 | 하 | 상 | 중 | 하 | 상 | 중 | 하 |
| 작부시기 | | | ○----------------------×———————————————▦▦▦▦▦▦▦▦▦▦▦▦ | | | | | | | | | | | | | | | | | | |
| 주요작업 | 온상설치 | 파종준비 | 파종 | 이식상준비 | 옮겨심기 | | 아주심기준비 · 비닐덮기 | 아주심기 | | 받침대세우기 · 웃거름 · 유인 | 측지제거 | 방제 | 물주기 | 웃거름 | 수확시작 | 웃거름 · 순지르기 | | | 밭정리 · 자재소독 | 수확완료 | |

주) ○ : 파종 , × : 아주심기, ▦ : 수확

## (2) 품종

토마토 품종은 일반조숙재배 품종을 제외하고는 대부분을 수입종에 의존하고 있는데 최근에는 방울토마토 품종의 도입과 일반토마토도 장기 다단식 재배품종에 대한 시험재배도 하고 있다.

### <표 2-14> 시설에서 요구되는 토마토 품종의 특성

| 작 형 | 내저온 약 광 | 조숙성 | 수량성 | 내병성 | 강건성 | 내밀식성 | 대과성 | 수송성 | 내열과성 |
|---|---|---|---|---|---|---|---|---|---|
| 반촉성재배 | ○ | ◎ | ○ | ○ | · | ◎ | · | · | · |
| 조 숙 재 배 | · | ◎ | ◎ | ○ | · | ○ | ○ | ○ | ○ |
| 억 제 재 배 | · | · | ○ | ◎ | ◎ | · | ◎ | · | ◎ |
| 보 통 재 배 | ○ | · | · | ◎ | | · | · | · | · |

**<표 2-15> 주요 토마토 품종특성**　　　　　　　　　(국내산)

| 품종명 | 종묘사 | 등록년월 | 품종특성 | | | | | | |
|---|---|---|---|---|---|---|---|---|---|
| | | | 숙기 | 재배형 | 과피색 | 과 형 | 과고(㎝) | 과경(㎝) | 과중(g) |
| 서 광 | 홍농 | 86.5 | 중조 | 반 촉 성 | 도 | | 5~6.5 | 8~9 | 190~220 |
| 영 광 | 〃 | 86.7 | 만 | 조 숙 | 도 | | 5~6.5 | 8~9 | 190~230 |
| 풍 광 | 〃 | 92.6 | 조 | 반 촉 성 | | | | | 200~220 |
| 세 계 | 서울 | 92.9 | 조 | 촉 성 | 도 | | | 7~9 | 190~240 |
| 일 광 | 〃 | 86.11 | 조 | 조 숙 | 도 | | 5~8 | 7~10 | 150~200 |
| 광 수 | 중앙 | 86.7 | 조 | 반촉성(조숙) | | | 6~7 | 6~7 | 210~250 |
| 강 육 | 〃 | 86.5 | 중 | 반촉성(노지) | 적 | | 5.5~6.5 | 5.3~6.5 | 200~240 |
| 완 숙 | 한농 | 95.12 | 조 | 반 촉 성 | 적 | | 6~6.5 | 6.3~6.8 | 200~220 |
| 광 명 | 〃 | 86.11 | 중 | 반 촉 성 | 도 | | 5.5~6.5 | 6.5~7.5 | 170~190 |
| 풍 영 | 〃 | 83.8 | 중 | 반 촉 성 | 홍도 | | 5.5~6.5 | 6.5~8.0 | 200~210 |
| 선 명 | 농우 | 88.11 | 조 | 조숙(반촉성) | 도 | | 6~7 | 7~9 | 220~250 |
| 홍 도 | 〃 | 95.12 | 조 | 반 촉 성 | 적 | | 5.5~6.5 | 7.5~8.5 | 190~230 |
| 홍 영 | 〃 | 95.12 | 조 | 반 촉 성 | 적 | | 5.7~7.0 | 7.5~8.5 | 210~250 |
| 조 명 | 동원 | 86.5 | 조 | 조 숙 | 홍 | | 4.1~4.9 | 5.4~6.6 | 170~190 |
| 방울토마토 | | | | | | | | | |
| 루 비 | 중앙 | 87.10 | 조 | 반 촉 성 | | 럭비공형 | 3.4~4 | 2.8~3.3 | 15~20 |
| 꿀 | 〃 | 87.10 | 조 | 반 촉 성 | 적 | 구 형 | 2.8~3.5 | 3~4 | 15~20 |
| 뽀 뽀 | 서울 | 89.11 | 조 | 반 촉 성 | 적 | 구 형 | | 2.5~3 | 16~20 |
| 알알이 | 〃 | 92.9 | 조 | 반 촉 성 | 선홍 | 구 형 | | 2.5~2.7 | 16~18 |
| 토 토 | 한농 | 95.12 | 조 | 반 촉 성 | 적 | 구 형 | 3.0~3.3 | 3.0~3.3 | 14~17 |
| 홍초롱 | 〃 | 93.8 | 조 | 반 촉 성 | 적 | 타원형 | 3.0~3.2 | 3.0~3.2 | 18~22 |
| 주 옥 | 농우 | 95.11 | 조 | 반 촉 성 | 적 | 구 형 | 2.3~3.5 | 2.3~3.3 | 18~25 |

앞에는 국내 토마토 품종의 특성을 소개하였는데 현재 일본품종을 많이 재배하고 있으므로 도태랑(桃太郞-모모따로)을 중심으로 소개한다.

### <표 2-16> 일본산 토마토 품종특성

| 품종명 | 종묘사 | 과 형 | 과피색 | 과중(g) | 비 고 |
|---|---|---|---|---|---|
| 하우스도태랑 | 다끼이 | 요고(腰高) | 농도(濃桃) | 200~210 | 하우스용, 착과성 뛰어남, 완숙용 |
| 도태랑요크 | 〃 | 요고풍원 | 농도 | 220 | 하우스(억제) 완숙용 |
| 도 태 랑 | 〃 | 요고 풍원 | 농도 | 220 | 노지 비가림재배, 완숙용 |
| 도 태 랑 8 | 〃 | 풍원 | 농도 | 210~220 | 노지 비가림재배, 완숙용 |
| 도태랑 T93 | 〃 | 요고 | 농도 | 210 | 노지재배, 완숙용 |
| 홈 도 태 랑 | 〃 | 요고 | 농도 | 200~210 | 가정용 텃밭재배, 완숙용 |
| 강 력 미 수 | 〃 | 원 | 도 | 210 | 내서성, 내병성 강 |
| 강력미수2호 | 〃 | 요고풍원 | 도 | 240 | 공동과 적고 절간 짧다 |
| 풍 용 | 〃 | 요고풍원 | 농도 | 220 | 열매 균일 |
| 하우스오도리꼬 | 사까다 | 요고 | 도 | 200 | 하우스 촉성용 |
| 서 광 1 0 2 | 〃 | 요고풍원 | 농도 | 200 | |

※ 방울토마토는 꼬꼬, 뻬뻬, 삐꼬, 캐롤 계통(오렌지캐롤, 캐롤7, 이에로캐롤, 미니캐롤) 등이 있으니 특성을 잘 알고 구입해야 한다.

## 4. 재배기술

### (1) 육묘

#### ① 파종(播種)
발아율은 25℃ 전후가 좋으나 균일하게 발아시키기 위해서는 30℃ 전후가 좋다.

온수난방에서는 방열파이프 위에 파종상자를 놓아도 발아가 잘 된다.

10㎖당 종자수는 약 500알이 되므로 10a당 반촉성재배에서는 1㎗, 억제재배에서는 70㎖의 종자를 준비한다.

종자는 소독하도록 하고 최아를 하면 발아가 고르다.

파종상이나 파종상자는 흙의 두께를 5~7cm로 하고 5~7cm간격으로 줄뿌리기를 한다. 고온기에는 깔짚을 덮어 건조를 막고 저온기에는 비닐 등으로 덮는다.

낮에 고온이 되면 해가림을 하여 발아까지는 환기하지 않는다.

30℃로 3~4일이면 발아하므로 발아후는 충분히 환기하여 웃자람을 막고 상온을 낮에는 25~28℃, 밤에는 15~16℃로 유지하여 웃자라지 않도록 하는 것이 중요하다.

저온기의 육묘에서는 저온에 대한 순화를 위하여 발아후부터 낮은 온도로 육묘하는 수도 있으나 제1화방 분화가 시작되는 본엽 2.5매 무렵까지는 약간 높게 해서 모의 생육을 진전시키는 것이 육묘기간이 단축되면서도 고르게 자란다.

관수는 파종한 다음 매일 1회 오전중에 주는 것이 좋다.

② 상토(床土)

초기의 뿌리군의 발육을 돕는 의미에서 상토의 물리성이 좋아야 하고 토양전염병충해를 막기위해 위생적인 흙이나 퇴비를 쓰는 것도 중요하다.

상토는 산흙이나 논흙 50%에 대해 퇴비 50%의 비율로 혼합하여 몇 개월전에 퇴적해 두었다가 쓴다.

비료는 상토 1㎡당(모판 10㎡분) 계분 15kg, 용성인비 3kg을 사용하여 1개월 이전에 뒤집을 때 혼합해 둔다.

③ 옮겨심기

꽃눈 분화는 본엽 2.5매 무렵부터 시작하므로 이 무렵 이후에 이식하면 식상에 의해 분화가 늦어지거나 꽃수가 적어질 우려가 있다.

따라서 1회째의 이식은 꽃눈의 분화전인 파종 2주일 쯤 되는 본엽 1.5매 경에 15×15cm 간격으로 한다.

시설재배는 대부분의 경우 파종상에서 직접 분에 이식하여 그대로 정식까지 육묘해도 된다.

다만 반촉성재배용의 묘는 육묘기간이 70일 전후로 하여, 제1화방 개화전의 큰 묘로 키우기 위해 1회째 이식할 때 바로 포트에 심으면 노화묘(老化苗)가 될 우려가 있으므로 1회째는 평상(平床)에 이식하고 본엽 4~5매될 때인 2회째의 이식 때 포트에 심기도 한다.

이식후의 활착을 좋게 하기 위한 적정지온은 25℃ 전후가 되므로 이식전의 지온은 20℃ 전후로 유지하는 것이 좋다.

물론 지온과 함께 기온도 이식후는 활착까지 밤낮으로 2~3℃ 높게 관리하도록 한다.

상토 혹은 분토(盆土)는 이식예정 며칠전에 넣고 시설 온도를 높게 관리하여 지온을 충분히 올려 둔다.

육묘분은 억제재배에서는 12cm분, 반촉성재배에서는 15cm분을 쓴다.

④ 묘의 관리

좋은 묘의 성질은 정식장소의 환경에 따라 달라진다. 육묘전반은 적정환경에서 잘 자라고 꽃눈도 잘 생긴다.

본잎 4~5매가 될 때까지는 지온 20℃, 기온은 낮에는 25~28℃, 밤에는 15℃ 전후로 하고 이식후는 활착때까지 지온과 밤온도를 2~3℃ 높게한다.

억제나 촉성재배에서는 정식까지 이 온도를 지내도 되지만 반촉성재배에서는 상당히 불량한 조건에서 정식되는 수가 많으므로 본잎 4~5매 때부터 각각 정식시의 환경에 따른 순화가 필요하다.

정식전 며칠간은 본포에서 닥치게 될 온도, 토양수분 등을 고려하여 비슷한 환경을 만들어 주는 것이 좋다.

관수량을 줄이고 온도도 10℃ 정도까지 낮춘다.

## <표 2-17> 굳힘정도가 토마토 생육 및 수량에 미치는 영향

| 재배방식 | 굳힘 정도 | 정식시 모종 상태 | | | | 조기수량 (kg) | 총수량 (kg) |
|---|---|---|---|---|---|---|---|
| | | 초장 (cm) | 잎줄기 무게 (g) | 뿌리무게 (g) | 건물률 (%) | | |
| 하우스 | 강 | 31.9 | 52.8 | 6.3 | 10.3 | 6.0 | 18.6 |
| | 중 | 39.0 | 58.2 | 5.4 | 11.2 | 8.0 | 10.5 |
| | 약 | 43.0 | 73.8 | 8.8 | 9.6 | 8.2 | 21.3 |
| 터 널 | 강 | 43.5 | 87.2 | 4.2 | 2.4 | 10.5 | 31.3 |
| | 중 | 47.5 | 94.2 | 5.4 | 8.6 | 8.7 | 25.0 |
| | 약 | 47.8 | 94.5 | 4.8 | 8.4 | 7.6 | 18.0 |

## <표 2-18> 육묘시 묘상온도 및 작업관리 요령

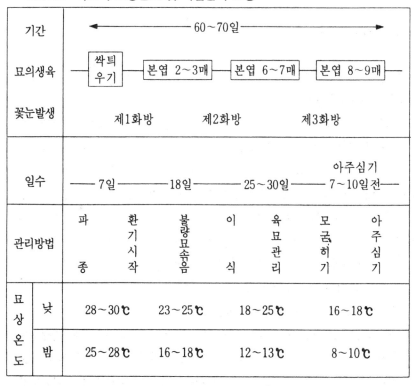

| 기간 | ← 60~70일 → | | | |
|---|---|---|---|---|
| 묘의생육 | 싹틔우기 | 본엽 2~3매 | 본엽 6~7매 | 본엽 8~9매 |
| 꽃눈발생 | 제1화방 | 제2화방 | 제3화방 | |
| 일수 | — 7일 — | — 18일 — | — 25~30일 — | 아주심기 7~10일전 — |
| 관리방법 | 파종 | 환기시작 | 불량묘솎음 | 이식 / 육묘관리 / 모굳히기 / 아주심기 |
| 묘상온도 낮 | 28~30℃ | 23~25℃ | 18~25℃ | 16~18℃ |
| 묘상온도 밤 | 25~28℃ | 16~18℃ | 12~13℃ | 8~10℃ |

## (2) 정식의 준비

정식까지에 여유가 있을 때는 퇴비, 고토석회 등을 1개월전에 살포해둔다. 밑거름은 정식 1주일전에 주고 두둑을 지운 후 멀칭을 하여 지온이 오르도록 한다.

후작과 관계로 휴한(休閑)기간이 짧을 때는 고토석회나 계분은 전량을 10일 이내에, 기타 비료는 절반량만 뿌려주고 나머지는 웃거름으로 준다.

정식시의 지온은 반촉성재배에서 15℃, 촉성재배에서 17℃ 이상이 되도록 멀칭과 함께 정식 며칠 전부터 하우스를 밀폐하여 온도를 높인다. 촉성재배에서는 전날밤부터 난방을 하여 기온, 지온을 올려 놓는다.

## (3) 비료주기

토양 산도를 pH 6.5 정도로 만들고 배꼽썩이를 방제하기 위하여 석회를 충분히 시용해야 한다.

그러나 초기의 질소과다는 영양생장만을 유도하여 식물체만 무성해지고 착과가 불량하여 정상적인 수확을 기대하기 어려우므로 주의하여야 한다.

일반적 시비량은 10a당 퇴비 2~3톤, 석회 120kg외에 성분량으로 질소 25~30kg, 인산 20~25kg, 칼리 25~30kg을 기준으로 하되 밑거름으로 질소 1/3, 인산 100%, 칼리 1/2 정도로 주고, 나머지는 마지막 수확 30일 전까지 3주 간격으로 나누어 주는 식으로 한다.

그러나 시비량은 정해진 것이 아니므로 재배방식, 토성, 생육상태, 기후조건 등을 고려하여 양을 조절하여 주도록 한다.

시비예는 〈표 2-19〉를 참고하기 바란다.

하우스에 주는 비료는 빗물에 의한 유실이나 효과의 지속성에 대해서는 별 문제가 없으나 일시적 혹은 장기적인 농도장해에 대해서는 주의할 필요가 있다. 특히 질소비료를 많이 주는데 따른 암모니아의 용출로 용액농도를 높이는 수가 많다.

**&lt;표 2-19&gt; 토마토 시비예**  (kg/10a)

| 비료명 | 총 량 | 밑거름 | 웃 거 름 | | |
|---|---|---|---|---|---|
| | | | 1회 | 2회 | 3회 |
| 퇴　비 | 2,500 | 2,500 | - | - | - |
| 요　소 | 40 | 24 | 6 | 5 | 5 |
| 용　인 | 35 | 35 | - | - | - |
| 염　가 | 40 | 24 | 6 | 5 | 5 |
| 석　회 | 120 | 120 | - | - | - |
| 시비시기 | | 정식10~15일전 | 제1화방비대기 | 1회 추비후15~25일 | 2회 추비후 20일 |

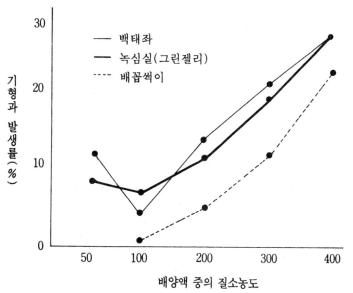

**&lt;그림 2-2&gt; 배양액 중에 질소농도가 기형과의 발생에 미치는 영향**

질소뿐 아니라 칼리비료도 너무 많이 주었을 때 〈표 2-20〉과 같이 배꼽썩이병이 급격히 많아진다.

질소를 많이 쓰면 농도장해까지는 이르지 않더라도 경엽의 과번무에 의해 생육이 늦어지고 기형과가 생긴다.

또 병충해와 함께 배꼽썩음 등의 생리장해의 원인으로 된다.

<표 2-20> 칼리 과다시용에 의한 배꼽썩이병 증가     (%, 이 : 1991)

| 칼리 농도* (ppm) | $CO_2$ 시용 않을 때 | $CO_2$ 시용할 때 |
|---|---|---|
| 50 | 5.0 | 7.1 |
| 100 | 2.1 | 1.3 |
| 200 | 1.5 | 1.2 |
| 500 | 16.6 | 10.4 |
| 1,000 | 26.4 | 24.5 |

주) *수경재배에 의함

## (4) 정식

활착이 잘되고 못되고는 정식하는 날과 그후 며칠간의 지온, 기온에 크게 좌우되므로 예정일 1주일 앞에 쾌청하고 따뜻한 날을 골라 하우스를 닫고 실온을 높여 활착이 빨리 될 수 있도록 해 놓는다.

반촉성재배에서는 육묘일수 75일 전후로써 개화 7~10일전의 모가 좋고, 촉성재배는 50일 전후, 억제재배는 30일 전후의 모가 좋다.

모는 정식 2~3시간 전에 충분히 관수하여 정식할 때 뿌리에 붙어 있는 흙이 깨어지거나 떨어지지 않도록 주의한다.

토마토는 착과가 동일한 방향으로 진행되기 때문에 수확작업을 위하여 화방이 이랑의 바깥쪽으로 향하도록 심어야 한다. 심는 깊이는 포트의 윗면과 이랑의 윗면이 일치되게 하는 것이 좋은데 너무 깊게 심을 경우 뿌리의 활착과 자람이 나빠지므로 유의해야 한다.

재식밀도는 〈표 2-21〉과 같다. 단기재배, 저온재배, 초기수확을 많게 하려고 할 경우는 밀식한다. 억제재배는 재배기간의 온도가 높고 여름 장마 등으로 햇빛이 적은 조건에서 재배되므로 배게 심으면 수확량, 품질 모두가 떨어지니 주의해야 한다.

<표 2-21> 토마토의 작형별 심는 거리

| 작 형 | | 심 는 거 리 | 평 당 주 수 |
|---|---|---|---|
| 촉성재배 | | 100cm × 36cm | 9주 |
| 반촉성 재배 | 3단적심 | 160(2줄) × 20 | 20 |
| | 4단적심 | 160(2줄) × 25 | 16 |
| | 5단적심 | 160(2줄) × 30 | 14 |
| | 6단이상 | 160(2줄) × 35 | 12 |
| 억제재배 | | 100 × 40 | 8 |

## (5) 가지손질(정지, 整枝) 열매솎기(적과, 摘果) 및 순지르기(적심, 摘芯)

토마토는 원가지를 뻗어나게 하고 곁순을 일찍 제거하면 되므로 다른 작물에 비하여 기술적인 문제는 적다. 다만 곁순따기가 늦어지면 노력이 더 많이 들뿐만 아니라 수액(樹液)에 의해 모자이크병에 감염될 우려가 높으므로 주의하여야 한다.

곁순의 제거는 영양생장과 생식생장의 균형을 이루어주기 때문에 곁순제거가 불충분하면 기대하는 수량을 얻을 수 없다.

곁순제거에서 가장 문제가 되는 것은 바이러스병 등의 전염확산의 위험이므로 곁순제거시에 손과 작업도구를 철저히 소독해야 한다. 착과는 첫번째 화방에 제1번과를 꼭 착과시키는 것이 매우 중요한데, 이는 토마토가 생식생장에서 영양생장으로 전환되도록 하는데에 필요하기 때문이다. 그러나 제1번과는 탁구공만하게 컸을 때 따버리는 것이 좋은데, 대부분이 제 1번과는 기형과가 되기 쉬워 상품으로서의 가치가 없기 때문이다. 일반품종인 경우 착과수는 1~2화방은 4개 정도, 3화방 이상은 4~5개를 달리게 한다.

순지르기는 수확마감 50일전에 수확할 미지막 화방 위의 잎을 3장 남기고 실시하는 것이 좋다.

토마토는 일반적으로 4~6단 재배가 이루어지고 있으나 근래 유리온실 내에서는 수경재배 등을 통하여 다단재배로 가는 경향이 있으므로 그에 대한 연구도 같이 이루어져야 할 것이다.

## (6) 일반 관리

### 가. 온도관리

과실의 비대에는 최저온도를 12℃ 이상으로 유지해야 하지만 한 겨울에 2중이나 3중 피복하고 있을 때에는 일조량이 부족하고 아울러 지온도 낮으므로 기온만 올렸다고 해도 충분한 발육은 하지 않는다.

겨울철 촉성재배와 반촉성재배, 억제재배 수확기 연장 등을 효과적으로 하기 위하여 지중난방 등의 새기술을 도입하는 것이 좋을 것이다.

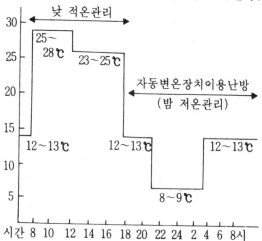

<그림 2-3> 저온기 토마토하우스의 관리목표온도

온도관리의 요점은 변온관리(變溫管理)로 하는 것이 연료비 절감과 함께 토마토의 생리에도 알맞다. 그 시간별 온도는 〈그림 2-3〉과 같다.

저온기에도 낮에 28℃ 이상으로 해서는 안된다. 밀폐하우스내의 온도는 바깥온도의 2배 정도가 되므로 저온기에도 개인날은 환기를 하여 너무 고온이 되는 것을 막는다.

하엽이 말려드는 것은 밤낮의 온도차가 크거나 건조할 때 나타나기 쉽다.

과실의 비대는 꽃핀후 약 20일간의 어린열매일 때의 환경에 많이 좌우되므로 적온아래서 비대되도록 주의한다. 수확기에 저온이 되면 수확량에는 별 차이가 없으니 착색이 늦어지고 따라서 수확기가 지연된다.

이중피복의 제거나 환기는 시설내의 습도를 적게 하고 동시에 광합성을 촉진할 수 있도록 하우스에 햇빛이 들면 실시하여 이른 아침의 햇빛을 충분히 쬐어준다. 환기가 늦어지면 꽃가루가 덜 나와서 낙화의 원인이 된다.

## 나. 물주기 (관수, 灌水)

건조하면 생육은 급격히 억제되지만 본래 심근성 작물이므로 오이류에 비하면 관수량은 적어도 된다. 배수가 잘 되는 밭에서는 1~2일마다, 지하수위가 높은 논뒷그루에서는 5~7일 마다 물을 주는데, 멀칭을 하면 더욱 간격은 벌어진다.

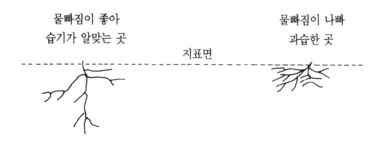

<그림 2-4> 물빠짐 상태에 따른 뿌리발달 차이

물주기는 병해발생과 관계가 크다. 밤에 습기가 많아 잎에 이슬이 맺힐 때에 병해가 흔히 발생하므로 흐리거나 비가 오지 않는 한 잎에 물방울이 없을 정도로 난방을 해주는 것이 좋다. 난방을 하지 않더라도 병해가 많을 때는 관수량을 줄여서 잎에 물방울이 없도록 해 준다.

돌림병(疫病)이나 회색잎 곰팡이병 등이 생겼을 때는 약제살포를 해도 시설내의 습도가 높으면 효과가 적다. 하우스내를 건조시키면 약제살포 이상의 예방효과가 있다.

### 다. 멀칭

PE 필름멀칭에 의한 지온상승효과는 최저온도에서 1.5~2℃ 높아진다. 밟아넣기, 전열, 온수지중 가온 등 흙속에 발열체가 있을 경우는 멀칭의 효과가 매우 높다.

물론 투명한 것이 온도를 더 높여 주므로 반촉성이나 촉성재배에서는 투명필름을 쓰도록 한다. 억제재배에서는 햇빛이 강한 시기에 정식하여 재배되기 때문에 투명필름으로는 고온으로 인한 뿌리를 상하게 할 우려가 있으므로 제초의 효과도 겸하여 검은 것을 쓴다.

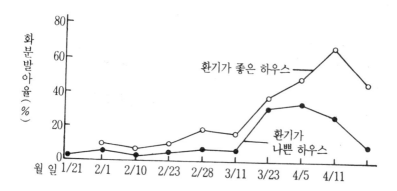

<그림 2-5> 환기의 좋고 나쁨에 따른 토마토화분 발아율

## 라. 교배(交配)와 착과 촉진제 처리

꽃가루는 환경이 좋은 촉성재배나 억제재배에서는 오전 중에 다 나오지만, 난방을 하지 않는 반촉성재배인 경우 1~2월의 저온기에는 오후 2~3시경이 되어야 나오기도 한다.

기형과인 공동과(空胴果)나 피망과, 혹은 모난과는 제대로 여물지 않아 종자가 없거나 적음으로써 발생한다. 따라서 충분히 여물게 하면 이와 같은 기형과를 방지할 수 있으므로 예방으로서는 인공수정을 해 주는데 일반적으로 착과촉진 호르몬제를 처리하는 것이 좋다.

토마토의 착과촉진 호르몬제는 보통 토마토톤을 많이 써 왔으나 근래 토마토란이 개발되어 효과가 더 높아 사용이 늘어나고 있다.

① 토마토톤 80~120배로 희석하여 처리하는데, 온도가 20℃ 이상일 때는 희석배수를 낮추어 공동과의 발생을 억제해야 한다. 처리시기는 처리대상 화방의 꽃이 수확하려고 목표하는 숫자만큼 피었을 때 하고 각 화방에 1회 이상 처리하지 않도록 주의 한다.

희석배수는 온도가 낮거나 영양상태가 나빠서 발육이 좋지 않을 때는 농도를 높게 하고, 고온으로 생육이 좋을 때는 낮게 한다. 개화전의 봉오리가 어릴 때에 처리할 수록, 살포량이 많을 수록 공동과율은 높아진다.

알맞는 처리시기는 1화방당 3~4번째 꽃이, 억제재배와 같은 고온기는 4~5번째 꽃이 피었을 때 살포한다. 약액에 담글 때는 묻는 약이 많아지므로 농도를 낮게 한다.

공동과를 적게 할 목적으로 지벨렐린 20~50ppm을 혼용하는 수도 있는데 공동은 적어지지만 과실의 비대가 늦어진다.

② 토란토란은 토마토가 잘 열리고 열매의 비대를 촉과하기 위하여 처리한다. 대체로 사용법은 토마토톤과 비슷하므로 차이나는 것만 설명한다.

사용법은 물20ℓ 당 20cc를 넣어 1,000배액으로 하는데, 이것은 토마토톤이 온도가 20℃ 이상일때 100배(물 20ℓ 당 200cc), 20℃ 이하일 때 50배

(물 20 $l$ 당 400cc)인 것 보다 훨씬 약량이 적다.

1화방에 꽃이 3~5개 피었을 때 1번만 꽃이 충분히 젖을 정도로 뿌려준다. 처리할 때 주의할 점은 생장점이나 새잎에는 약해가 발생할 우려가 있으니 직접 약액이 묻지 않도록 주의하고, 처리할 때 온도가 30℃를 넘을 때와, 질소질이 너무 많은 묘에서는 공동과나 기형과가 발생할 염려가 있으니 피해야 한다.

## (7) 생리장해 및 대책

### 가. 공동과(空胴果)

<표 2-22> $CO_2$ 시비와 공동과 발생정도

| 탄산가스농도 (ppm) | 상 품 수 량 | | 공동과율 (%) | 평균과중 (g) |
|---|---|---|---|---|
| | 조기수량 (g/주) | 총수량 (g/주) | | |
| 대기(300) | 1,290 | 3,423 | 22.7 | 153 |
| 800 | 1,887 | 4,155 | 13.8 | 179 |
| 2,400 | 1,719 | 3,666 | 7.1 | 161 |

주) 탄산가스 공급은 LPG를 급원으로 하여 해가 뜰 때 시작하였다가 하우스 내 기온이 35℃에 이르러 환기를 할 때까지 계속하였음.

종자를 둘러싸고 있는 젤리와 같은 부분이 충분히 발육하지 못하여 바깥쪽의 과육부분과 틈이 생기는 현상으로, 일조부족이나 밤 온도가 높을 때, 또는 날씨가 더울 때, 토마토톤을 많이 뿌렸거나 희석농도가 높을 때, 2회 이상 처리할 때 발생하기 쉽다.

대책은 고온시에는 토마토톤의 희석농도를 낮게 하고 토마토톤에 지베렐린을 20~50ppm 혼용살포하면 효과가 있다. 토마토란은 30℃까지에서 공동과가 적게 발생한다.

그리고 $CO_2$ 시비가 공동과 발생을 줄이기도 한다.

## 나. 줄무늬병(조부병 條腐病, 조피병 條皮病)

증상은 과실 표피의 유관속(維管束)이 죽어 과실의 꼭지에서부터 꽃받기 부분까지 흑갈색의 줄무늬가 생긴다.

발생원인은 저온 및 일조부족과 토양수분과다로 토양중 산소가 부족할 때, 암모니아태 질소를 과용하고 칼리비료가 부족할 때 생긴다.

대책으로는 암모니아태 질소 과용금지와 함께 충분한 햇빛을 받을 수 있도록 재식거리를 충분히 하고 피복재가 먼지 등으로 햇빛을 막지 않도록 때때로 씻어준다.

## 다. 배꼽썩음병(구부병 尻腐病)

어린열매에 많이 발생하는데 증상은 꽃이 떨어진 부분(배꼽)이 둥근모양으로 검푸르게 물에 절인 것처럼 되었다가 뒤에는 검은색으로 딱지가 생기면서 상품가치가 없어진다.

석회부족현상으로 생기는 것은 줄기 중간에 있는 작은잎의 가장자리가 누

**<표 2-23> 토마토의 배꼽썩음병에 대한 염화칼슘 사용효과**

| 화 방 | 무 처 리 | | 염화칼슘 토양시용 | | 염화칼슘 엽면살포 | |
|---|---|---|---|---|---|---|
| | 총과수 (개) | 배꼽 썩음수 ( 개 ) | 총과수 (개) | 배꼽 썩음수 ( 개 ) | 총과수 (개) | 배꼽 썩음수 ( 개 ) |
| 제1화방 | 18 | 12 | 22 | 15 | 20 | 0 |
| 2 | 19 | 11 | 21 | 9 | 18 | 0 |
| 3 | 13 | 2 | 112 | 2 | 9 | 0 |
| 계 | 50 | 25 | 55 | 26 | 47 | 0 |
| 배꼽썩음비율(%) | 50 | | 47.5 | | 0 | |

렇게 변하고 작은 점무늬가 생긴다.

원인은 토양의 건조나 과습, 질소나 칼리비료를 너무 많이 주어 토양용액 농도가 높아지는 등의 이유로 칼슘(석회)의 흡수가 억제되고 다시 고온이나 건조 등에 의해 체내이동이 나빠지면 발생한다.

대책으로는 질소와 칼리의 다량시비를 피하고 토양용액농도가 높을 경우는 관수량을 많게 해서 농도를 낮춘다. 비닐멀칭으로 토양건조를 막는 것도 효과 적이다. 산도가 낮을 경우는 심기 전에 석회를 뿌려서 pH 6이상으로 한다.

발생의 우려가 있거나 발병이 되었으면 염화칼슘 0.3~0.5%(물 20 $l$ 에 염 화칼슘 60~100g)를 어린열매와 잎줄기에 1주일 간격으로 2~4회 뿌려준다.

### 라. 기형과(奇形果)

토마토가 둥글게 제모양이 아니고 이상한 형태인 것으로 변하는데 이것을 발생원인으로 분류하면 다음 그림과 같은데 일반적으로 과실(자실)수가 많 고 모양이 무질서하게 생긴다.

| 과실<br>모양<br><br>발생<br>조건 | 아주작은것<br>(極小果) | 타원형<br>(楕圓形) | 국화형<br>(菊花形) | 뽀족형 | 각진형 | 피이만형 | 난형과<br>(亂形果) |
|---|---|---|---|---|---|---|---|
| | | | | | | | |
| 영양 | 나 쁨 | 좋음 | 좋음 | 나쁨 | 나쁨 | 나쁨 | 좋음 |
| 온도 | 낮 음 | - | - | 낮음 | 온도차이 큼 | 온도차이 큼 | 아주낮음 |
| 수정 | 나 쁨 | - | - | 나쁨 | 나쁨 | 나쁨 | |

<그림 2-6> 기형과의 종류와 발생조건

발생원인은 묘를 기를 때와 꽃눈이 생길 때, 저온일 때 (낮온도 20℃ 이 하, 밤온도 7℃ 이하)나 토양수분과 비료성분이 너무 많아 초세가 무성하거

나 병해충에 의한 생육불량 등이 원인이 된다.

대책은 밤온도를 8℃ 이상으로 올려주고 알맞는 습도와 균형시비를 하며 생육이 정상적으로 되게 해준다.

## 마. 열과(裂果)

과실의 겉껍질이 굳어져서 탄력이 없어진 상태에서 과실이 더 자라면 압력에 견디지 못해 과실이 터져서 생기게 된다.

열과는 공기가 건조하고 밤온도가 찬 저온기의 재배에 많이 발생한다. 과실에 직사광선을 쬘 때와 저온과 고온 혹은 건조와 다습이 반복될 때, 그리고 고온기에 토양수분이 큰폭으로 변하는 것도 열과의 원인이 된다. 또 과육 내에 가용성 성분(可溶性 成分)이나 당분(糖分)이 높을 때, 과실에 직접 물을 뿌릴 때도 열과를 조장한다.

**<표 2-24> 토양수분과 열과**　　　　　　　　　　　　　　　　(단위 : %)

| 토양수분 | 방사상열과 | 동심원열과 | 측면열과 |
|---|---|---|---|
| 많 을 때 | 36 | 3 | 3 |
| 적 당 할 때 | 15 | 0 | 0 |
| 건 조 할 때 | 5 | 0 | 0 |

## 바. 이상줄기

토마토 줄기가 아래쪽은 보통 굵기인데 자라면서 몇배로 굵어지는 것이다. 육묘기에 영양이 나빠 제대로 자라지 못한 것이 정식후 이상줄기의 발생이 많다. 일시적인 영양불량 묘가 정식 후 양분을 급격히 과잉흡수하여 왕성한 발육을 했을 때 발생한다.

배수가 잘되는 밭을 골라 비료가 급격히 흡수되지 않도록 퇴비를 충분히 넣고 완효성비료를 쓰면 효과가 있다. 제1화방은 반드시 착과시켜서 잎줄기가 지나치게 무성하게 자라지 않도록 해 주는 것이 좋다.

## (8) 수확

수확할 때 가장 주의할 것은 착색의 정도이다. 대체로 미숙과 수확이 대부분으로 고온기에는 열매배꼽부분이 20~30% 착색할 때, 저온기에는 80% 착색되었을 때가 적기이다.

따뜻할 때 과실온도가 오른 뒤에 수확하면 포장이나 수송 도중에 착색이 진행되므로 이른 아침에 과실온도가 낮을 동안에 수확한다.

종전에는 이처럼 색깔이 완전히 들지않은 미숙과 수확(未熟果 收穫)이 대부분이었으나, 요즘은 일본품종(특히 도태랑-모모따로)의 도입과 영향으로 완전히 익은 열매(완숙과-完熟果)를 수확하여 판매하는 것이 영양도 높고 맛이 좋아 점차 늘어나고 있는 추세이다.

개화에서 수확까지는 고온기에는 40~45일, 저온기에는 50~60일이 되므로 최종화방은 수확마감 예정일부터 역산(逆算)하여 몇단(段)째 화방에서 순지르기를 할 것인지 정해야 한다.

# 5. 병충해 방제

연작(連作)을 계속함에 따라서 토양전염성 병해가 많아지고 있다.

또 저온기에는 담배모자이크바이러스(TMV)병이, 고온기에는 오이모자이크바이러스(CMV)병의 피해도 많아지므로 발생이 많은 땅에서는 토양소독이나 망사피복재배를 하거나 농약을 뿌려 진딧물 방제를 충분히 한다.

공기전염성 병해에서는 잿빛곰팡이병, 잎곰팡이병, 겹둥근무늬병, 돌림병

(疫病)이 많이 발생한다. 어느 것이나 환기가 나쁘고 하우스내가 다습하게 되면 발병이 많다.

병해발생의 알맞는 조건에서는 약제만으로 방제해도 효과가 적으므로 발병이 시작되면 우선 환기를 좋게 하고 물주는 양도 줄여서 하우스내를 건조시키는 것이 선결문제이다.

## (1) 잿빛 곰팡이병

### ① 병징
잎, 줄기, 꽃, 과일에 침해하며 과일에는 처음엔 암갈색의 수침상인 작은 병무늬가 형성되고 점차 확대되어 물렁물렁하게 썩는다.

### ② 전염경로 및 발병원인
병원균은 피해식물, 유기물 또는 토양중에서 월동하며 17~24℃ 온도와 습도가 높을 때 발생한다.

### ③ 대책
밀식재배를 피하고 낮에는 환기를 철저히 하고 멀칭을 한다.

병든 꽃, 과일, 잎, 줄기 등은 일찍이 제거한 후 안트라콜 500배액, 스미렉스 1,000배액, 포리옥신 500배액, 유파렌 500배액 등을 7~10일 간격으로 살포한다.

## (2) 잎 곰팡이병

### ① 병징
주로 잎에 발생하는데 잎 뒤면이 담황색을 띠고 있다가 점차 병무늬가 커지면서 잿빛으로 변한다.

② 전염경로 및 발병원인

병든 잎이나 종자에 붙어서 월동하는데 20~25℃ 다습할 때 나타난다.

③ 대책

종자소독 및 충분한 재식거리를 유지하고 다코닐 400~600배액, 안트라콜 500배액을 뿌려준다.

## (3) 역병(돌림병)

① 병징

잎, 줄기, 잎 자루에 암갈색의 수침상 병반이 형성된 후 흑갈색의 줄 무늬가 생기면서 잎이 말라죽는다. 습도가 높을 때 하얀 곰팡이가 발생한다.

과일에는 암갈색의 커다란 병무늬가 형성되면서 약간 움푹하게 들어간다.

② 전염경로 및 발병원인

병원균은 병든 식물체에 붙어서 토양중에 월동하였다가 20℃ 전후 따뜻하고 습도가 높을 때 발생한다.

③ 대책

저온 및 다습방지와 함께 보르도액, 다코닐, 디포라탄, 리도밀 등으로 방제한다.

## (4) 겹둥근무늬병

① 병징

잎에 암갈색의 작은 반점이 생긴후 병무늬가 약간 움푹하게 들어간다.

② 전염경로 및 발병원인

병든 식물체나 종자에 붙어서 월동하는데 고온 및 양분 부족시 발생한다.

③ 대책

종자소독을 반드시 하고 양분을 충분히 공급하여 초세를 강하게 하고 농약방제는 역병과 동일하다.

## (5) 세균성점무늬병

① 병징

잎, 줄기, 과일에 발생하는데 잎에는 암갈색의 수침상 작은 반점이 생기고 병무늬 주변이 담황색으로 띠가 형성된다.

② 전염경로 및 발병유인

종자와 토양에서 월동하는데 온도가 20~25℃이고 환기가 불량하거나 양분부족시 발생하기 쉽다.

③ 대책

종자를 50℃ 뜨거운 물에 20분간 담가서 소독하는 것이 좋다.

## (6) 모자이크병

① 병징

TMV(담배모자이크바이러스)와 CMV(오이모자이크바이러스)가 많이 발생되나 PVY(감자 바이러스)도 때로는 중복 감염되기도 한다.

잎에 모자이크 증상과 전신적인 위축증상을 보이며 잎, 잎자루, 줄기, 과일 등에 괴저현상이 나타나기도 한다.

② 전염경로 및 발병유인

TMV는 접촉전염 및 종자나 토양전염을 하고, CMV및 PVY는 진딧물에 의해 감염을 한다.

③ 대책

TMV는 종자소독을 하거나 발병이 심한 포장은 2년간 가지과 이외의 작물로 돌려짓기를 하는 것이 좋다.

병든포기는 일찍이 제거하고 병든 식물체와 접촉한 손, 도구는 건전한 식물체와 접촉되지 않도록 하여 소독을 하고 진딧물 방제를 철저히 하는 것이 예방대책이다.

# 제3장  수박

## 1. 국내 생산 현황

열매채소류 중 노력비가 호박 다음으로 적게들어 최근 농가의 일손부족에 적합한 작물로 부각되고 있으며 또한 수익성도 높다.

최근의 재배현황을 보면 〈표 3-1〉 노지재배면적은 증가세가 둔한 반면, 시설재배면적은 해마다 급격하게 늘어나고 있다. 그러나 단위 면적당 생산량은 거의 제자리걸음 상태이다.

**〈표 3-1〉 수박의 년도별 재배면적과 생산량**

| 연 도 | 재배면적(ha) | | 10a 수량(kg) | | 총생산량(t) | |
|---|---|---|---|---|---|---|
| | 전 체 | 시 설 | 전 체 | 시 설 | 전 체 | 시 설 |
| 1990 | 25,681 | 5,404 | 2,310 | 2,708 | 593,228 | 146,352 |
| 1992 | 35,082 | 9,562 | 2,399 | 2,870 | 841,630 | 274,420 |
| 1994 | 34,535 | 14,995 | 2,485 | 2,832 | 858,025 | 424,668 |
| 1995 | 45,207 | 18,977 | 2,478 | 2,804 | 1,120,124 | 532,102 |
| 1996 | 39,270 | 18,752 | 2,207 | 2,582 | 866,499 | 484,112 |
| '96시설비율(%) | | 47.8 | | 117 | | 55.9 |

## 2. 생태적 특성과 재배환경

### (1) 기상조건

햇빛 쪼임이 많아 덥고 건조한 것을 좋아하며 생육적온은 영양생장기간에
는 낮 25~30℃, 성숙기에는 28~30℃, 밤온도는 18~23℃이며 지온은
20~25℃이다. 꽃가루 발아할 때의 최적온도는 20~30℃ 이상, 지온은 18℃
이상이 목표온도이다. 10℃ 전후의 저온이 되면 생장점에 장해를 받아서 순
멎이가 되는 수가 있다.

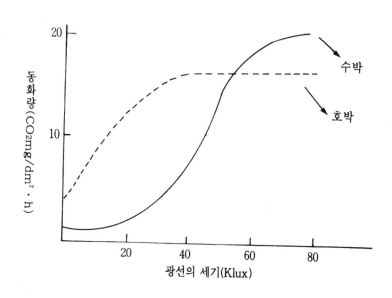

<그림 3-1> 수박과 호박의 햇빛세기와 동화량과의 관계

열매채소류 중에서는 햇빛 쪼임을 가장 좋아해 광포화점(光飽和點)은
80klux, 보상점(補償點)은 4klux라고 한다. 보상점이 다른 작물보다 높다는

것은 햇빛이 부족하거나 약할 때에 재배하면 장해가 쉽게 나타난다는 뜻이다.

자연광과 과실크기와의 관계가 밀접하다. 즉, 3월은 3kg, 4월은 4kg, 5월은 5kg, 6월 이후는 6kg 이상이 된다.

꽃핀 후 익는데까지 필요한 온도는 초생종에서는 800℃, 만생종은 1,000℃의 적산온도가 필요하다. 따라서 평균온도가 25℃라면 35~40일이면 성숙한다.

## (2) 토양조건

토양에 대한 적응성은 비교적 넓다. 뿌리는 공기를 좋아하므로 부드럽고 통기성이 좋은 토질이면 된다. 열매채소류 중에서는 습기 많은 것을 싫어하고 건조를 좋아하는 작물이다.

사질토는 통기성이 좋고 지온도 잘 오르기 때문에 생육과 숙기가 촉진되는 장점이 있는 반면, 열과와 낙과가 발생하기 쉽고 포기의 노화도 빠르다. 진흙땅은 생육이 약간 늦고 초세가 너무 강한 결점은 있으나 유기물을 쓰면 지온도 오르기 쉬워 우량품을 다수확 할 수 있다.

토양산도는 pH 5.0~6.8이나 접목재배일 경우 pH 6~6.5가 알맞다.

## 3. 재배작형(栽培作型)

수박은 성수기인 6~8월에 가장 많이 소비되는데 최근에는 늦더위가 있는 9월에도 수요가 있는 편이다.

그러나 10월부터 다음 해 3월까지는 소비가 그리 많지 않기 때문에 공급이 과잉될 경우에는 제값을 받기가 쉽지 않다. 연중 소비에 맞추어 대개 5가지 작형으로 나눌 수 있으나 재배방법에 따라 더 세분될 수 있다.

**<표 3-2> 수박의 재배작형**

| 작 형 | 재 배 방 법 | 파 종 기 | 수 확 기 | 적 용 품 종 |
|---|---|---|---|---|
| 촉성재배 | 하우스재배(남부) | 9상~11하 | 1상~4하 | 대감, 명월, 복수박 |
| 반촉성재배 | 하우스재배(남부, 중부 일부) | 12중~1하 | 4하~6상 | 옥동자, 내고향, 환호성 |
| 조숙재배 | 대형터널재배(중부) | 2상~하 | 6상~하 | 감로, 삼복꿀, 백두산, |
|  | 보통터널재배(남부, 중부) | 2하~3중 | 7중~하 | 다조아, 대통, 금뻬게1호 |
| 보통재배 | 노지고깔재배(전국, 온상육묘) | 3중~하 | 7하~8중 | 감로, 올림피아, |
|  | 노지재배(전국, 냉상육묘) | 4상~5상 | 8중~9중 | 참, 대상, 온동네 |
| 억제재배 | 하우스재배(비가림재배) | 6상~7상 | 9상~10상 | 올림피아, 복수박 |
|  | 하우스재배(남부) | 7하~8하 | 11하~8중 | 미락, 금성, 팔보 |

## (1) 촉성재배

가장 추운시기의 재배로 전 생육기간을 보온이나 가온을 해야하므로 남부지방에서나 재배가 가능한 작형이다.

개화기에는 수분, 수정에 충분한 온도를 확보하고 인공수분을 하여 착과시켜야 한다. 주수를 많이 심고 덩굴을 세워서 입체적으로 유인함으로써 하우스의 효율을 높일 필요가 있다. 일조(日照)가 부족한 시기인데다가 보온자재에 의한 차광(遮光)이 염려되므로 햇빛을 많이 받을 수 있도록 관리해야 한다. 이때의 재배된 과실은 껍질이 얇아 터지기 쉬우므로 수확 후 취급에 주의해야 한다.

## (2) 반촉성 재배

육묘상(育苗床)은 물론 정식초기에는 가온을 필요로 하지만 생육후기에는 보조가온이나 보온만으로 재배가 가능하므로 남부지방에서 유리한 작형이다.

지주를 세워 가꾸는 입체유인가꾸기 보다는 덩굴을 땅위에 눕혀 가꾸는 지면유인(地面誘引)을 하여 터널보온을 하는 것이 경제적인 면에서 유리하지만 품질을 높이려면 적극적인 가온이 필요하다. 터널을 여러 겹 씌워 보온에 힘쓰다 보면 햇빛을 적게 받게 되어 생육과 품질이 나빠지기 쉽다.

## (3) 조숙재배

하우스육묘를 하여 남부지방에서는 노지터널내에 정식하며 중부지방에서는 하우스내에 정식하기도 한다. 정식후 터널위에 보온자재로 피복하거나 하우스내 정식일 경우는 내부터널을 설치한다. 하우스내에 정식하는 경우는 수확기의 장마를 피할 수 있는 유리한 점이 있다.

촉성이나 반촉성보다 생산비가 싸서 재배농가가 많고 출하량도 많으나 일찍 출하만 되면 가격도 비교적 높게 받을 수 있다. 품종은 저온에서도 착과성이 우수하고 열과가 적은 것을 선택한다.

## (4) 일반재배

수박재배의 기본작형이다. 직파하거나 육묘정식한 후 종이나 반투명비닐로 고깔을 씌워서 초기생육을 촉진하기도 한다. 장마를 반드시 겪게 되므로 해에 따라 작황이 불안정하기 쉬우므로 침수위험이 없는 밭에 심고 배수로를 깊이 파서 호우에 대비하여야 한다.

## (5) 억제재배

노지억제재배는 장마와 호우를 겪은 노지수박의 출하가 끝나는 시기를 노린 출하로 준고냉지에서 유리하게 성립할 수 있는 작형이다. 수요의 주년공급(周年供給)적인 성격을 띠고 있으나 출하량이 적은 시기임에도 가을의 햇과실에 밀려서 가격은 그리 높지 못한 편이다.

특히 육묘기는 고온기이므로 진딧물과 응애방제에 주의해야 하고 노지억제재배를 할 때에는 착과후 강한 햇빛에 의해 육질이 악변될 위험(특히 육질이 약한 품종)이 있으니 그늘이 되는 잎줄기의 보호에 유의해야 한다.

하우스 억제재배인 경우는 착과후 저온에 유의하여 숙기와 당도축적이 빠른 품종을 선택하는 것이 좋다.

하우스 억제재배는 고온기의 육묘, 익을 때의 저온 등 수박의 생육적온과는 맞지않는 시기여서 재배관리가 까다롭다. 따라서 기온의 저하에 대비하여야 하며 12월 이후에 수확을 목표로 할 때는 지중난방과 공간난방을 모두 실시하는 것이 안전재배의 지름길이다.

## 4. 품종

저온기의 하우스 재배용으로서의 품종의 조건은 저온신장성 및 저온결과성이 강한 것, 다시 숙기가 빠른 것이 바람직하다.

품종을 고를 때는 다음과 같은 점들을 생각해 보는 것이 좋다.

① 껍질에 세로줄 무늬가 확실한 것.

② 과실살이 짙은 적색일 것.

③ 껍질이 어느 정도 두꺼울 것(특히 수송용일 때)

④ 과실이 너무 크지도 작지도 않은 중형일 것.

현재 우리나라 수박의 주요 품종은 다음 표와 같다.

**<표 3-3> 수박 주요품종 특성**

| 품종 | 종묘사 | 등록년월 | 숙기 | 재배형 | 과 형 | 과피색 | 과중(kg) | 당도(Brix) |
|---|---|---|---|---|---|---|---|---|
| 삼복꿀 | 홍농 | 94. 12 | 중만 | 터널조숙 | 단타원 | 녹 | 4.4~6.9 | 11~12 |
| 대 감 | 〃 | 91. 11 | 중 | 반촉성 | 원 | 농록 | 4.8~5.8 | 10~11 |
| 감 로 | 〃 | 90. 12 | 중 | 터널조숙 | 원 | 녹 | 4.5~5.6 | 10~11 |
| 금 로 | 〃 | 91. 11 | 중 | 터널조숙 | 원 | 농록 | 5.1~6.2 | 10~11 |
| 명가왕 | 서울 | 95. 10 | 중조 | 촉 성 | 원 | 농록 | 4~4.9 | 10~11 |
| 환호성 | 〃 | 92. 9 | 중조 | 반촉성 | 원 | 농록 | 4~4.5 | 9.5~10.5 |
| 대 통 | 〃 | 95. 11 | 중조 | 조 숙 | 원 | 녹 | 4.5~5.5 | 10~11 |
| 월드컵 | 〃 | 96. 11 | 중 | 반촉성 | 원 | 농록 | 4.5~5.5 | 10.5~12 |
| 빛 나 | 중앙 | 90. 12 | 조 | 터 널 | 원 | 농록 | 4.5~5.5 | 10~11.2 |
| 일 출 | 〃 | 91. 8 | 조 | 반촉성 | 고구 | 농록 |  | 10~12 |
| 단 비 | 〃 | 91. 11 | 중 | 터 널 | 원 | 농록 |  | 10~12 |
| 옥동자 | 〃 | 88. 11 | 조 | 반촉성 | 고구 | 녹지·흑조 | 2.3~2.5 | 11~12 |
| 엄지 | 한농 | 92. 9 | 조 | 반촉성 | 타원 | 농록·호피 | 2.4~2.7 | 11 |
| 쌈바 | 〃 | 97. 1 | 중 | 조 숙 | 타원 | 녹·호피 | 5.5~7.5 | 12 |
| 원세계 | 〃 | 96. 7 | 중 | 시설억제 | 고구 | 녹·호피 | 3.5~4.5 | 12 |
| 참 | 〃 | 95. 1 | 중 | 조숙,노지 | 고구 | 농록·호피 | 5.5~6.5 | 11~12 |
| 천 왕 | 농우 | 96. 11 | 조 | 반촉성(터널) | 원 | 녹 | 5.0~6.0 | 10~12 |
| 아폴로 | 〃 | 94. 12 | 조중 | 터 널 | 타원 | 홍 | 4.0~4.5 | 11~12 |
| 천하일품 | 〃 | 97. 1 | 조 | 반촉성,터널 | 타원 | 농록 | 5.0~7.0 | 12~13 |
| 온동네 | 동원 | 93. 11 | 조중 | 노 지 | 고구 | 농록 | 3.8~4.1 | 9~11 |
| 다조아 | 〃 | 93. 11 | 조 | 조 숙 | 원 | 농록 | 3.8~3.9 | 10~12 |
| 신 토 | 〃 | 94. 12 | 조 | 조 숙 | 고구 | 농록 | 4.0~4.5 | 8~9 |
| 불 이 | 〃 | 95. 11 | 중 | 노 지 | 고구 | 농록 | 4.8~5.5 | 10~12 |
| 황 토 | 농진 | 89. 11 | 중 | 터 널 | 원 | 녹지·흑조 | 3.6~4.5 | 10~11 |

# 5. 재배기술

## (1) 육묘

박과작물은 연작피해가 심하므로 재배에 실패하는 경우가 많이 있다. 특히 시설재배에서는 이 문제가 더욱 심각하다.

수박은 과수원의 간작이나 개간지에서는 보통재배가 가능하나 연작지대에서는 토양전염병의 피해, 시설재배에서는 저온의 피해가 심하므로 접목재배를 하여 이와같은 결점을 보완하는 것이 최선의 길이다.

**&lt;표 3-4&gt; 수박 생육기별 소요일수 및 주요작업**

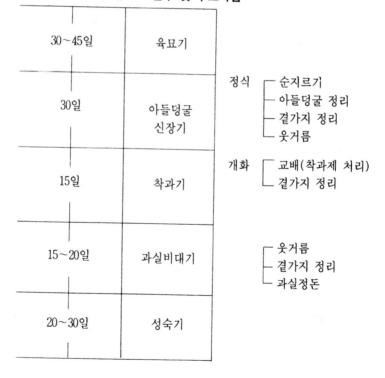

| 30~45일 | 육묘기 | | |
|---|---|---|---|
| 30일 | 아들덩굴 신장기 | 정식 | 순지르기 / 아들덩굴 정리 / 결가지 정리 / 웃거름 |
| 15일 | 착과기 | 개화 | 교배(착과제 처리) / 결가지 정리 |
| 15~20일 | 과실비대기 | | 웃거름 / 결가지 정리 / 과실정돈 |
| 20~30일 | 성숙기 | | |

## 가. 대목선정

수박 대목으로는 일반적으로 신토좌호박이나 참박을 주로 사용하는데 대목의 종류에 따라 〈표 3-5〉와 같이 그 특성이 서로 다르므로 재배시기나 토질에 따라 대목 선택에 유의하여야 한다.

**〈표 3-5〉 수박의 실생(씨뿌려 가꾼것)과 대목의 종류에 따른 특성**

| 대목의 종 류 | 친화성 | 만할병 회피성 | 내건성 | 내습성 | 저온 신장성 | 급성위조 현상 | 탄저병 내병성 | 흡비력 | 착과성 | 과 형 | 당 도 |
|---|---|---|---|---|---|---|---|---|---|---|---|
| 실 생 | - | 약 | 약 | 약 | 약 | 발생 우려 | 중 | 중 | 양 | 양 | 매우 좋음 |
| 참 박 | 중-양 | 강 | 강 | 약 | 약 | 발생 우려 | 중 | 중 | 양 | 양 | 좋음 |
| 신토좌 | 양 | 중-강 | 중 | 중 | 강 | 안전 | 강 | 강 | 중 | 중 | 나쁨 |

## 나. 파종

호접(맞접)을 하게 되면 접수의 줄기가 대목의 줄기보다 가늘기 때문에 접수를 먼저 파종한다. 즉 종자를 소독하고 접수를 파종한 후 5일 정도가 되면 발아하는데 이때 대목을 파종한다.

**〈표 3-6〉 박과채소 접목할 때의 종자파종량** (10a 당)

| 작 물 | 대목종류 | 파 종 량 | | 비 고 |
|---|---|---|---|---|
| | | 접 수 | 대 목 | |
| 오    이 | 흑 종 | 2 *dl* | 20 *dl* | 박은 발아율이 떨어지므로 파종량을 10% 더 한다. |
| 수    박 | 신토좌 | 0.3~0.5 | 4 | |
| 참외, 메론 | 신토좌 | 1 | 8 | |

먼저 발아된 접수묘는 웃자라지 않도록 묘를 굳힌다. 즉, 일반 온상관리와

같이 25~30℃를 유지하였다가 발아후에는 20℃ 전후로 하며 묘를 경화시키는 것이 작업하기에 편리하다. 접목묘의 크기는 정해져 있는 것이 아니지만 일반적으로 대목은 제1본엽이 나올무렵, 접수는 떡잎이 충분히 전개하였을때 특히 파종후 10일 전후에 접목을 실시한다.

### 다. 접목방법

접목방법에는 호접(맞접), 삽접(꽂이접), 단근삽접(斷根揷接), 할접 그리고 호접과 삽접의 중간접(신호접법) 등이 있는데 이 가운데 호접과 삽접을 많이 이용하고 있고 앞으로는 호접과 삽접의 중간접인 신호접법을 이용할 가능성이 높다.

대목의 종류에 따라 접목방법이 달라서 참박을 쓸 경우에는 삽접, 신토좌를 쓸 경우에는 호접이 주로 쓰이나 참박대목에 호접을 쓰거나 신토좌대목에 삽접을 해도 무방하다.

각 접목방법의 특징은 다음과 같다.

- 삽접(꽂이접)
- 참박을 대목으로 할 경우 주로 쓰인다.
- 접목활착률(接木活着率)이 좋다.
- 작업이 간단하고 능률적이다.
- 작업의 숙련도에 따라 득묘율(得苗率)의 차이가 많게 된다.
- 호접(맞접)
- 신토좌를 대목으로 할 경우 주로 쓰인다.
- 처음 시작하는 사람에게 적당한 방법이다.
- 접목후의 관리가 쉽다.
- 약한 차광으로도 활착이 잘 되므로 생육이 빠르게 된다.

접목은 오전 10시부터 오후 3시까지 완료하며 장소는 따뜻하고 바람이 없어 습하고 직사광선이 없는 곳이어야 한다.

접수와 대목을 파종상자에 각각 따로 파종하였을 때에는 직근이나 세근 등 뿌리가 끊어지지 않도록 접목 작업하기 2~3시간전에 물을 충분히 주어둔다.

① 삽접의 요령

㉮ 수박묘의 배축(胚軸)을 쐐기모양으로 비스듬히 자른다.

㉯ 대목의 생장점은 펴지기 시작하는 본잎과 같이 잡고 본잎이 나있는 방향으로 잡아당겨서 제거하든가 접목꼬챙이를 사용하여 제거한다.

㉰ 접목구멍은 대목의 중앙부분을 피하여 접목꼬챙이의 끝이 약간 나올 정도로 45°정도 비스듬히 뚫는다.

㉱ 대목의 구멍에 접수(接穗)를 꽂아 넣은 후 준비한 폿트에 심는다.

㉲ 접목 부분에 물이 들어가지 않도록 물을 준 후 터널안에 넣어 관리한다.

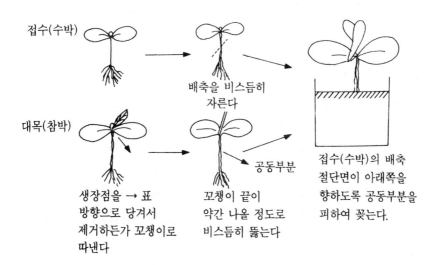

**<그림 3-2> 삽접 작업순서**

② 호접(互接) 요령

삽접보다 접목하는 노력이 더 들지만 접목작업후 활착까지의 관리가 쉬운 방법이다.

수박을 먼저 파종하여 발아가 시작된 후 (대개 5일 후) 대목을 파종한다. 배축(胚軸)이 짧은 수박은 약간 웃자라게 키우는 것이 접목하기가 쉬우므로 싹트기 시작할 때부터 물을 충분히 주고 온도를 높이는데 특히 밤의 온도도 20℃ 정도로 높여 준다.

종자가 큰 대목은 배축이 길게 되므로 너무 자라지 않게 억제시킬 필요가 있다. 파종할 때 충분히 물을 준 후 발아가 시작된 뒤에는 물을 주지 말거나 양을 적게 하고 밤의 온도를 15℃ 정도로 낮게 해야 한다.

접목은 다음과 같은 요령으로 한다〈그림 3-3, 3-4 참조〉.

㉠ 수박묘의 접목시기는 본잎이 약간 벌어진 때이며, 대목은 떡잎이 완전히 벌어졌을 때이다.

㉡ 수박묘를 뽑아내어 떡잎밑 1cm이내의 배축(胚軸)에 칼집을 넣는데 밑에서부터 45℃의 방향으로 윗쪽으로 벤다(그림 3-3의 오른쪽 그림).
수박묘는 배축이 가늘기 때문에 칼집의 깊이를 배축의 2/3지점까지 깊이 넣어서 대목과의 접촉부분을 많도록 해야 활착이 잘된다.

㉢ 대목은 수박묘의 칼집부분과 같은 높이에서 아래방향으로 칼집을 넣는데 배축의 절반지점까지만 벤다(그림 3-3의 왼쪽 그림).

㉣ 수박묘와 대목의 칼집부분을 끼워 맞춘 후 접목크립으로 고정을 한다. 크립은 수박묘가 크립의 안쪽에 오도록 하여 약간 미는 듯이 하면서 끼운다. 접목작업이 끝난 후 미리 흙을 약간 채워서 준비한 폿트에 심는데 두 배축의 사이를 벌려서 심어야 나중에 배축절단이 쉽다. 접목묘의 관리는 햇빛갈리기와 온상비닐 덮는 정도를 삽접보다 약하게 하여 거의 일반육묘와 같이 해도 된다.

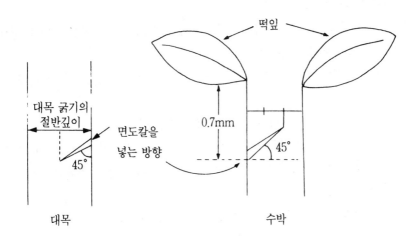

**<그림 3-3> 배축에 칼집을 넣는 요령**

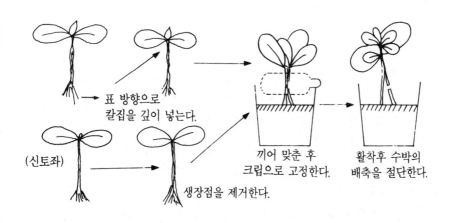

**<그림 3-4> 호접 작업요령과 순서**

③ 신호접(新互接) 방법

이 접(接)은 호접의 크립을 사용하는 불편을 제거하고, 삽접의 낮은 활착율을 높이기 위한 한 방법이다.

먼저 대목의 떡잎 한개를 제거하고 제거한 부분에 칼집을 비스듬하게 낸다.

접수는 호접과 같은 방법으로 줄기에 칼집을 낸다.

칼집 내기가 끝난 접수와 대목을 서로 맞끼우고 폿트에 심는데 이때 접수의 줄기를 약간 위로 올라오게 하여 대목이 웃자랄 경우 활착률이 떨어지는 것을 방지한다.

기타 작업 및 접목상 관리는 호접법과 동일하게 한다.

## 라. 접목후 관리

접목한 포트를 넣은 온상 안의 온도는 23∼25℃, 습도는 75∼80% 유지하되 이때 고온다습으로 도장할 우려가 있으니 주의를 해야 한다. 접목후 3∼4일간은 관수가 어려우므로 접목후 폿트에 심을 때 충분한 관수를 하고 습도를 유지하기 위해서는 온상바닥에 물을 뿌려준다.

햇빛은 접목후 1∼2일 정도는 발로 가려주었다가 그후부터는 아침, 저녁으로 서서히 햇빛을 쪼여 접목후 7일이 경과하면 활착이 되므로 이때부터 충분한 햇빛을 쪼여 활착을 촉진시킨다. 접목후 너무 오랫동안 햇빛을 가려주면 활착이 늦어지므로 이점을 주의해야 한다.

접목후 10∼12일경이면 활착이 완료되므로 이때 접목부위에서 대목의 떡잎부분의 줄기와 접수의 뿌리부분 줄기를 절단하고 그 후 2∼3일간은 접목상에서 보호한다.

이후부터는 일반온상과 같이 관리하였다가 정식 1주일전부터 묘를 굳히기 한 후 본엽 5∼6매때 정식한다.

## (2) 정식

### 가. 이랑만들기

정식하기 10~15일 전에 비료를 넣고 깊이 갈아 높은 이랑을 만들어 뿌리가 잘 뻗도록 해 준다. 이랑넓이는 시설의 크기에 따라 다르나 1.5~1.8m 정도가 알맞다.

① 거름주는 양과 방법

㉮ 질소 : 초세에 가장 직접적인 영향을 미치는 비료로서 10a 당 시비량은 15~20kg이다.

㉯ 인산 : 수박의 제뿌리는 인산의 요구량이 낮으나 접목한 경우에는 대목의 성질에 따라 인산의 요구량이 높아져서 10a당 15kg정도가 필요하게 되는데 보통 밑거름으로 전량을 준다.

㉰ 칼리 : 열매가 자랄 때에 많이 필요하며 요구량은 질소질비료와 거의 같은 수준이다.

㉱ 거름주는 방법 : 인산은 전량을 밑거름으로 주며 질소와 칼리는 반량 정도를 밑거름으로 주고 나머지는 꽃피기 전과 열매가 자랄 때에 걸쳐 웃거름으로 주어서 열매의 비대를 촉진시키도록 한다. 멀칭재배를 할 때는 웃거름을 통로에 주어도 된다.

② 비료 줄 때 참고할 점.

㉮ 멀칭의 영향 : 멀칭재배에서는 지온이 높아져서 비료분의 분해·흡수가 빨리되므로 초기의 생육이 왕성하게 되다가 열매비대기에는 비효가 떨어지기 쉽다. 따라서 밑거름량은 적게 하고 웃거름 주는 시기를 꽃피기전으로 앞당기는 것이 좋다.

㉯ 대목의 종류 : 대목의 종류에 따라 흡비력의 차이가 있으므로 흡비력이 강한 대목일 경우는 시비량을 적게, 흡비력이 약한 대목은 시비량을 많게 해야 한다.

신토좌 등 호박대목은 흡비력이 강하며, 실제 시비량의 결정에는 토질, 토양의 비옥도, 앞 작물에 준 비료의 영향 등도 고려해야 한다.

③ 비료주기와 물주기와의 관계

수박재배에 있어 영양생장(營養生長)과 생식생장(生殖生長)의 균형을 맞추는 것이 가장 어려운 기술이다.

수박 재배기간 동안 이상적으로 비료효과가 발생하는 형식은 암꽃이 필때부터 착과될 때까지는 비효가 억제되어 착과가 촉진되고, 착과된 후는 비효를 높여서 열매의 비대를 촉진시키는 것이다. 성숙기에는 어느 정도 비효가 떨어져서 품질이 향상되는 것이 바람직하다.

실제 재배를 해보면 이렇게 이상적으로 비효를 발현(發現)시키기는 어려운데 일반적으로 정식 후부터 점차 비효가 떨어지는 경우가 많다.

또한 영양생장을 억제시킬 목적으로 비료와 물주는 양을 적게 하면 열매는 잘 달리지만 착과된 후 열매를 키우려고 웃거름과 물주는 양을 늘려도 생각대로 비효가 나타나지 않아 열매가 제대로 자라지 않는 경우가 많다.

거름주는 양의 예는 〈표 3-7〉과 같다.

**〈표 3-7〉 수박의 거름주는 양**　　　　　　　　　　　　　(kg/10a)

| 비료명 | 총량 | 밑거름 | 웃거름 1회 | 웃거름 2회 | 웃거름 3회 | 3요소 성분량 |
|---|---|---|---|---|---|---|
| 퇴　　비 | 2,000 | 2,000 | - | - | - | N : 19.0kg |
| 깻　　묵 | 200 | 100 | 33 | 33 | 34 | P : 18.0 |
| 요　　소 | 16 | 8 | 2 | 3 | 3 | K : 17.0 |
| 용성인비 | 62 | 32 | 30 | - | - | |
| 염화가리 | 25 | 13 | - | 6 | 6 | |
| 석　　회 | 120 | 120 | - | - | - | |
| 주는시기 | | 정식15~ 20일전 | 정식후 25일전후 | 1회 후 45~50일 | 2회 후 30~40일 | |

질소비료는 덩굴의 자람이나 열매의 비대를 위해서는 필요하지만 지나칠 때는 덩굴만 무성하여지므로 주의해야 한다.

## 나. 정식

### ① 심는 거리

#### ㉮ 터널 조숙재배

보통크기의 터널재배에는 이랑폭을 터널보다 넓게 하는데 대개 240cm, 포기사이는 70~80cm로 한다. 따라서 심겨지는 포기수는 10a당 550포기 내외가 된다. 덩굴수는 2개로 하며 1포기당 2개의 과실을 착과시킨다.

#### ㉯ 시설재배

지주세워가꾸기를 할 때는 180cm 이랑에 2줄씩 심는데 포기사이는 35~40cm로 하여 평당 9~10포기가 들어가게 한다. 그리고 땅에 눕혀 재배할 때는 180cm 이랑에 90~120cm 간격으로 1줄씩 심어 평당 2~1.5포기로 하는 것이 알맞다.

### ② 정식방법 및 관리

정식시기가 저온기일 때는 지온을 높일 수 있도록 정식 5~7일전에 이랑을 멀칭하여 온도를 높여주도록 한다. 최저지온이 12~13℃를 유지해야 활착이 빠르고 후기생육에도 영향이 없다. 그리고 지온의 유지가 어려우면 이랑을 만들때 20cm깊이에 15~20cm의 두께로 단열재를 넣으면 지온상승을 시키는데 효과적이다.

그러나 넓은 이랑에 단열재를 넣는다는 것이 현실적으로 말처럼 쉬운 일이 아니다. 장기 투자를 위한 태양열을 이용한 지중온수 난방시설을 검토해 보는 것이 좋을 것이다.

정식에 알맞은 묘의 크기는 억제재배에는 본잎 3장 정도되는 작은 묘를, 촉성재배에서는 4장, 그리고 반촉성 재배에는 5~6장 되는 것을 심는다. 심기전에 멀칭은 반드시 하는 것이 좋은데 투명한 것이라야 지온상승 효과가 크다.

정식전날 묘에는 물을 충분히 주고 저온기에는 오후 2시경까지는 작업을 마치는 것이 온도상승 및 활착촉진을 위하여 좋다.

정식은 한꺼번에 전부 끝나는 것을 기다리지 말고 먼저 심은 것부터 물을 주고 즉시 터널을 씌워준다.

정식후 활착까지는 낮온도 27~30℃로 약간 높게 관리하고 밤의 최저온도는 촉성에는 18~20℃ 반촉성은 15℃를 목표로 한다.

## (3) 정지(整枝) 및 유인(誘引)

### 가. 억제 및 촉성재배

지주세워가꾸기를 주로 하는데 한정된 면적안을 입체적이면서 효과적으로 이용할 수가 있다. 단위면적당의 주수도 많이 들어가고 수확 열매수도 많아진다. 포기수가 많으므로 열매 1개당 크기는 보통재배보다 약간 작아진다.

지주는 대나무나 그물을 쓴다. 나무막대 지주에서는 〈그림 3-5〉와 같이 가로 3단의 철사로 유인한다.

제1번 암꽃은 10마디 전후에 맺히지만 달걀만할 때까지 두었다가 따버리고 16~20마디에서 발생하는 제2번 꽃에서 착과시킨다. 착과위치에서 덩굴 끝쪽으로 잎수를 15~20매에서 순지르기를 한다. 하나의 덩굴에 열매를 1개 맺게 한다고 하면 전 잎수가 35~40매가 된다. 목적하는 덩굴 이외에는 아랫쪽이나 끝부분에서 발생하는 곁가지는 전부 따낸다.

지주가꾸기에서는 수확이 끝난 포기는 뿌리목에서 40cm정도에서 잘라 아랫쪽에서 발생하는 아들덩굴을 재차 유인하여 2번째 열매를 수확할 수가 있다.

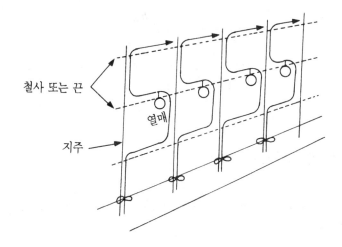

**<그림 3-5> 지주세워 가꾸기의 덩굴 유인법**

## 나. 반촉성재배

반촉성재배에서도 지주가꾸기를 할 경우는 앞에 설명한 촉성재배에 준해서 하면 되므로 여기서는 눕혀가꾸기에 대해 설명한다.

덩굴이 40~50cm 정도 자라면 1포기당 3~4덩굴로 가지를 고르고 곁가지를 제거하여 덩굴을 배열시킨다. 일반터널 크기의 이랑폭에는 이랑 중앙에 심어 덩굴을 U자 모양으로 배열하여 15~20마디의 암꽃이 터널내의 중앙에 오게 한다. 이랑폭을 넓게 하고 큰 터널을 이용할 경우에는 이랑 가장자리에 심어 덩굴을 반대편으로 뻗게 한다.

곁가지 제거는 착과 마디의 위쪽 2~3마디까지 하며 그 이후는 방임한다. 그러나 포기사이를 150~180cm로 넓게 심을 경우에는 덩굴수를 다소 많은 5~6개로 하고 곁가지제거를 대충하는 것이 노력이 절감되어 대규모 영농에 도움이 된다.

**<표 3-8> 수박 1개당의 잎면적과 열매의 크기와 당도 관계**

| 잎수(매) | 잎면적(cm²) | 열매무게(kg) | 당 도 |
|---|---|---|---|
| 30 | 5,212 | 4.3 | 8.7 |
| 18 | 4,076 | 2.6 | 8.1 |
| 10 | 2,049 | 2.3 | 7.5 |
| 7 | 1,818 | 2.0 | 7.2 |

## (4) 가루받이(授粉 수분)

저온기에 개화하기 때문에 곤충에 의한 가루받이(授粉)가 되지 않으므로 인공가루받이를 한다.

낮온도 27~30℃, 밤온도 18℃일 때에는 아침 6시경에는 개화되며, 밤온도 15℃ 일때는 8시경에 된다. 밤온도가 15℃ 이하로 되면 개화는 물론 개약(開藥-꽃밥이 터지는 것)도 늦어진다. 또 전날의 날씨가 나쁠 경우에는 개화가 늦어진다.

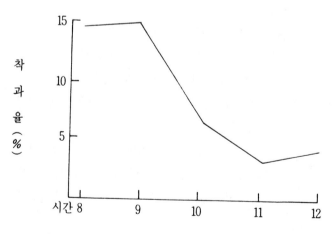

**<그림 3-6> 가루받이 시각과 착과율**

따라서 개화 전후에는 밤온도를 높여서 하우스안의 습도를 낮추어 개화를 빠르게 한다.

가루받이는 수꽃을 따서 꽃가루가 나오는 것을 확인하고 10시경에는 끝마치도록 한다.

저온하에 수꽃의 개화가 나쁠 때는 전날 오후에 수꽃을 채취하여 샤레나 소형플라스틱 접시에 물을 약간 넣어 꽃이 시들지 않도록 하고 그위에 비닐을 덮어서 따뜻한 곳에 둔다. 그리고 인공광선을 적당하게 비추어 꽃이 잘 피도록 한다. 다음날 이 꽃을 이용하여 가루받이를 시키면 된다.

한편 저장 꽃가루(화분)를 이용할 수가 있다. 즉, 개화직후의 꽃을 채취하여 제습제(除濕劑)가 들어있는 작은 병에 넣고 이 병을 영하 10℃ 정도되는 냉장고의 냉동실에 저장해 두면 저장일로부터 5~10일간 이용할 수 있다. 인공수분 후에는 지베렐린 1% 액을 화방이나 꽃자루에 뿌려주거나 발라 준다.

## (5) 기타 일반관리

활착까지 낮온도를 27~30℃로 하고 활착후에는 25~30℃로 한다. 아들덩굴이 발생할 때에도 약간 높은 것이 고르고 빨리 나온다. 밤온도는 촉성재배에서는 18℃, 반촉성에서는 15℃를 목표로 하는데 영양생장 기간중이라면 이보다 약간 낮아도 무방하다. 다만 개화기는 15℃ 이상이 되지 않으면 착과가 나빠진다.

토양이 너무 젖어있으면 땅온도가 낮아지고 헛덩굴의 원인이 되므로 관수량을 조절해야 한다. 착과후는 과실의 비대를 돕기 위해 관수량을 많게 하는데 성숙기에 너무 습하면 착색이나 당도(糖度)가 낮아지고 숙기가 늦어진다.

지주 가꾸기에서는 열매가 큰 사과만큼 되면 비닐이나 그물을 써서 지주에 매단다. 눕혀가꾸기에서는 사과만큼 커졌을 무렵에 짚이나 스티로폴 베개를 깔아주어 바르게 자라도록 해 주고 다시 수확 1주일 전에 방향을 바꾸어 전면을 파랗게 되도록 한다.

## (6) 생리장해의 발생조건과 대책

### 가. 과번무(過繁茂)

줄기의 끝부분이 굵어지며 줄기끝이 위로 솟는다. 덩굴이 무성하여 암꽃이 잘 맺히지 못한다.

발생조건은 질소와 수분의 과다와 일조부족일 때거나 열매가 덩굴의 위쪽 마디에서 달릴 경우이며, 대책으로는 토양의 전기 전도도(EC)가 1.0mS/cm 이상이 될때 밑거름을 주지말고 초세를 감안하여 웃거름량도 조절 시용하도록 한다. 토양수분이 많고 구름 낀 날이 계속 될 때는 웃거름량을 줄인다.

또 인공교배로 아래마디에 착과를 시킨다. 초세가 왕성할 때는 아래마디에 착과시켜 열매가 달걀정도 컸을 때 따버리면 초세를 떨어뜨려 정상적으로 잘 자란다.

### 나. 급성 위조증(急性萎凋症)

열매가 상당히 커서 비온 뒤 맑은날 식물체가 시들고 밤에는 회복이 되는 듯 하다가 2~3일 내에 죽는 것으로 강한 정지나 착과과다, 뿌리의 활력이 불량, 박을 대목으로 이용할 때 발생한다.

대책으로는 적절한 초세유지와 과도한 정지를 피하고 노지재배에서는 배수를 잘하며 양질의 퇴비나 생볏짚을 넉넉히 주어 토양의 물리성을 개량시켜 뿌리의 활력을 강화하도록 한다.

장기 연장재배를 할 때에는 대목으로 신토좌를 이용하는 것이 좋다.

### 다. 공동과(空胴果)

열매속에 둥근 빈공간 또는 종자부위로 길게 찢어진 것 같은 공간이 나타나는 것으로 발생조건은 열매가 잘 자라지 못하다가 갑작스런 관수와 웃거름으로 열매껍질쪽만 비대하고 속살비대가 따르지 못할 경우와 저온과 건조로 동화양분의 전류(轉流)가 부족하다가 생육후기 온도가 높아지면서 급히 익어갈 때 나타난다.

대책으로는 질소질비료를 알맞게 주어 동화양분의 분배를 균형되게 하고 보온에 힘써 적온하에서 착과비대를 촉진하는 것이 좋다.

### 라. 황대과(黃帶果)

과육속에 백색 또는 황색의 섬유질 줄이 생기는 것으로 저온이나 잎의 장해로 동화양분의 전류가 불량하거나, 호박대목을 이용했을 때, 질소과다로 초세가 무성하여 동화양분이 과실로 전류되는 것이 방해받았을 때 발생한다.

대책으로는 열매가 익을 때 보온과 병해충 방제로 잎이 건전하도록 하고 합리적인 시비로 과번무를 방지한다.

### 마. 육질악변과(肉質惡變果)

성숙기에 과실을 잘라보면 육질이 붉은색을 띠고, 심한 경우에 물러져서 흐물거리고 검붉어지면서 냄새를 풍기는 것으로, 초세가 약하고 잎수가 적을 때, 과실이 햇빛에 직접 노출되어 열매속의 온도가 높아져서 호흡이 갑작스럽게 많을 때 생긴다.

대책은 열매가 직사광선에 직접 노출되지 않게 신문지나 마른 풀을 덮어주거나, 병충해에 의한 잎의 손상을 방지하고, 지나친 정지를 피하여 적절한 초세를 유지하도록 한다.

### 바. 열과(裂果)

열매가 자랄때 저온, 건조로 과피조직이 굳어진 상태에서 고온다습으로 바뀌어 급격한 세포분열이 이루어지거나, 밤낮의 온도교차가 심할 경우 발생한다. 대책은 토양수분을 알맞게 유지시키고, 밤에 보온으로 과피가 굳어지는 것을 막고, 성숙기에 비온 후 날씨가 개일 때 과실표면에 직사광선이 쬐는 것을 막아준다.

## 6. 병충해 방제

### (1) 탄저병(炭疽病)

① 병원균의 특성

오이 탄저병을 일으키는 것과 같은 병원균이며 까만 점과 같은 분생포자층이 병무늬 위에 생긴다.

② 병징(病徵)

줄기와 잎에도 병무늬가 생기지만 주로 열매에 나타나기 때문에 직접적인 피해를 준다. 과일에 병무늬가 나타날 때에는 기름에 절인것 같은(유침상 油浸狀) 작은 점무늬로 시작하여 둥글게 변하면서 분생포자층이 생겨 갈색 또는 검은색의 작은 돌기가 보이게 되면서 비를 맞으면 진물이 나오는 경우도 있으며 병이 심해지면 속도 썩어버리게 된다.

③ 발생환경

하우스에 수박을 재배할 때에는 탄저병이 잘 발생하지 않지만 터널조숙재배를 할 때 비닐을 벗기고 나면 6월에 들면서 심하게 발생한다. 질소질 비료를 너무 많이 주게 되면 잎이 무성해져 공기유통이 나쁘므로 탄저병이 많이 발생하는 경우도 있다.

④ 방제요령

병원균의 종자전염을 예방하기 위하여 종자소독을 하고 발생초기에 알맞는 농약을 살포하여야 하는데 비가 오고난 후에 심한 곳에는 농약을 4~5일 간격으로 뿌려주는 것이 좋다. 방제농약으로는 프로피수화제(안트라콜)는 500배액으로, 베노밀수화제(벤레이트)는 2,000배액으로 희석하여 7~10일 간격으로 뿌려주어야 한다.

## (2) 흰가루병(白粉病)

### ① 병원균의 특성
수박에서 발견되는 병원균은 오이의 흰가루병균과 같은 균이지만 수박에 더 피해를 준다.

### ② 병징(病徵)
아래잎에서부터 병무늬가 나타나면서 윗잎으로 번지게 되는데 잎에 흰가루가 생기는 것이 특징이며 병원균이 날아간 후에는 얼룩점무늬가 남아 있다.

### ③ 발생환경
하우스재배에서는 5월 상순부터, 터널재배에서는 5월 하순부터 발생하는데 습도가 높으면 많이 발생한다.

### ④ 방제요령
우리나라에서는 피해가 많지 않은 병이므로 수박탄저병을 막으면 이 병도 예방할 수 있다. 특히 수박은 약해가 나기 쉬운 작물이므로 품목허가된 농약 이외에는 사용하지 않는 것이 좋다.

## (3) 균핵병(菌核病)

### ① 병원균(Sclerotionia sclerotiorum)의 특성
이 병원균은 자낭균에 속하는 균이며 여러 종류의 채소에 병을 일으키는 다범성(多犯性)병원균이다. 균사는 18~20℃에서 잘 자라고 하얀 곰팡이의 균사가 자란 후에는 쥐똥과 비슷한 균핵(菌核)이 생긴다.

② 병징(病徵)

주로 수박의 꽃이 달렸던 열매부위에 솜털같은 곰팡이가 피어서 피해를 주며 습기가 많으면 수박에서 진물이 흘러나오는 경우도 있다. 줄기가 이 병에 걸리게 되면 무름증상과 함께 마르게 되며 흰곰팡이가 피다가 까만색의 균핵이 생기는 것이 다른 병과 구별할 수 있는 특징이다.

③ 발생환경

병무늬 위에 생긴 균핵이 땅에 떨어져 있다가 온도가 낮을 때 수박을 재배하게 되면 균핵이 발아하여 자낭반을 형성하고 여기에서 자낭포자가 바람에 날아가 병을 일으키게 된다. 따라서 가온을 하지 않는 하우스에서 온도가 20℃ 전후가 되고 온도가 낮아 수박이 잘 크지 않을때 많이 발생하게 된다.

④ 방제요령

균핵이 전염원이므로 여름에 논농사를 하거나 하우스를 할 장소에 물을 대주어 균핵을 썩어버리게 하는 것이 좋은 방제법이 된다. 자외선을 통과시키는 비닐을 사용하게 되면 자낭반을 생기지 못하게 하므로 병해를 줄일 수 있다. 상추균핵병 방제농약으로 프로파수화제(스미렉스)가 품목 고시되어 있으나 수박 균핵병 방제농약으로는 아직 품목고시된 농약이 없다.

# 제4장 참외

## 1. 국내 생산현황 및 전망

### (1) 재배현황

단위면적당 수량은 조금씩 증가하고 있으며, 시설재배 비율도 계속 증가하고 있어 '96년도에는 86%에 달하고 있다.

<표 4-1> 연도별 재배면적과 생산량

| 연도 | 재배면적(ha) | | 10a 수량 (kg) | | 총생산량(t) | |
|---|---|---|---|---|---|---|
| | 전 체 | 시 설 | 전 체 | 시 설 | 전 체 | 시 설 |
| 1990 | 8,160 | 4,209 | 2,194 | 2,604 | 179,007 | 109,588 |
| 1992 | 8,418 | 5,407 | 2,493 | 2,917 | 209,837 | 157,697 |
| 1994 | 10,251 | 7,914 | 2,518 | 2,774 | 258,067 | 219,563 |
| 1995 | 11,999 | 9,745 | 2,760 | 3,005 | 331,126 | 292,838 |
| 1996 | 10,679 | 9,198 | 2,732 | 2,901 | 291,710 | 266,799 |
| '96시설비율(%) | | 86.1 | | 106.2 | | 91.5 |

## (2) 전망

당도가 높은 신품종의 확대보급에 따라 소비량이 증가하고 재배의 안전성이 높은 시설재배면적이 계속 증가할 것이다. 또한 품질위주로 소비형태가 변함에 따라 종래의 양적생산에서 품질을 중시하는 방향으로 품종의 선택과 재배법이 변해갈 것이다. 그에 따라 재배기술에 따른 주산지의 등급이 형성될 것이므로 유리한 판매를 위해서는 작목반의 활동이 강화되어야 할 것이다.

# 2. 생태적 특성과 재배환경

## (1) 생태적 특성

참외는 아프리카가 원산지로 박과류에 속하는 1년생 초본이다.

순지르기(적심)를 하지 않으면 보통 어미덩굴이 5m 정도 자란다. 마디마다 곁가지를 내어 아들덩굴, 손자덩굴 등으로 발생한다. 뿌리는 천근성이어서 지표면으로부터 약 15~24cm의 깊이에서 넓게 분포한다. 따라서 지나친 건조는 생육에 지장을 일으킨다. 또한 가는 뿌리가 적고 주근이 길게 뻗어나가 뿌리의 재생력이 약하므로 폿트육묘가 바람직하다.

꽃은 대개 양전화(兩全花 : 암술, 수술이 한 꽃에 있음)와 수꽃이 있는데 양전화는 수술이 많이 퇴화되어 환경이 나쁠 경우에는 꽃가루가 잘 나오지 않을 때가 많다. 한편 수술이 전혀 없는 암꽃과 수꽃만이 있는 단성화(單性花)가 최근에 많이 육성되고 있다.

## (2) 재배환경

생육적온이 오이보다는 약간 높으나 수박보다는 낮다.

광포화점이 약 5만 Klux로서 햇빛이 많이 쪼이는 것을 좋아하는 작물이다.

암꽃분화에는 단일, 저온, 일조량, 영양 등이 관계되며 일조량이 많으면 암꽃이 충실해지고 결실률도 좋아진다.

**〈표 4-2〉 참외의 생육적온**　　　　　　　　　(단위 : ℃)

| 기 온 | | 지 온 | 생육 최저 온도 | |
|---|---|---|---|---|
| 낮 | 밤 | | 기온 | 지온 |
| 25~30 | 18~20 | 20~25 | 10~12 | 13 |

토양 적응성이 넓으나 뿌리의 산소요구량이 높기 때문에 물빠짐이나 물을 간직하는 힘이 좋은 토양이 생육에 좋은편이다.

토양산도(pH)는 6.0~6.8이 가장 알맞다.

# 3. 재배작형(栽培作型)

우리나라에서의 재배작형에는 촉성재배(促成栽培)를 비롯하여 4가지가 있는데 반촉성재배(半促成栽培) 면적이 제일 많다. 최근에는 노지조숙재배가 현저히 줄어들고 있으며 또한 터널재배도 반촉성재배로 전환되고 있다.

## (1) 촉성재배(促成栽培)

10월 하순부터 11월 중순에 걸쳐 파종하여 정식(定植)은 12월내에 마친다.

정식후 하우스내의 온도가 15℃ 이상 유지되도록 야간에는 제일 바깥에 거적을 씌우고 하우스내를 비닐로 2중으로 피복하며 그 안에 소형터널을 하고 거적을 덮는다. 하우스내 온도는 15℃ 이하나 최고 30℃ 이상이 되지 않도록 하여 기형과(奇形果)의 발생을 억제시킨다.

햇빛이 비치면 저온의 피해가 없는 범위에서 되도록 거적을 빨리 벗겨 햇빛을 많이 받게 한다. 이어짓기를 많이 한 하우스는 반드시 접목재배를 한다. 하우스내의 과습으로 반점세균병(斑点細菌病)이 발생하는 경우가 있으며 또한 덩굴마름병(蔓枯病)도 우려되므로 방제에 특히 주의한다.

### <표 4-3> 촉성재배의 주요작업

| 월별 | 9 | | | 10 | | | 11 | | | 12 | | | 1 | | | 2 | | | 3 | | | 4 | | | 5 | | |
|---|---|---|---|---|---|---|---|---|---|---|---|---|---|---|---|---|---|---|---|---|---|---|---|---|---|---|---|
| | 상 | 중 | 하 | 상 | 중 | 하 | 상 | 중 | 하 | 상 | 중 | 하 | 상 | 중 | 하 | 상 | 중 | 하 | 상 | 중 | 하 | 상 | 중 | 하 | 상 | 중 | 하 |
| 작부시기 | | | | ○ ━━━━ × ━━━ ☀ ━━━━━━━━━━━━ ▦▦▦▦▦ 수확 | | | | | | | | | | | | | | | | | | | | | | | |
| 주요작업내용 | 하우스설치 | | | 상토소독 / 파종준비 / 파종 | | | 접목 / 보온철저 / 2중하우스 및 터널설치 | | | 정식준비·터널·거적 / 2아들덩굴유인 / 정식 | | | 손자덩굴정지 / 약제살포 / 1차웃거름 | | | 2아들덩굴순지르기 / 차과제처리 / 2차웃거름 | | | 손자덩굴정지 / 2차웃거름 물주기중지 | | | 수확시작 / 약제살포 | | | 약제살포 / 수확완료 | | |

주) ○ : 파종 , × : 아주심기, ◉ : 보온 ☀ : 가온 ▦ : 수확

## (2) 반촉성재배(半促成栽培)

12월 하순부터 1월 중순에 걸쳐 파종하여 정식(定植)은 1월 하순부터 2월 중순 사이에 완료하고 하우스내 보온은 촉성재배와 같이 관리한다.

2월 하순부터는 낮에 기온이 많이 올라가므로 천정에 환기창을 내어 낮에

는 30℃ 이상이 되지 않도록 하고 밤에는 15℃ 이하가 되지 않도록 보온에 주의한다.

4월 중순 이후부터는 암꽃에 같이 붙어있는 수술의 꽃가루가 잘 나와 자가수정이 잘 이루어지므로 착과제 사용은 필요하지 않는다.

**<표 4-4> 반촉성재배의 주요작업**

| 월별 | 11 상 중 하 | 12 상 중 하 | 1 상 중 하 | 2 상 중 하 | 3 상 중 하 | 4 상 중 하 | 5 상 중 하 | 6 상 중 하 |
|---|---|---|---|---|---|---|---|---|
| 작부시기 | ○─ | | ─☀─(가온)─ | | | | ─▦(수확)▦ | |
| 주요작업내용 | 하우스설치 | 상토소독 / 파종준비 / 접수파종소독 | 대목파종 / 접목 / 정식준비·순지르기 / 멀칭·정식·터널 | 1차웃거름 / 아들덩굴유인 | 2차웃거름 / 약제살포 / 아들덩굴순지르기 | 3차웃거름 / 착과제살포 / 손자덩굴유인 | 물주기중지 / 약제살포 / 수확시작 | 약제살포 / 수확완료 |

주) ○ : 파종 , × : 아주심기, ◖ : 보온 ☀ : 가온 ▦ : 수확

## (3) 터널조숙재배(早熟栽培)

1월 하순부터 2월 하순에 걸쳐 파종하여 남부지방은 3월 하순에서 4월 상순, 중부지방은 4월 중순경에 정식한다.

정식후 약 10일 정도는 밀폐하고 5월 중순까지는 밤에 거적을 덮어준다. 환기는 정식후 약 10일경에 실시하나 터널내의 온도가 30℃ 이상이 될 경우에 실시한다.

**<표 4-5> 터널조숙재배의 주요작업**

| 월별 | 1 상중하 | 2 상중하 | 3 상중하 | 4 상중하 | 5 상중하 | 6 상중하 | 7 상중하 |
|---|---|---|---|---|---|---|---|
| 작부시기 | ○———— | | ─⊙─X── | | | | ───▨▨ |
| 주요작업내용 | 하우스내 접수파종 / 상토소독 / 파종준비 | 보온철저 / 접목 / 대목파종 | 멀칭·정식·터널 / 정식준비·순지르기 | 1차 웃거름 / 아들덩굴 유인 / 한낮에 환기시작 | 거적터널제거·2차 웃거름 / 약제살포 / 물주기 중지 / 아들덩굴 순지르기 | 수확시작 / 약제살포 | 수확완료 / 약제살포 |

주) ○ : 파종, × : 아주심기, ⊙ : 보온, 👁 : 가온, ▨ : 수확

## (4) 조숙재배(早熟栽培)

**<표 4-6> 조숙재배의 주요작업**

| 월별 | 2 상중하 | 3 상중하 | 4 상중하 | 5 상중하 | 6 상중하 | 7 상중하 | 8 상중하 |
|---|---|---|---|---|---|---|---|
| 작부시기 | ○———— | | ─⊙─X── | | | ──▨▨ | ▨ |
| 주요작업내용 | 상토소독 / 파종준비 | 접목 / 대목파종 / 접수파종 | 멀칭·정식 / 정식준비·순지르기 / 보온철저 | 아들덩굴 유인 / 2차 웃거름 / 아들덩굴 유인 | 손자덩굴 유인 / 2차 웃거름 / 약제살포 | 수확시작 / 물주기 중지 | 수확완료 / 약제살포 |

주) ○ : 파종, × : 아주심기, ⊙ : 보온, 👁 : 가온, ▨ : 수확

중부지방은 3월 중·하순에, 남부지방은 3월 상순경에 양열(釀熱) 또는 전열온상(電熱溫床)에 파종하며 대목(臺木)은 떡잎이 나온후 파종(대개 5~7일 후) 한다.

제초노력을 줄이기 위해서는 검은비닐로 멀칭하고 정식하면 늦서리 피해를 막기위해 반드시 비닐고깔을 씌운다.

덩굴이 바람에 잘 날리기 쉬우므로 비닐멀칭 위에 짚을 약간 깔아준다. 6월 하순부터 장마철에 접어들므로 이 기간 중에 비가 오지 않는 날에는 만고병, 노균병, 반점세균성병의 방제를 철저히 해야한다.

## 4. 품종

참외품종은 개구리참외 등의 지방재래종으로부터 최근의 개량종까지 많은 품종이 있으나 크게 분류하면 노지재배용인 은천계통과 시설재배용인 신은천계통, 조숙재배용인 금싸라기 은천계통으로 나누어진다.

### (1) 신은천참외 계통

1970년대 중반에 은천참외로부터 개량된 교배종으로 은천참외에 비해 저온에 강하고 착과력이 우수하여 촉성, 반촉성재배용으로 이용된다. 과일 크기는 300~350g이며, 배꼽크기는 은천보다 작고, 저장기간은 5~10일 정도이며 품종에 따라 저온신장성, 당도, 발효과와 기형과 발생정도에 상당한 차이가 있다.

황태자참외, 새론참외, 금나라참외, 조생하우스은천참외, 황옥은천참외, 금도령은천참외 등이 있다.

## (2) 금싸라기은천참외 계통

1980년 중반에 개발된 품종으로 당도가 높고 육질이 아삭아삭하여 인기가 높은 품종이다. 암꽃이 단성화이고, 배꼽이 작아서 변형과 발생이 적다. 과일 크기는 350g 전후이며 10~15일간 저장 가능하다. 저온신장성은 신은천계통보다 떨어지고 재배조건에 따라서는 물찬과와 발효과의 발생이 심하며 당도에도 차이가 많이 생기는 결점이 있다. 늦은 반촉성, 터널조숙, 노지재배에 적당하다.

금괴은천참외, 참존참외, 금보라참외, 금지게참외, 금동이은천참외, 금노다지은천참외 등이 있다.

주요 품종을 들면 다음과 같다.

**<표 4-7> 주요 참외 품종 특성**

| 품종명 | 종묘사 | 등록년월 | 품 종 특 성 | | | | | |
|---|---|---|---|---|---|---|---|---|
| | | | 숙기 | 재배형 | 과피색 | 과중(g) | 당도(Brix) | 내한성 |
| 금싸라기 | 홍농 | 88. 5 | 조 | 터 널 조 숙 | 진황 | 290~340 | 11~13 | 중 |
| 백 금 | 〃 | 93. 11 | 중 | 반 촉 성 | 백 | 350~400 | 12.5~13.5 | 중 |
| 황 금 | 〃 | 86. 7 | 중 | 반 촉 성 | 황 | 360~440 | 10~12 | |
| 다이아몬드 | 서울 | 95. 8 | 조 | 반 촉 성 | 농황 | 300~320 | 12~14 | 중강 |
| 참 맛 | 〃 | 88. 5 | 중 | 터널조숙(반촉성) | 황백 | 270~330 | 10~12 | 중 |
| 금 괴 | 〃 | 89. 11 | 중 | 터널(반촉성) | 황 | 290~350 | 11~13 | 중 |
| 금 보 라 | 중앙 | 89. 11 | 조 | 조 숙 터 널 | 농황 | 300~330 | 10~13 | 중 |
| 황 태 자 | 〃 | 89. 8 | 조 | 반 촉 성 | 진황 | 320~370 | 11~13 | 강 |
| 금 나 라 | 〃 | 86. 11 | 중 | 터널조숙(반촉성) | 황 | 330~380 | 11~12 | 강 |
| 통 일 황 | 한농 | 94. 12 | 중 | 조 숙 | 농황 | 380~480 | 12.5~14.5 | 강 |
| 금 지 게 | 〃 | 90. 8 | 조 | 반 촉 성 | 황 | 380~430 | 12~13.5 | 강 |
| 황 옥 | 〃 | 91. 8 | 조 | 반 촉 성 | 농황 | 300~360 | 13~14 | 강 |
| 금노다지 | 농우 | 87. 10 | 중 | 터널조숙(노지) | 진황 | 350~400 | 12~13 | 중 |
| 황진이은천 | 〃 | 92. 11 | 조 | 반촉성(터널) | 농황 | 310~370 | 11~13 | 강 |
| 백 | 〃 | 91. 11 | 중 | 반 촉 성 | 백 | 450~550 | 12~14 | 강 |
| 금미은천 | 농진 | 91. 2 | 중 | 반 촉 성 | 황 | 320~390 | 11~13 | 중 |

# 5. 재배기술

참외는 대부분이 시설재배이므로 피복구조에 따라 하우스와 터널로 나누어 설명한다.

## (1) 육묘기(파종~본잎 5~6매)

**<표 4-8> 참외 육묘기 관리요령**

| 작업명 | 주요관리요령 |
|---|---|
| 상 토 준 비 | 토양 : 유기물 = 1 : 1, 상토 1㎥당 비료 : 질소 -100g, 인산 -1,000g, 칼리 -100g, 석회고토 -200g |
| 모 판 설 치 | 햇볕이 잘 들고, 물주기가 편리한 곳 |
| 파 종 | 벤레이트티 200배액 1시간 소독, |
| 파 종 상 온 도 | 발아전 : 28~30℃, 발아후 : 25~28℃ |
| 대 목 파 종 | 참외 떡잎전개 직후, 대목종자 파종. |
| 접 목 | ∘접목방법 : 호접(맞접)<br>∘시 기 : 참외 본잎 1매 펴진후, 대목은 본잎이 조금 보일 때.<br>∘온 도 : 접목후 2~3일간 25~28℃로 밀폐시킨다. |
| 접 목 상 온 도 | 낮 : 25~28℃, 밤 : 15~18℃, 접목후 고온다습에 주의 |
| 삽수뿌리절단 | 접목 7~10일 후 크립제거하고 삽수(참외) 뿌리절단. |
| 약 제 방 제 | 뿌리 끊은후 살균제 살포, 습도 낮춤 |
| 순 지 르 기 | 가능한 빨리 본잎 5~6매시 순지르기 |
| 모 굳 히 기 | 정식 7~10일전부터 정식포와 같은 환경조건에서 모를 순화시킴. |

육묘기는 참외농사의 성공여부를 결정짓는 중요한 시기이다. 건전한 양묘(良苗)를 생산하기 위해서는 좋은 상토(床土)를 사용하여 묘기르기에 알맞

는 온도와 충분한 햇빛을 받도록 한다. 광선부족과 질소과잉에 의한 연약한 묘는 화아분화(花芽分化)와 발육이 나빠서 정식 후 활착이 늦어지게 된다. 이 시기의 주요관리는 〈표 4-8〉과 같다.

### 가. 상토(床土) 만들기

최소한 6개월 이전부터 산흙 또는 모래 : 유기물(퇴비)을 용적비(容積比)로 1:1로 한겹씩 쌓는데 비료는 상토 1m³당 성분량으로 질소 100g (유안 500g)인산 1,000g (용성인비 5,000g), 칼리 100g (염화가리 170g), 석회고토비료 200g을 층층마다 뿌려준다. 그후 가을부터 겨울사이에 2~3번 상토더미를 뒤집어 준다.

### 나. 파종(播種)

파종일은 정식일로부터 역산하여 결정하는데 보통 정식 40~50일전에 한다. 먼저 종자를 벤레이트티 200배액 또는 호마이 400배액에 1시간정도 담가 소독한 후 깨끗한 물로 잘 씻어낸다.

파종상(播種床)은 양열온상(釀熱溫床)의 경우 대략 파종 1주일 전에 준비하여 양열재료를 밟아 넣어야 파종할 때 상토의 온도가 25~30℃ 정도가 될 수 있다.

그러나 요즘은 전열온상을 쓰므로 작업과 온도 맞추기가 간단하고 실수할 염려가 아주 적어 편리하다. 파종은 보통 조파(條播)를 하는데 싹을 틔운 종자를 줄사이 5~6cm, 깊이 1cm정도 되는 골에 씨앗사이 1~1.5cm로 하고, 6~7mm정도 복토한 다음 짚으로 덮어준 후 20℃ 정도 되는 미지근한 물을 충분히 준다.

싹틔우기는 하루저녁 30℃ 정도 되는 미적지근한 물에 담근 종자를 30℃ 정도되는 곳에 1~2일 정도 물에 적신 보자기에 싸서 두면 1~2mm크기의 싹이 나오는데 이때가 파종적기이다.

## 다. 발아(發芽)

발아하는데 적당한 온도는 28~30℃ 정도인데 지온(地溫)이 20℃ 이하로 떨어지면 발아율이 낮아지고 발아하는데 시일이 걸리므로 적당한 온도를 유지시켜 주는 것이 중요하다.

파종후 3일경부터 싹이 흙위로 올라오는데 덮었던 짚은 이때 걷어낸다. 발아가 80% 정도 이루어졌을 때는 28℃ 이상 유지해 두었던 온도를 25~28℃로 낮추고, 점차로 접목시까지 20℃ 정도로 낮추어 묘가 웃자라지 않도록 관리한다.

## 라. 접목(接木)

참외는 덩굴쪼김병(만할병, 蔓割病) 방지, 연작장해(連作障害)의 회피, 저온신장(低溫伸長)의 도모, 흡비력의 증대 및 조기수확을 위하여 접목이 반드시 필요하다.

대목과 접수의 파종순서는 접목종류에 따라 다르나 호접일 경우는 접수를, 할접(割接)과 삽접(揷接)에는 대목을 먼저 파종한다.

파종량은 10a당 접수인 참외는 5작, 대목인 신토좌는 40작 정도 준비하면 된다. 대목으로 참박을 이용할 경우 하루저녁 따뜻한 물에 담그어 두었다가 30℃ 되는 곳에서 싹을 틔워 파종하면 발아하는데 어려움이 없이 균일도를 증진시킬 수 있다.

접목은 고온다습한 반그늘에서 한다. 겨울철에는 반드시 가온설비가 되어 있는 곳을 선택한다. 호접(互接)일 경우에는 접목(接木) 2~3일 전부터 2~3℃ 온도를 낮추어 배축(胚軸) 길이가 5~7cm 정도인 단단한 모를 만든다.

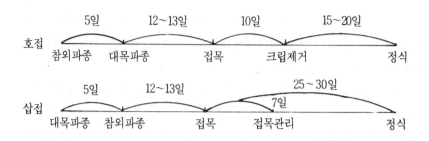

<그림 4-1> 대목 및 접수의 파종순서와 육묘기간

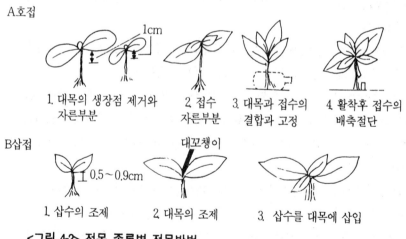

<그림 4-2> 접목 종류별 접목방법

① 호접(맞접)하는 요령

대목(臺木)의 생장점(生長点)을 제거하고 배축(胚軸)의 상단에서 1/3쯤 되는 지점을 위에서 밑으로 비스듬히 45℃로, 깊이는 2/3 또는 1/2로 8mm

정도 자르며 접수(接穗)는 반대로 밑에서 위로 잘라 올려 서로 맞끼운 다음 크립으로 고정시킨다. 〈그림 4-2의 A〉

② 삽접(꽂이접) 하는 요령

접수(接穗)의 떡잎에서 5~7mm 정도인 곳을 쐐기모양으로 잘라낸다. 〈그림 4~2의 B〉

대목은 생장점을 제거하고 대꼬챙이(끝의 굵기가 접수 절단모양의 크기) 또는 이쑤시개의 끝을 약간 끊어내고 이것을 〈그림 4-2의 B〉 처럼 뚫는다. 그리고 나서 삽수를 대목에 끼운다.

## 마. 접목후 관리

접목이 끝나면 25~28℃ 정도의 온도를 유지할 수 있는 온상에 옮겨 심는다. 옮겨놓기 전에 잎에 물이 닿지 않도록 폿트에 물을 충분히 준 다음 2~3일간 밀폐하면서 햇빛을 가려준다. 이 기간이 지나면 한낮에는 환기를 시켜 환경을 조절하고 아침 저녁 낮은 광도(光度)의 햇빛을 서서히 받게 하여 건전한 모를 만드는데 유의한다. 접목 10일 경에는 활착이 되는데 접수의 뿌리를 2~3주 정도 잘라 보아서 시들지 않으면 접목주 전부를 잘라준다. 대목에 곁눈이 나오는 경우는 신속히 제거시킨다.

보통 접목묘는 평당 144주(사방 15cm) 정도로 배열하고 모판거름은 3요소 흡수량이 질소 32g, 인산 11g, 칼리 36g인 점을 감안하여 성분량으로 질소를 40~60g, 인산은 10~50g, 칼리를 20~50g을 주는 것이 좋다.

## 바. 순지르기(적심 摘芯)와 곁가지(측지 側枝) 발생

순지르기는 본잎이 5~6매일 때로, 마지막 잎이 십원짜리 동전크기의 1/4정도 되었을 때 실시한다. 아들덩굴은 2~4개 정도 내는데 시설재배에서 배게 심었을 경우에는 주로 2개 정도, 드물게 심었을 경우에는 3개 정도 기른다.

## (2) 덩굴신장기(정식~꽃필 때)

### 가. 하우스작형(촉성, 반촉성)

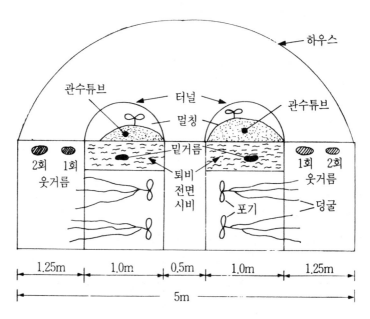

**<그림 4-3> 하우스내 이랑너비와 시비위치**

① 정식준비

정식 15일전부터 밑거름을 시용하고 멀칭과 터널씌우기를 정식 5~7일 전에 끝마치고 땅온도가 오르도록 하여 심은후 활착이 빨리 되도록 해준다. 보통 밑거름으로 10a당 퇴비는 3,000~4,000kg, 석회 100kg, 요소 30kg, 용성인비 100kg, 염화칼리 25kg, 붕사 2kg 정도를 준다. 비료를 주는 위치는 〈그림 4-3〉과 같다.

**<표 4-9> 덩굴자랄 때 관리지침**

| 작 업 명 | 주 요 관 리 지 침 |
|---|---|
| 정    식 | 정식준비 : 비닐하우스 설치, 밑거름 시용, 정식전 모판 물주기<br>멀칭, 2중터널(터널재배)<br>정식 : 이랑너비 1.5~2.5m, 포기사이 45~90cm |
| 지 온 유 지 | 밤온도 15℃ 이상 유지, 터널과 멀칭 병용 |
| 정    지 | 3~6마디에서 세력이 좋은 2~4덩굴을 선택, 아들덩굴 15~20마디에서 순<br>지르기, 아들덩굴 아랫잎 2~3매 따주기 |
| 짚  깔  기 | 줄기를 고정시키기 위해 짚과 같은 것을 깔아 줌 |
| 거 름 주 기 | 정식 후 15~20일 간격으로 웃거름 |
| 약 제 살 포 | 노균병, 흰가루병, 만고병에 약제방제 철저(3~5회 실시) |

**<표 4-10> 재식거리 별 정식 주수**

| 하우스폭(m) | 이랑수 | 재식거리(m) | 10a 당 주수 | 아들덩굴수 | 덩굴배치법 |
|---|---|---|---|---|---|
| 4.8 | 2 | 2.4×0.3 | 1,388 | 2,776 | ·사선형( ∮ )<br>V자형  또는<br>양방향형<br>·아들덩굴 2<br>개 배치기준 |
|  |  | 2.4×0.4 | 1,041 | 2,082 |  |
|  |  | 2.4×0.5 | 833 | 1,666 |  |
| 5.0 | 2 | 2.5×0.3 | 1,333 | 2,666 |  |
|  |  | 2.5×0.4 | 1,000 | 2,000 |  |
|  |  | 2.5×0.5 | 800 | 1,600 |  |
| 5.4 | 2 | 2.7×0.3 | 1,234 | 2,468 |  |
|  |  | 2.7×0.4 | 925 | 1,850 |  |
|  |  | 2.7×0.5 | 740 | 1,480 |  |

② 정식과 재식밀도

정식일은 되도록이면 따뜻한 날을 택한다. 이랑나비를 1.5~2.5m로 하고
2개 덩굴을 양쪽방향으로 배치할 경우 포기사이를 35~40cm로 하며 한쪽
방향으로 할 경우에는 60~75cm로 한다. 또한 덩굴을 3개로 배치할 경우에

는 양쪽방향 〈그림 4-5〉는 60～75cm, 한쪽 방향은 75～90cm로 한다. 하우스 여백을 고려하여 대개 10a 당 700～1,100 포기가 알맞다. 보통 하우스내에 이랑 2개를 만들고 포기사이 40cm 전후로 정식하는 것을 표준으로 하지만 재배지역과 재배시기에 따라 다소 차이가 있다.

③ 보온관리와 웃거름주기

하우스내의 최저기온이 12℃, 최저지온이 15℃ 이상 되게 하고 낮에는 25～30℃, 밤에는 15～18℃로 관리한다.

본잎이 5～6매되면 10마디 전후의 꽃눈(花芽)이 분화되는 시기가 되므로 광선을 충분히 받아 동화작용을 왕성하게 일으켜 자방(子房)에 큰 암꽃이 피도록 한다.

이때 낮온도를 23～25℃가 되도록 관리하고 정식 후 10～15일 쯤 제1회

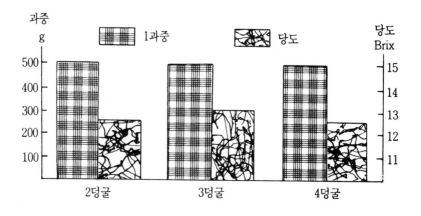

**〈그림 4-4〉 아들덩굴수에 따른 과일 1개의 무게와 당도**

웃거름을 주어 꽃눈의 발달을 좋게 한다. 웃거름은 2~3회로 나누어 주는데 10a당 요소 8kg 정도로 하고 염화칼리는 제2회째만 대개 25kg정도를 준다. 웃거름을 2회째부터는 20~25일 간격으로 주는 것이 좋다.

④ 정지법(整枝法)과 착과수(着果數)

아들 덩굴은 보통 2~3개를 내는데 이 덩굴의 아랫마디에서 나오는 손자 덩굴은 따버리고 5~12마디에서 나온 손자덩굴의 첫열매를 착과시키며 그위의 잎을 3~4개 남기고 순을 지른다. 보통 1개의 아들덩굴에서 연속하여 3~4개 착과시키며 아들덩굴은 12~15마디에서 순을 질러 잎에 광선이 고루 잘 받도록 덩굴을 균형있게 배열한다.

## 나. 터널조숙

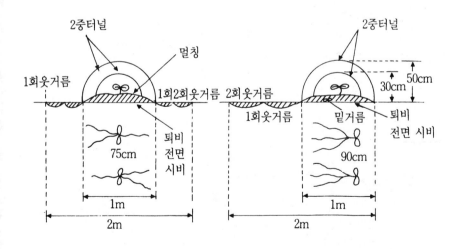

**&lt;그림 4-5&gt; 터널이랑너비와 거름주는 위치**

① 정식준비

터널재배는 보온능력이 하우스보다 못하다. 터널내의 온도가 최소한 13℃ 이상 되는 시기에 정식을 하며 2중 터널과 멀칭을 하면 한겹의 터널보다 10~15일 정도 빨리 정식이 가능하다. 이랑나비는 1.5~2.5m, 외부터널의 폭은 1.0~1.5m로 한다. 그외 작업은 하우스와 같으며 거름주는 방법은 〈그림 4-5〉와 같다.

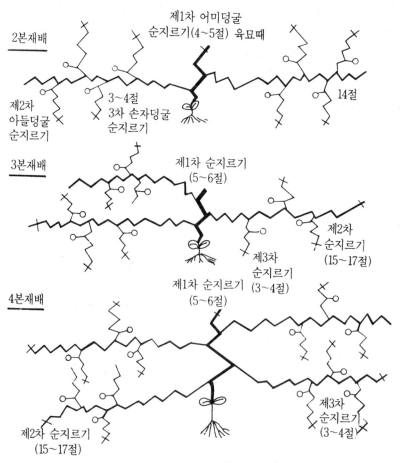

<그림 4-6> 아들덩굴 손질 방법

② 정식과 재식밀도

정식방법은 하우스재배와 같지만 장마철 빗물의 영향을 받기 쉬우므로 가급적 얕게 심는다. 정식후 충분히 물을 주고 활착까지는 물주기를 삼가한다. 이랑나비는 2.0~2.7m 정도로 하고 아들덩굴수는 2~3개를 기르며 포기사이는 〈그림 4-6〉과 같이 덩굴을 배열하는 방향에 따라 달리한다.

③ 보온 및 환기

5월 하순까지는 밤에 거적을 덮어 주어야 하며 정식 후 10일경부터 낮에 환기를 시켜 꽃눈(花芽)이 잘 발달되도록 한다.

④ 정지법과 초세유지

하우스 재배와 비슷하다. 잎 수가 너무 많으면 병 발생의 원인이 되기 때문에 초세를 보아 잎과 곁가지를 제거한다. 덩굴수는 3개가 표준이나 밀식(密植)일 경우는 2개, 드물게 심을 경우는 4개를 내기도 한다〈그림 4-6〉.

## (3) 착과기(着果期)

### 가. 꽃가루 받이(수분)와 착과제(着果劑)

정상적인 관리를 하면 암꽃은 오전 4~5시경부터 오후까지 개화한다. 화분(花粉)의 임성(稔性)이 가장 좋은 시간은 오전 7시부터 10시경(20℃ 전후)까지로 보고 있다.

수분(受粉) 후 수정(受精)까지는 24시간이 걸리지만 수분후 2시간 이상이 지나면 화분관(花粉管)이 자방(子房) 안으로 신장하므로 수분후 3시간 이후에는 강우에 대한 착과의 영향은 적은 것으로 알려져 있다.

개화수분후 흐린 날이 계속되면 동화생성물(同化生成物)이 적고 C/N율이 작은 상태가 되어 질소과잉이 되기 때문에 낙화가 많아진다.

따라서 이런 기간에는 비료를 여러번 나누어 주어 초세(草勢)를 적절하게 유지한다.

**<표 4-11> 착과기 관리요령**

| 작 업 명 | 주 요 관 리 요 령 |
|---|---|
| 가 루 받 이 | 인공교배, 호르몬처리 |
| 온 도 관 리 | 낮 30℃ 이상, 밤 12℃ 이하가 되지 않게 관리한다. |
| 초 세 유 지 | 건전한 잎을 확보 |
| 열 매 솎 기 | 열매 모양이 좋은 것을 남기고 착과수를 결정한다. |

참외는 한포기내에 양전화(兩全化)와 수꽃이 있는 것이 대부분이다. 양전화는 대개 수술의 활력이 낮아 시설재배의 초기조건하에서는 꽃가루가 잘 나오지 않으므로 착과를 잘 되게 하기 위하여 활력이 좋은 수꽃의 꽃가루를 채취하여 암술머리(주두·柱頭)에 붓으로 발라 주어야 한다.

그러나 재배면적이 넓고 평균온도가 18℃ 이하가 되면 꽃가루가 잘 나오지 않으므로 〈표 4-12〉과 같은 착과제를 쓰고 있다.

**<표 4-12> 착과제 종류와 기능**

| 착 과 제 종 류 | 농 도 | 주 요 기 능 |
|---|---|---|
| 토 마 토 톤 | 50~120 배액 | 착 과 제 |
| 2 . 4 - D | 10~20만배액 | 착 과 · 비 대 |
| 벤질아데닌(BA) | 1,000ppm | 착 과 |
| 나프타린초산(NAA) | 100~200ppm | 비 대 |
| 지 베 렐 린 ( G A ) | 20~200ppm | 보 조 제 |

또한 과실을 크게하기 위하여 비대제(肥大劑)를 착과제(着果劑)와 혼용하여 쓰고 있는데 비대제(특히 NAA)를 쓰면 과일은 크나 단맛은 떨어져 품질이 나빠지므로 온도관리를 잘하여 비대제를 될 수 있는 대로 쓰지 않도록 해야한다. 착과제는 알맞는 농도로 사용토록 하고 가능한 한 작은 붓으로 주두에 발라주어 약량이 조금만 들어가도록 세심한 주의를 기울여야 한다.

## <표 4-13> 착과제 처리별 착과, 수량 및 품질에 미치는 영향

(원시 부산지장 : '85)

| 호 르 몬 | 착과율(%) | 당도(Brix) | 수량(kg/10a) | 수량지수(%) |
|---|---|---|---|---|
| 토 마 토 톤 1 0 배 | 91.5 | 8.4 | 835.1 | 133 |
| N A A 2 0 0 p p m | 63.0 | 7.2 | 903.5 | 144 |
| 2 . 4 - D 1 0 만 배 | 74.6 | 7.5 | 885.7 | 141 |
| 토마토톤 10배+GA 100ppm | 87.5 | 8.3 | 1,057.7 | 169 |
| 토마토톤 10배+NAA 100ppm | 80.5 | 7.7 | 1,139.4 | 182 |
| 토마토톤 10배+NAA 100ppm +GA100ppm | 84.8 | 7.7 | 1,441.6 | 230 |
| 인 공 교 배 | 79.5 | 7.6 | 468.9 | 75 |
| 무 처 리 | 64.7 | 8.3 | 626.2 | 100 |

근래 국내에서 시험한 성적을 보면 〈표 4-13, 4-14〉과 같다.

표에 따르면 착과율이 높으면서 당도는 무처리와 비슷하고 수량이 높은 처리인 토마토톤 10배액+GA 100ppm으로 개화 당일 스프레이로 뿌려 준 것이 가장 좋은 것으로 나타났는데 특히 나프타린초산(NAA) 처리는 될 수 있는대로 피하도록 한다.

그리고 착과제는 겹쳐서 뿌려지는 것은 피하도록 한다.

이 시험의 처리 요령은 다음과 같다.

① 품종 : 금싸라기 은천참외

② 약제 처리시기 : 4월 하순

③ 처리약량 자방에 발라준 것 : 열매 10개당 0.63㎖

   스프레이로 뿌려준 것 : 1포기에 7㎖

**<표 4-14> 착과제 처리방법과 참외의 착과**　　　　(원시부산지장 '91)

| 처리방법 | 약제농도 | 착과율 (%) | 평균과중 (g) | 당도 (Brix) | 수량 (kg/10a) | 노력절감 률(%) |
|---|---|---|---|---|---|---|
| 1. 개화일 자방도포 | 토마토톤 10배 +GA 100ppm | 97 | 335 | 9.5 | 2,036 | 0 |
| 2. 개화일 분무 | 토마토톤 10배 +GA 100ppm | 98 | 382 | 9.9 | 2,164 | 90.6 |
| 3. 개화일 분무 | 토마토톤 20배 +GA 50ppm | 99 | 399 | 9.3 | 2,116 | 90.6 |
| 4. 개화일 분무 | 토마토톤 40배 +GA 25 ppm | 99 | 346 | 9.3 | 1,989 | 90.6 |

## 나. 온도관리와 착과

온도는 최저 15℃ 이상을 유지하고 착과를 저해하지 않는 온도인 20℃ 이상이면 착과는 순조롭게 잘 이루어 진다. 32℃ 이상이나 10℃ 이하이면 착과가 극히 불량하므로 이러한 상태가 되지 않도록 관리한다.

**<표 4-15> 생육시기별 온도관리 기준**

| 구 분 | 시 기 | 낮온도 (℃) | 최저 필요 온도 밤 기온(℃) | 최저 필요 온도 지 온 (℃) |
|---|---|---|---|---|
| 정 식 기 | 정식10일전~정식 | 밀 폐 | 밀 폐 | 밀 폐 |
| 활 착 기 | 정 식 ~ 7 일 까 지 | 28~33 | 16 | 18 |
| 아들덩굴 신 장 기 | 7일 ~ 25일 까지 | 23~28 | 12 | 16 |
| 교 배 기 | 25일 ~ 30일 까지 | 25~30 | 15 | 16 |
| 비 대 기 | 착과후 25일까지 | 23~28 | 15 | 17 |
| 성 숙 기 | 착과후 25일~수확 | 23~26 | 12 | 16 |

주) 참외의 생육 적온은 낮 25~30℃, 밤 18~20℃, 지온 20~25℃이지만 생육시기별로 위 표와 같은 온도를 조절해 주는 것이 착과 및 품질향상에 유리하다. 낮온도는 오전 중은 높게, 오후에는 낮게 관리한다.

### 다. 초세(草勢)와 착과(着果)

착과시기에는 아직 필요한 잎수가 확보되지 않은 경우가 대부분이어서 착과와 동시에 초세가 약해지게 되므로 좋은 과실을 수확하기 위해서는 비배관리가 중요하다.

필요한 잎수는 열매 1개당 최소한 8~10매 정도이다. 아들덩굴 1개당 참외를 3~4개 정도 맺히게 하려면 초세가 약한 품종은 아들덩굴의 15~20마디, 손자덩굴에서는 열매달린 마디에서 끝쪽 3~5마디에서 순을 지르고, 초세가 강한 품종은 아들덩굴 12~15마디, 손자덩굴의 열매달린 마디에서 2~3마디에서 순을 지르는 것이 좋다.

착과시기에 그 다음으로 중요한 것은 초세와 온도의 균형이 유지되도록 하는 것인데 22~25℃ 범위내에서 햇빛을 충분히 받도록 한다.

### 라. 열매다는 위치와 1포기당 열매수

하우스나 터널재배에서는 주로 아들덩굴을 2개 내는데 1덩굴당 3개의 과실이 적당하며 400g 정도의 크기를 갖추려면 8마디 이상에서 연속으로 착과시키는 것이 좋다. 착과를 동시에 많이 시키면 열매의 크기가 고르지 않고 당도도 떨어진다. 그러나 열매 1개당의 기본적인 잎면적이 품질을 좌우하기 때문에 충분한 잎수가 확보되면 다량 착과도 가능하다.

## (4) 과실비대기(果實肥大期)

비대가 잘 되도록 하기 위하여는 온도관리, 수분관리, 초세의 유지관리가 잘 되어야 한다. 또한 품질향상을 위해서는 건전한 초세를 유지시키는 것이 가장 중요하므로 병충해가 생기지 않도록 하는 것도 매우 중요하다.

**<표 4-16> 과실비대기 관리요령**

| 작 업 명 | 주 요 관 리 요 령 |
|---|---|
| 온 도 관 리 | 될 수 있는 한 밤온도는 최저 15℃ 이상으로 하고, 낮온도는 30℃ 이상 되지 않게 한다. |
| 물 주 기 | 꽃핀후 25일경까지는 물을 적당히 주고 그뒤부터는 줄인다. |
| 웃 거 름 | 비료가 부족하지 않도록 착과 예정마디의 신장기 전후에 시용 |
| 착과마디와 착과수 | 5마디 이상 덩굴수 3개, 1덩굴당 3개, 열매 1개당 잎수 8~10매 |
| 기 형 과 방 지 | 화아분화기에 초세의 균형유지, 개화기에 극단적인 저온과 고온 회피, 가루받이를 충분히 실시 |

## 가. 온도관리

과실비대기에는 어느 정도 고온이 되는 편이 좋으나 물주기와 관련시켜 보아야 한다. 밤온도는 최저 15℃ 이상, 낮온도는 30℃ 이상이 되지 않도록 하는 것이 좋다.

## 나. 토양수분

과실비대 초기에는 물을 많이 주어야 하는데 일반적으로 가장 비대가 활발하게 되는 꽃핀후 25일까지는 물을 많이 주다가 그 후는 성숙기에 들어가므로 서서히 토양수분을 줄여나가 당도가 높아지도록 한다.

## 다. 웃거름

웃거름도 토양수분과 관련이 깊다. 비대가 왕성한 전반기에 초세를 유지하기 위하여 착과 예정마디 신장기 전후에 웃거름을 주는 것이 필요하다. 거름주는 양은 앞서 언급한 바와 같이 요소는 2~3회로 나누어 10a당 1회 8kg정도로 하고 염화칼리는 제2회째만 대개 25kg 정도 준다.

## 라. 착과위치, 착과수

큰 열매를 얻기 위해서는 높은 마디에 맺히게 하는 것이 좋으나 조기출하를 고려하여 보통 5마디 이상에서 맺히게 한다. 덩굴당 착과수는 3개 정도로, 연속착과는 8마디 이후가 좋으며 착과마디를 건너 뛸 경우에는 5마디 이상에서 착과시켜도 된다.

참외 1개가 제대로 자라는데 필요한 잎수는 8~10매이므로 잎수가 확보되지 않은 경우에 아랫 마디에 맺히게 되면 열매가 작아지므로 아랫 마디의 착과는 바람직스럽지 못하니, 5마디 이상에서 착과시키는 것이 무난하다.

## 마. 기형과(奇形果) 발생

기형과의 발생은 꽃눈이 분화할 때 초세의 불균형, 개화시기의 극단적인 저온과 고온 등이 주된 요인이며 착과제나 비대제의 고농도 사용도 영향이 많다. 수정이 이루어지지 않는 부분이 구부러지게 되는 데 이와같은 경우에는 될 수 있는 대로 일찍 열매를 따 버린다.

## (5) 과실성숙기(果實成熟期)

**<표 4-17> 과실성숙기의 관리요령**

| 작 업 명 | 주 요 관 리 요 령 |
|---|---|
| 온 도 | 밤 15℃ 이상, 낮 25~28℃ 사이 유지 |
| 물 주 기 | 꽃핀 후 25일 경부터 물 주는 양을 줄여 수확 10일전까지는 완전히 단절하며, 열과에 주의 |
| 수확기환경 | 열매자루의 착과부위가 황화 및 이층(離層)발달, 은천계통은 과피색이 노랗고 향기가 난다. |
| 열 과 방 지 | 성숙기에 급격히 수분을 흡수하게 되면 열과가 일어나므로 배수 철저 |
| 병충해방제 | 흰가루병, 노균병, 만고병, 만할병, 진딧물, 응애 따위의 방제를 위해 정기적으로 약제살포 |

과실비대 말기부터 성숙기에 걸쳐 이루어지는 과정으로 품종고유의 과피색(果皮色)을 띠도록 하고, 대과(大果)로서 모양이 좋고 상처가 나지 않은 열매를 만들도록 관리한다.

## 가. 온도관리와 당도

꽃핀 후 30일이 되면 거의 완숙기에 도달하게 되며 이 시기에는 밤낮의 온도교차가 필요하다.

낮에는 25~28℃로 관리하고 밤온도는 15℃ 정도로 유지하여 약 10℃의 온도차를 두는 것이 당도의 축적에 좋다. 밤낮의 온도 교차가 적으면 동화산물의 축적이 적어 바람직스럽지 못하다.

## 나. 토양수분과 품질

성숙기의 토양수분은 당도의 상승과 관계가 깊다. 당도를 올리기 위해서는 꽃핀후 25일째부터 물주는 양을 줄이다가 수확 10일전 쯤에는 완전히 물을 끊는다. 후반기에 토양수분이 많으면 당도가 떨어지며 과잉흡수되면 수확후 신선도를 쉽게 잃어 버리기 때문이다.

## 다. 성숙기의 과실장해

성숙기에 급격히 수분을 흡수하게 되면 꽃자리와 열매자루 부분 (과경부·果梗部)에 열과(裂果)가 일어나기 때문에 수분조절에 주의해야 된다. 비가 많이 오면 하룻밤 사이에 열과가 생기기 때문에 큰 비가 올 때는 배수를 잘 해주어야 한다. 품종에 따라 쉽게 열과가 생기는 품종이 있는데 황금참외는 수확말기에 열과가 많이 나오므로 되도록이면 빨리 수확한다.

꽃자리에는 병원균이 들어가 부패과(腐敗果)의 원인이 되기 때문에 이부분이 직접 지면에 닿지 않도록 비닐멀칭이나 짚을 깔아준다.

## 라. 성숙기간과 성숙기 판정

성숙일수는 대개 꽃핀 후 30~35일경이다. 보통 4~5일 있으면 당도가 더 높으나 시장출하를 위해 좀 일찍 수확한다. 대도시 근교에서 소비자들의 방문이 많은 밭은 완전히 익은 것을 따도록 한다.

은천참외는 대부분 조생계통이 많기 때문에 꽃핀 날짜를 쓴 표찰을 달아주거나, 열매달린 바로 아래잎 가장자리가 약간 퇴색되든가 과경(열매자루)이 붙은 자리에 이층(離層)의 발달과 노랗게 익은 정도에 의해서 숙기를 판정할 수 있다.

## (6) 생리 장해

### 가. 발효과(醱酵果)

**<표 4-18> 대목 및 토양수분조절에 의한 참외발효과 방제효과**

| 처      리 | 신토좌 | 금토좌 | 많이 준 곳 (과습) | 적게 준 곳 (적습) |
|---|---|---|---|---|
| | 대      목 | | 수분조절(비대기-성숙기) | |
| 당도(Bx°) | 8.0 | 8.8 | 8.9 | 9.0 |
| 평균과중(g) | 439 | 352 | 490 | 417 |
| 수      량 (kg/10a) | 1,683 (100%) | 1,809 (107) | 1,684 (100) | 2,089 (124) |

- 파종 : '90. 3. 15
- 정식 : 4. 21
- 수확 : 6. 25~6. 29
- 품종 : 금싸라기은천참외
- 금토좌 접목구는 신토좌 접목구에 비해 발효과 발생률이 극히 낮았고 당도도 높았으며 상품수량은 7% 증수됨.
- 과실비대 및 성숙기의 물을 적게 준 곳은 물을 많이 준 곳에 비하여 발효과 발생률이 극히 낮았고 상품수량은 24% 증수되어 45% 소득증대효과가 있음.

수확기 과육의 색깔이 변하면서 물러지거나 악취를 풍기는 것을 발효과라고 하며 발생원인은 시비량 과다, 과실비대기의 저온, 토양수분의 급변 그리고 품종과 대목의 영향도 크다.

발효과 발생을 줄이려면 ① 발효과 발생이 적은 품종을 선택하고 ② 흡비력이 약한 대목을 선택하거나 시비량을 줄이며, ③ 토양수분의 급변을 막고, ④ 가급적 가온시설을 하여 밤온도가 지나치게 떨어지는 것을 막아야 한다.

### 나. 물찬과

발효과와는 달리 과육은 정상인데 씨앗이 들어있는 속(태좌부)에 물이 가득차 있는 열매로서 당도가 낮고 상품성이 떨어진다. 이런 열매는 초세가 왕성하고 토양수분이 많을 때, 특히 수확기에 물을 많이 주거나 비가 와서 토양수분 함량이 많을 때 발생한다.

### 다. 배꼽과

꽃 떨어진 자리가 튀어나오거나 형태가 여러 가지로 변한 과실을 말하며 꽃눈분화나 형성기의 지나친 저온, 또는 고온, 생장조정제(착과제)의 고농도 처리, 과실비대 초기에 토양이 지나치게 건조하면 많이 발생한다.

### 라. 열과(熱果)

어린 열매가 열과하는 경우와 수확기의 열매가 열과하는 경우가 있다. 열과는 밤온도가 갑자기 낮아질 때, 토양수분 함량이 갑자기 증가할 때 나타난다.

### 마. 녹색줄무늬과

열매의 꼭지부분부터 배꼽까지 골을 따라 녹색의 줄이 생기는 현상으로 수확기까지 남아 있어서 겉보기가 나빠 상품성이 떨어진다. 접목재배할 때 질소질 비료를 많이 줄 때 생긴다.

### 바. 여드름과

열매 겉표면에 여드름 모양의 무늬가 생기거나 돌기가 생기는 것을 말하며 과번무, 환기불량 조건에서 많이 생기고 농약살포시의 기계적 장해에 의해서도 많이 생긴다.

### 사. 급성시들음증

수확기에 포기전체가 한낮에 시들기 시작하여 아침 저녁은 회복되다가 점점 심해져 말라죽는 현상을 말한다.

원인은 생리적인 것과 병충해에 의한 것이 있는데, 생리적 원인으로서는 ① 토양의 지나친 건조, ② 열매를 너무 많이 달았거나 순지르기를 너무 세게 하여 초세가 약해질 때 ③ 지나친 밀식재배 ④ 접목친화성의 부족 등을 들 수 있고, 덩굴쪼김병, 덩굴마름병, 뿌리혹선충의 피해도 이와 비슷한 증상을 나타낸다.

## (7) 수확

온도 관리방법에 따라 수확기간에 다소 차이가 있으나 대개 가루받이한 후 저온기에는 35～38일, 고온기에는 27～30일경이 수확적기가 된다. 열매의 온도가 낮은 시간에 수확해야만 저장기간이 길어지고 발효과 피해도 경감되므로 반드시 아침 일찍 수확한다. 낮에 수확할 경우에는 밤에 시원한 곳에 열매를 늘어놓아 열매의 온도를 식힌 후에 포장한다.

수확기에 하우스를 밀폐하여 온도를 높이면 빨리 착색되지만 당도가 떨어지고, 흰가루병이나 응애의 피해가 많아져서 더욱 당도를 떨어뜨리므로 이런 관리는 피해야 한다.

# 6. 병충해 방제

참외의 병해중에서 피해가 심한 것은 흰가루병, 역병, 덩굴쪼김병, 덩굴마름병 등을 들 수 있는데 최근 하우스에 재배하고 있는 참외에서 노균병이 발견되었다. 참외노균병도 오이에서 노균병을 일으키는 병원균과 같으므로 방제요령도 오이노균병 방제법을 따르면 된다.

## (1) 흰가루병(白粉病 · 백분병)

주로 건조할 때 많이 발생하는데 비닐하우스에서는 비가 오더라도 직접 작물에 영향이 없어 건조한 상태이기 때문에 피해가 많다.

특히 비료를 과용했을 때나 참외나 오이를 계속 재배할 때 병원균이 병든 잎에 남아서 전염되어 많이 발생한다.

방제는 샤프롤유제 800배액, 아프칸 1,000배액, 훼나리유제 4,000배액, 바리톤 2,000배액, 모레스탄 3,000배액 중에서 알맞은 농약을 선택하여 발병초기에 10일 간격으로 2~3회 살포하면 되는데 참외에서는 아직 품목고시된 농약이 아니므로 약해 등에 주의해야 한다.

## (2) 역병(疫病 · 돌림병)

참외역병을 일으키는 병원균은 오이, 참깨에서 역병을 일으키는 병원균과 고추 역병을 일으키는 2종류의 균이 있다.

특징적인 병징은 오이 역병과 같으며 방제농약으로 품목 고시된 것은 없으나 리도밀, 리도밀동, 산도판 등이 역병균에 대하여 방제효과가 있는 농약들이다.

## (3) 덩굴쪼김병(蔓割病 · 만할병)

참외 덩굴쪼김병균은 F. oxysporum f. sp. melonis로서 참외에 병원성이 있는 병원균이다. 참외덩굴쪼김병은 처음에는 시들음 증상이 나타나기 시작하면서 줄기 밑부분이 황갈색으로 색깔이 변하고 세로로 줄기가 쪼개진다.

덩굴쪼김병을 예방하려면 접목재배를 해야 하지만, 벤레이트티나 호마이로 종자소독을 하고 참외를 정식한 후 1개월 정도 지나서 발병이 시작되면 벤레이트수화제를 2~3회 뿌려주어 방제를 성공한 사례도 있다.

## (4) 덩굴마름병(蔓枯病 · 만고병)

참외덩굴마름병은 잎, 줄기 및 열매에 병무늬가 나타나는데 병든부위는 회백색으로 변하며 병무늬 위에 까만 점과 같은 포자퇴(胞子堆) 들이 생긴다. 저온 다습할 때 또는 비료가 부족하여 포기의 세력이 약해졌을 때 많이 발생한다.

덩굴마름병을 예방하려면 벤레이트티로 종자소독을 해야하며 생육도중 병이 발생하면 지네브수화제, 디포라탄, 모두나, 지오판수화제(톱신엠)를 살포하면 효과가 있다.

병원균이 병든 잎이나 지주 등 비닐하우스 자재에 오염되어 전염되므로 환경위생을 철저히 하면 이 병의 피해를 줄일 수 있다.

# 제5장  딸기

## 1. 국내 생산현황

우리나라 딸기 재배면적은 대체로 변동이 적으나 노지는 줄고 시설은 늘어나고 있어 1996년 시설면적 비율이 87%에 이른다.

**<표 5-1> 딸기의 년도별 재배면적과 생산량**

| 연도 | 재배면적(ha) | | 10a 수량(kg) | | 총생산량(t) | |
|---|---|---|---|---|---|---|
| | 전체 | 시설 | 전체 | 시설 | 전체 | 시설 |
| 1990 | 6,857 | 4,715 | 1,584 | 1,735 | 108,647 | 81,825 |
| 1992 | 6,054 | 4,231 | 1,784 | 1,951 | 107,990 | 82,549 |
| 1994 | 7,425 | 5,727 | 2,037 | 2,249 | 151,263 | 128,814 |
| 1995 | 7,394 | 6,201 | 2,279 | 2,457 | 168,528 | 152,377 |
| 1996 | 7,143 | 6,236 | 2,381 | 2,519 | 170,089 | 157,053 |
| '96시설비율(%) | | 87.3 | | 105.8 | | 92.3 |

# 2. 생태적 특성과 재배환경

## (1) 기상조건

생육적온은 20℃ 전후로서 서늘한 기후를 좋아한다. 저온에 강하여 -2 ~-3℃에서도 식물체는 잘 견디지만, 꽃피기 전의 꽃가루나 꽃필 때의 암술 및 어린 열매는 -1℃에서부터 피해를 받는다.

고온에는 비교적 약하여 한여름의 육묘는 해가림이나 통풍이 좋고 건조하지 않는 적지를 고르지 않으면 가꾸기가 어렵다.

## (2) 토양조건

뿌리는 습기에도 잘 견뎌서 다른 작물에 비하여 밭을 가리지 않지만 보수력이 높으면서도 배수가 잘되는 비옥한 양토 또는 식양토(埴壤土)에 적합하다.

사질토는 생육이 빠르고 초기수확도 많지만 마르기 쉽기 때문에 수확기간이 짧다.

산성에는 강하여 pH5.5 정도까지는 정상적으로 자란다.

## (3) 꽃눈의 분화 및 발육

꽃눈의 분화에는 단일(短日)과 영양조건, 광의 강약, 식물체의 크기 등이 관여한다. 온도는 17℃ 이하, 해길이는 12시간 이내의 단일에 분화하는데 최적온도는 10~12℃, 최적일장(最適日長)은 8시간이다.

다만 온도가 10℃ 전후 이하로 되면 해길이와는 관계 없이 분화되며, 온도가 높아질수록 보다 단일이 되지 않으면 분화가 늦어지고, 30℃가 되면 아무리 단일이라도 분화하지 않는다. 따라서 꽃눈분화에 해길이가 관여하는 저온범위는 9~25 ℃라 할 수가 있다.

또한 해길이가 관여하는 범위내의 온도에서는 해길이가 짧을수록 꽃눈 분화는 촉진된다.

꽃눈분화는 저온조건에서 촉진되므로 묘를 표고(標高) 1,000m 전후의 고냉지에 옮겨서 분화를 10일 전후로 촉진시킨 뒤에 다시 낮은 지대로 옮겨서 재배하는 고냉지 육묘의 촉성재배가 실용화되고 있다. 또 고냉지 육묘에 대신하여 모를 냉장고에 넣어 꽃눈분화를 촉진하는 방법이 포기냉장에 의한 촉성재배이다.

**<표 5-2> 주요 품종별 꽃눈분화기**　　　　　　　　　( 원시 부산지장. '83)

| 품  종 | 꽃눈분화기 | 품  종 | 꽃눈분화기 |
|---|---|---|---|
| 홍 학 ( 紅鶴 ) | 9월  22~24일 | 수 홍 ( 秀紅 ) | 10월  2 ~ 5일 |
| 조생홍심(早生紅心) | 9월  24~26일 | 보교조생(寶交早生) | 10월  2 ~ 5일 |
| 초 동 ( 初冬 ) | 9월  27~30일 | 히미꼬(緋美香) | 10월  2 ~ 5일 |
| 춘 향 ( 春香 ) | 9월  27~30일 | 다        나 | 10월  7 ~10일 |
| 여 홍 ( 麗紅 ) | 9월    30일 |  |  |

## (4) 휴면(休眠)

딸기는 기온이 낮아지고 해길이(日長)가 짧아지면 식물체가 휴면에 들어간다.

대부분의 품종은 10월 하순경부터 자발휴면(自發休眠)에 들어가 11월 20일경에 가장 깊고 그 후 저온에 의해 서서히 타파되어 1월 중순경에는 자발휴면은 완료되지만 외기의 저온으로 인하여 강제휴면(强制休眠)상태를 유지하게 된다.

시설재배에서 보온시기가 빠르면 아직 휴면상태에서 깨어나지 못해 식물

체가 잘 자라지 못하는 왜화현상(矮化現狀)이 나타나 열매가 잘 자라지 못
하여 수량이 떨어지고, 반대로 보온시기가 늦으면 영양생장이 왕성하게 되
어 식물체는 웃자라고 런너(runner-포복지)만 발생될 뿐 아니라 다음 화방
(花房)은 퇴화하므로 역시 수확기간이 단축되어 수량이 떨어진다.

## 3. 품종

우리나라에 재배되는 품종의 특성은 〈표 5-3〉과 같다. 이 중에서 재배면
적이 가장 많은 것이 보교조생이며 여홍, 정보, 여봉, 수홍, 히미꼬 등이 있다.

### 〈표 5-3〉 주요품종의 특성

| 품 종 | 초세 | 열매 모양 | 열매 색깔 | 열매 크기 | 저온요구량 (5℃ 이하) | 적응 작형 | 내병충성 |
|---|---|---|---|---|---|---|---|
| 정보(靜寶) | 중 | 원추 | 선홍 | 대 | 40시간 | 촉성 | 위황병 중, 흰가루병 중 |
| 초동(初冬) | 중 | 원추 | 농홍 | 대 | 50 | 촉성 | 위황병 강, 흰가루병 중 |
| 춘향(春香) | 강 | 원추 | 선홍 | 대 | 40 | 촉성 | 흰가루병 중 |
| 여홍(麗紅) | 강 | 원추 | 선홍 | 대 | 50~100 | 촉성 | 흰가루병 약 |
| 여봉(女峰) | 강 | 원추 | 선홍 | 대 | 50~100 | 촉성 | 위황병 중, 탄저병 약 탄저병 약, 응애 약 |
| 풍향(豊香) | 강 | 원추 | 선홍 | 대 | 50~100 | 촉성 | 흰가루병 약 |
| 아이베리 (愛berry) | 강 | 원추 | 선홍 | 극대 | 150~200 | 반촉성 | 위황병 중 흰가루병 약 |
| 수홍(秀紅) | 강 | 원추 | 선홍 | 대 | 250~300 | 반촉성 노지 | 위황병 강, 응애 약 |
| 히미꼬(緋美香) | 강 | 구형 | 농홍 | 대 | 200~250 | 반촉성 노지 | 흰가루병 강 |
| 보교조생 (寶交早生) | 중 | 원추 | 선홍 | 중 | 450~500 | 반촉성 노지 | 위황병 약, 아고병 약, 흰가루병 강 |

# 4. 작형

## (1) 촉성재배

저온과 단일조건에서 꽃눈이 분화하며 생육적온이 낮아 저온에도 잘 견디므로 간단한 보온으로 겨울철 출하가 가능하다.

이 작형의 주재배지는 남부지방인데 이곳에서는 꽃눈의 분화가 늦어지기 때문에 보다 빨리 재배하려면 고냉지 육묘를 하여 꽃눈이 분화된 후에 평탄지로 내려와서 재배한다.

### 가. 품종

양질, 다수, 내병성이고 특히 꽃눈분화가 빠르고 휴면기간이 짧으며, 저온·단일조건에서 착과비대가 양호한 품종중에서 택한다.

조숙성 품종은 정보, 초동, 여봉 등이며 정보는 초기수량은 높으나 당도 및 경도(硬度·열매의 단단하기)가 낮고 총수량이 적다〈표 5-4 참조〉.

**〈표 5-4〉 품종별 촉성재배 성적**　　　　　　　　(원시 부산지장 '88~'92)

| 품종 | 첫 개화일 (월,일) | 첫 수확일 (월,일) | 당도 (Brix) | 경도 (g/126 mm²) | 평균 과중 (g) | 포기당 과수 (개) | 포기당 과중 (%) | 상품 과율 (g) | 상품 수 량 (kg/10a) 조기 (12~1) | 지수 (%) | 총 (12~3) | 지수 (%) |
|------|------|------|------|------|------|------|------|------|------|------|------|------|
| 여홍 | 12.10 | 2. 5 | 9.4 | 135 | 13.6 | 13.6 | 177.3 | 77.3 | 161 | 31 | 1,595 | 131 |
| 여봉 | 12. 4 | 1.29 | 9.8 | 139 | 12.7 | 11.1 | 140.1 | 65.0 | 333 | 64 | 1,261 | 104 |
| 풍향 | 12. 1 | 1.23 | 9.2 | 134 | 13.6 | 10.1 | 135.9 | 70.0 | 291 | 56 | 1,223 | 101 |
| 정보 | 11.12 | 12.23 | 8.6 | 110 | 12.9 | 7.7 | 99.0 | 68.0 | 584 | 113 | 891 | 74 |
| 초동 | 11.24 | 1.17 | 8.9 | 135 | 13.4 | 10.1 | 134.8 | 70.5 | 522 | 100 | 1,213 | 100 |

주) 육묘 : 7하순, 정식 : 9하순, 보온 : 10하순

## 나. 어미포기 선정과 증식

어미포기는 병이 없는 것을 구입하여 증식하는 것이 증수의 첫째 조건인데, 바이러스병 뿐 아니라 위황병 등도 한번 걸린 포기에서는 건전한 어린묘를 얻기가 어렵다.

병없는 어미 포기의 구입이 곤란할 경우는 우선 자기가 재배한 밭에서 세력이 강하고 품종 고유의 특성이 잘 나타나는 포기를 선발하여 다음해 어미포기 전용으로 이용한다.

어미포기는 잎이 크고 잎자루가 굵고 짧으며, 잎이 튼튼하고 정상적이라야 한다. 그리고 저온을 충분히 겪은 포기중에서 뿌리 발달이 잘되고 흰뿌리가 많으며 병충의 피해가 없는 포기여야 한다.

## 다. 육묘

### ① 묘상준비

묘상은 물주기와 물빠짐이 편리한 곳으로 보수력도 크고 토양병해가 없는 곳을 선정하는데 소요 묘상면적은 본밭 10a당 약 3a(90평) 정도 필요하다. 묘상의 이랑방향은 동서로 하는 편이 활착을 위한 차광이나 후기 꽃눈분화 촉진을 위한 해가림작업에 유리하다.

이랑은 폭 1.2m, 통로 30cm로 하는 것이 보통이며, 묘상 비료주는 양은 완숙퇴비, 3요소를 각각 사용하고 갈아서 늦어도 가식 1주일전에 이랑을 만든다.

### ② 어린묘 채취와 가식

어린묘 채취시기는 7월 상·중순경으로, 본잎 2~3매정도 전개되고, 뿌리가 잘 발달된 2~3번 묘가 가장 알맞다. 가식거리는 15×13~15cm 간격으로 얕게 심고 관수한다.

### ③ 가식후의 관리

묘가 활착할 때까지 물은 매일 충분히 주고 맑은 날이 계속될 때는 해가림 그물 등으로 빛을 가렸다가 5~7일후에 벗긴다. 활착후 묘가 자람에 따라 발생되는 런너와 늙어 마르거나 병든 잎 등을 수시로 제거해 주고, 묘 기르는 동안 잎수를 3~4매 정도로 제한해서 균일한 묘를 기른다.

병충해 방제를 3~4회 실시하고, 웃거름은 될 수 있는 대로 주지 않는 것이 좋으며, 비료분이 끊어질 경우는 꽃눈분화가 이루어진 후에 요소를 330~400배(0.3~0.25%) 정도 물에 녹인 물비료로 주는 것이 안전하다.

④ 꽃눈분화 촉진

딸기 촉성재배에서 수확시기를 앞당기고 조기수량을 많게 하려면, 꽃눈분화를 빨리 일으키는 기술이 필요하다.

꽃눈분화 촉진을 위해서는 고냉지에서 육묘하면 효과적이나 묘의 운반, 관리의 불편 등 단점도 많으므로 평지에서 쉽게 활용 가능한 몇가지 방법 등을 제시한다. 이 방법들은 화아분화기는 관행보다 각 처리 모두 3~5일 촉진되었고, 개화기는 11~17일, 수확기는 18~31일까지 크게 앞당겨졌다.

꽃눈분화 촉진방법에는 단근(斷根), 차광(遮光), 단일(短日), 폿트 육묘, 고냉지 육묘, 저온·암흑, 저온·단일(低溫·短日)처리 등이 있다.

㉮ 단근(뿌리절단)처리 : 꽃눈분화기 전 약 20일경에 실시하는데 포기사이를 10cm 깊이로 4방 절단한다. 효과는 2~3일 촉진된다.

㉯ 차광(해가림)처리 : 차광은 60% 정도의 차광망을 지상 1.2m 높이에 수평으로 8월 하순부터 꽃눈분화기까지 씌워두는데 3일 정도 촉진된다.

㉰ 단일처리 : 햇빛이 투과되지 않는 피복재료를 사용하여 8월 중·하순~9월 상·중순까지 일장을 8시간으로 제한하는데 3~4일 정도 촉진된다.

㉱ 저온암흑(低溫暗黑)처리 : 처리 시작하기 전 약 25일경부터 건실하게 기른 묘를 기온 10~12℃의 저온창고에 15~20일간 방치해 둔다. 꽃눈분화는 언제나 일으킬 수 있으나 무효주가 생기면 오랫동안 처리하기가 어렵다.

㉲ 저온단일(低溫短日)처리 : 저온암흑처리와 같으나 오전 9시에 묘를 저온창고에서 꺼내어 햇볕을 쬐인 후 오후 5시경 다시 넣어두는 작업을 반복한다. 저온암흑처리에 비하여 처리기간의 연장이 가능하고 무효주

(無效株)의 발생이 적다.

㉑ 고랭지(高冷地)육묘 : 표고가 높은 곳일수록 유리하여 800m의 고랭지 육묘는 평지보다 7~10일 정도 촉진된다. 7월 상순경부터 평지에서 기른 묘를 8월상순경 고랭지에 옮겨서 꽃눈을 100% 분화시킨후 다시 9월 중순경 평지로 가지고 와서 정식하는 것으로 단일, 차광, 폿트육묘 등을 병행하면 더욱 효과적이다.

㉔ 폿트육묘(Pot 育苗)

폿트육묘는 보통 육묘방법에 비하여 수확시기가 7~30일정도 앞당겨지나, 묘의 크기가 작아져서 총수량이 감수되는 경우가 많으므로 건실한 묘를 육성해야 한다. 좋은 러너를 골라서 가식하는 시기는 가능한 한 6월 말~7월 상순으로 앞당겨 큰묘를 키우도록 노력하고 이를 위해서는 3월까지 정식을 완료한 어미전용포기에서 어린묘를 채취해야 한다.

폿트용 상토는 가능한 한 심을 밭흙과 비슷한 무병토양을 사용하고, 비료넣는 양은 직경 12cm 되는 포트 1개당 3요소 각각 100~200mg을 섞어 비료기가 끊어지지 않도록 한다. 이 정도 성분이 되려면 촉성재배에서 10a당 10,000주용 폿트흙에 18-18-18복합비료를 6~11kg 섞으면 된다. 마지막 웃거름은 500배 이상 묽게 녹인 물비료를 8월상순까지 주어야 한다.

물주기는 육묘 전기간을 통하여 매일 오전중에 충분히 주고 강우기에는 비가림을 하여 폿트안에 물이 고여 있지 않도록 하고 맑은 날은 비닐을 벗겨 햇볕을 충분히 받도록 관리한다.

## 라. 정식

### ① 정식시기

정식은 꽃눈분화가 100% 이루어진 후에 하는 것이 원칙이며, 분화전에 정식하면 꽃눈분화하는데 개체간 차가 심하여 꽃이 고르게 피지 않는다. 심는 것이 너무 늦으면 묘상의 비료기가 떨어지는 등으로 형성된 꽃눈의 발육이 억제되어 꽃수도 감소되고 개화기도 늦어지므로 적기정식을 하는 것이 중요하다. 보통은 9월 하순에 하지만 첫꽃눈의 분화가 이루어지면 일찍 심을수록 유리하다.

② 정식준비와 거름주기

정식 약 2주전에 하우스의 방향을 고려하여 단동은 동서, 연동은 남북방향으로 이랑을 만들며, 이랑폭은 2줄을 심을 때는 110cm, 4줄을 심을 때는 170cm로 높은 이랑을 만든다.

거름주는 양 10a당 질소 20kg, 인산 16kg, 칼리 18kg 정도이며, 완숙퇴비 2,000kg 이상, 석회 100kg, 붕소 1kg을 밭 전면에 고루 뿌리고 깊게 갈아서 이랑을 짓는다.

③ 정식방법

묘의 크기는 무게 25g 내외로서 관부(冠部-포기 아랫부분 생장점이 있는 곳)가 굵고 액아(腋芽-곁눈)가 없는 것이 좋다. 포기사이 거리는 묘의 크기에 따라 18~25cm로 하여 화방(花房 · 꽃송이)이 남쪽 또는 통로쪽을 향하도록 방향을 정하여 가급적 생장점이 지면에 묻히지 않도록 얕게 심고 물을 충분히 주어 활착이 잘 되도록 한다.

10a당 심는 포기수는 9,000~12,000주 정도이다.


## 마. 정식후 관리

정식후에는 적정수분(PF 1.7~2.0)을 유지시켜서 생육을 촉진시키고 말랐거나 늙은잎, 런너, 곁눈을 제거해 주고 특히 흰가루병, 탄저병, 응애, 진딧물 등의 방제를 철저히 한다. 또한 지온을 높이기 위하여 10월 상순경 멀칭을 하는 것이 좋은데, 투명폴리에칠렌멀칭은 제초제를 처리 후 실시하고 흑색멀칭은 제초제를 처리할 필요가 없으나 멀칭시기가 빠르면 뿌리가 얕게 뻗기 쉬우므로 하우스보온 직전에 씌운다.

## 바. 하우스 보온과 그 후의 관리

보온개시는 제2화방이 분화된 후 실시해야 꽃피기와 익는 것이 계속될 수 있다. 보온적기는 재배지역에 따라 다르나 최저기온 10℃, 평균기온 15℃ 경이라 할 수 있는데, 남부지방에서는 10월 15일~20일경, 중부 지방은 10월 10일~15일경이다.

온도관리 요령은 비닐씌운 후 꽃봉오리가 나올 때까지는 28~30℃로 고온관리하고 개화기 이후는 20~25℃로 적온관리하되 밤에는 8℃를 목표로 하고 5℃ 이하로 되지 않도록 한다.

### <표 5-5> 촉성딸기(초동)의 하우스 보온시기가 수확기 및 수량에 미치는 영향

(원시 부산지장 '87)

| 보온<br>개시기 | 5℃이하<br>저온<br>(시간) | 첫꽃필<br>때<br>(월일) | 첫수확<br>일<br>(월일) | 주당<br>과수<br>(개) | 평균<br>과중<br>(g) | 상품수량(kg/10a) | | | |
|---|---|---|---|---|---|---|---|---|---|
| | | | | | | 조기<br>(12~2월) | 지수<br>(%) | 총수량<br>(12~4월) | 지수<br>(%) |
| 10. 20 | 0 | 11. 24 | 1. 14 | 14.8 | 13.3 | 1,401 | 100 | 1,761 | 100 |
| 11. 2 | 50 | 12. 2 | 1. 29 | 13.3 | 13.4 | 1,110 | 79 | 1,598 | 91 |
| 11. 12 | 100 | 12. 11 | 2. 10 | 12.5 | 11.7 | 598 | 43 | 1,311 | 74 |
| 12. 3 | 270 | 12. 28 | 2. 28 | 17.5 | 10.8 | 125 | 9 | 1,697 | 96 |
| 12. 13 | 400 | 1. 10 | 3. 12 | 18.0 | 12.8 | 8 | 1.6 | 2,067 | 117 |

### <표 5-6> 촉성하우스 온도관리(예)

| 생육단계 | 낮 (℃) | 밤 (℃) | 비 고 |
|---|---|---|---|
| 생 육 촉 진 기 | 28~30 | 12 | 보온개시초기는 곁 |
| 꽃봉오리나올때 | 25~26 | 10 | 화방이 분화하는 시 |
| 꽃 필 때 | 23~25 | 10 | 기이므로 낮 30℃이 |
| 과 실 비 대 기 | 20~23 | 5~7 | 상, 밤 13℃ 이상 되 |
| 수 확 기 | 20~23 | 3~5 | 지 않도록 유의. |

## 사. 관리 및 웃거름

관수는 10cm 깊이 흙을 손으로 쥐었다 놓으면 부서지지 않는 상태(pF 1.7~2.0)로 한다.

웃거름은 제1화방의 첫번 열매비대기부터 약 20~25일 간격으로 자라는 상태와 잎색깔을 보아가며 500배 이상 희석시킨 물비료로 준다.

밑부분의 누렇게 되거나 병든 잎은 일찍 제거하고 곁눈은 1개 남기고 제거한다.

## 아. 기형과 발생과 대책

기형과는 온도가 너무 높거나 낮을 때, 여러 겹으로 피복을 하여 햇빛이 약할 때, 질소비료가 너무 많을 때, 시설안에 습기가 너무 많거나, 농약을 잘못 뿌렸을 때 등으로 가루받이가 균일하게 되지 않아 생긴다. 대책으로는 육묘기 질소과다 시용을 피하고 보온 및 환기를 철저히 해준다. 특히 꿀벌을 하우스안에 기르거나 벌이 찾아와서 활동하기에 알맞는 환경, 즉 온도를 18~22℃ 정도로 해주면 좋으나 현실적으로 실행하기 어려운 점이 많으므로 환경을 좋게 할 수 있도록 노력해 준다.

## 자. 수확

꽃핀 후 익을 때까지는 대략 50~60일로 열매가 붉게 될 때가 수확적기가 된다.

## 차. 병해충 방제

촉성재배할 때 가장 문제가 되는 병은 흰가루병이고, 해충은 응애와 진딧물이다. 어미포기 심은밭, 묘상, 정식~개화전의 3단계로 나누어 각각 3~4회 약을 뿌려주는데 흰가루병과 응애는 거의 동시에 발생하며 초기방제를 철저히 해야되므로 각별히 유의해야 한다.

## (2) 반촉성 재배

자연의 저온을 만나 휴면을 깬 후에 비닐을 씌우고 보온을 시작하여 꽃봉오리가 나오고 꽃이 피는 것을 앞당기는 재배법으로서 노지재배보다 1개월 이상 수확이 빠르다. 보교조생, 수홍을 쓰며 정식시기는 중부지방 9월 중·하순, 남부지방 10월 상·중순이다.

비닐씌우는 시기는 남부지방이 12월 중순경이 되는데, 휴면의 범위에서 빠른 것이 좋지만 재배지의 기상조건에 따라서 다소의 차가 생긴다.

재배하기가 쉽고 보온기간도 촉성보다도 단기간이면 되기 때문에 딸기의 피복재배 면적의 2/3를 점하여 딸기재배의 주류를 이루고 있다.

피복의 시기 또는 방법에도 따르지만 수확은 3월 하순부터 시작하여 5월 중순까지 한다.

촉성보다 수확기가 짧아지고 수확출하기에 많은 노력을 요하기 때문에 준촉성재배를 병용해서 노동력을 조절하면서 규모확대가 이루어지고 있다.

## (3) 전조재배(電照栽培)

휴면현상은 꽃눈을 분화시키는데 필요한 저온 단일조건이 필요 이상으로 강해졌을 경우에 들어간다. 반촉성재배에 쓰이는 품종의 저온경과시간은 400~500시간으로 자연의 저온에서 11월에 휴면에 들어간 것은 12월 말이나 1월 상순이 되면 깨어나서 일반 반촉성재배에서는 이 무렵부터 비닐을 피복하여 보온을 시작한다.

그러나 이 무렵은 1년중에서는 가장 해가 짧은 시기여서 필요한 저온을 경과하여도 단일이기 때문에 휴면을 깨기 어려운 조건이 있으므로 밤에 전기불을 켜주어 보다 빨리 휴면에서 깨어나게 한다.

보교조생종의 저온경과시간은 5℃에 400시간이라고 하지만 시험예에서는 전등조명을 함으로써 실제의 저온을 지나는 시간은 300시간으로 단축할 수가 있다. 이 일장반응은 품종에 따라서 다르다.

실시방법은 100W 전등을 지상 1.5m 높이에 달아 불을 밝히는데 반경 4m 까지는 유효하므로 전등간의 거리는 사방 6~7m 간격이면 좋다.

점등은 일조시간이 15시간 전후가 되도록 초저녁이나 새벽에 불을 켜준다. 또는 한밤중에만 불을 켜 주는 암야중단(暗夜中斷)을 해도 된다.

점등 후에는 휴면타파(休眠打破)가 신속히 되어 잎이 자라기 시작하지만, 빨리 끝마치면 단일이 되어 초세가 재차 떨어지므로 자연일장이 길어지는 3월 상순까지 계속하는 것이 좋다.

보통의 반촉성재배 비닐피복보다 7~10일 빨리 씌우고 동시에 점등하면 꽃피는 것을 10~15일 촉진시킬 수가 있다.

## (4) 포기냉장억제재배(株冷藏抑制栽培)

이 재배형은 하우스를 이용하지 않는 새로운 재배형으로서 상당히 보급되고 있다.

꽃눈분화후 자연휴면에 들어간 포기는 일정한 저온을 지나면 깨어나서 온도가 상승함과 동시에 발육을 시작한다. 그러나 휴면에서 깨어난 후에도 다시 저온이 계속되면 강제휴면에 들어가게 된다.

이 강제휴면에 들어간 딸기묘를 인공적으로 냉장고 안에 넣어서 장기간 보관했다가 꺼내 정식하여 수확하는 방법이 포기냉장억제재배이다.

딸기는 내한성(耐寒性)이 강한 작물이라서 0℃ 전후에서는 1년 이상 두어도 고사(枯死)하는 일이 없고 그 후 생육적온일 때 심으면 정상으로 발육한다. 또 꽃눈도 화분배주형성기(花粉胚珠形成期) 이전에는 0~-2℃에서는 1년 이상 장해를 받지 않으나 이미 화분 배주가 형성되어 있으면 3개월 전후에서 고사한다.

포기냉장재배는 이러한 딸기의 성질을 이용한 것이다.

### 가. 품종은 보교조생(寶交早生)이나 수홍(秀紅)이 적당하다

### 나. 냉장묘의 구비조건

냉장할 묘의 구비조건은 휴면중이며 꽃봉오리가 아무때나 나오지 않은 묘로서 주경(株莖)에 아직 전개하지 않은 잎이 많고 관부(冠部)가 굵고 1차 근이 많은 묘가 좋다.

육묘방법은 관행의 반촉성묘, 즉 꽃눈분화가 늦은묘를 이용하는 방법과 가식하지 않은 묘를 이용하는데 이것은 3~4월에 심은 어미포기에서 발생한 어린묘를 6~7월에 새 어미포기용으로 옮겨심고 여기서 발생한 어린묘를 육성하는 것으로써 8월 발근묘가 가장 좋다.

냉장할 묘는 반드시 질소성분이 너무 많이 함유되지 않도록 해야 하는데 잎색을 감안하여 최종 웃거름은 9월 말까지 끝내야 한다. 이 묘는 냉장실에 넣기 1개월전에 뽑아내어 시내모래나 톱밥 등에 빼곡이 심어 습도변화가 적고 온도가 낮은 곳에 둔다. 이것은 몸속에 있는 질소성분을 적게하고 발육억제를 위해서이다.

### 다. 어린묘 뽑아내기와 상자담기

묘를 냉장실에 넣기 위하여 묘를 1월중에 뽑아내어 잎을 거의 전부 제거한 후 뿌리가 상하지 않도록 주의하면서 흙을 털어버리거나 냉수로 깨끗이 씻고 물기를 없앤다.

손질이 끝난 묘는 30×40cm 정도되는 EVA 비닐봉지에 30~40포기씩 밀봉한 후 냉기가 잘 통하도록 상자에 넣는데 이 작업은 저온저장고에서 하는 것이 좋다. 이 봉지를 사과상자에 10개 정도씩 넣는다.

### 라. 냉장실에 넣기

입고시기는 휴면타파전인 1월중에 묘를 뽑아내어 상자담기가 끝나는 대로 냉장고에 넣는다. 이때 어린묘포기의 체온은 0~-2℃가 적당한데 상자는 냉기가 잘 통하도록 해야 한다.

## 마. 냉장고에서 꺼내어 심기

**<표 5-7> 억제재배에서 냉장온도와 출고후 자람과 수량**

| 품종 | 냉장 설정온도 ( ℃ ) | 실제온도 (℃) | 출고시장해주율 잎 (%) | 출고시장해주율 뿌리 (%) | 새잎자람 주율 (%) | 새잎자람 잎길이 (㎝) | 생육(10/27) 잎수 (매) | 생육(10/27) 초장 (㎝) | 수량 (kg/10a) |
|---|---|---|---|---|---|---|---|---|---|
| 보교 조생 | 0 | 0.5±1.5 | 68 | 41 | 94 | 1.5 | 13 | 2 | 391 |
| | 0~-2 | -0.9±1.3 | 0 | 2 | 0 | 0 | 13 | 22 | 540 |
| | -3~-4 | -3±1.1 | 0 | 4 | 0 | 0 | 13 | 23 | 641 |

**<표 5-8> 냉장묘 정식시기가 수확기 및 수량에 미치는 영향** (과기처보고 '92)

| 품종 | 출고 정식 | 개화일 | 수확시 | 당도 (Brix) | 경도 (g/12.6㎜) | 평균과중 (g) | 주당과수 (개) | 수량 (kg/10a) |
|---|---|---|---|---|---|---|---|---|
| 수홍 | 8.24 | 9. 7 | 9.8 | 12.4 | 127 | 6.8 | 5.7 | 452 |
| | 9. 5 | 9.16 | 10.15 | 12.0 | 124 | 8.4 | 4.4 | 415 |
| | 9.14 | 10.5 | 10.30 | 12.0 | 123 | 8.5 | 6.8 | 607 |
| 보교 조생 | 8.24 | 9. 7 | 9.28 | 10.5 | 118 | 5.7 | 4.7 | 331 |
| | 9. 5 | 9.16 | 10.11 | 10.3 | 109 | 7.6 | 6.2 | 505 |
| | 9.14 | 10.5 | 10.30 | 10.2 | 114 | 7.8 | 6.1 | 529 |

주) 육묘 : '90. 8. 26, 냉장온도 : -1℃, 습도 : 90% 이상, 냉장실입고 : '91. 2. 4.

시기는 수확시부터 역산하여 35일경이 좋다.

정식전에 뿌리건조를 막고 활착촉진을 위하여 1~3시간 정도 냉수에 담근다. 그리고 정식할 포장은 지온이 오르지 않도록 햇빛을 가리거나 볏짚을 덮거나 이랑위에 냉수를 관수하여 두는 것이 좋다.

정식거리는 60×20~25cm로 하여 10a당 7,000~8,000주를 심는다. 이때 밑거름은 고온기 농도장해가 자주 일어나는 것을 막기 위하여 주지 않고, 완전히 활착한 후 3요소를 각각 10a 당 3~4kg 준다.

### 바. 병해충 방제

잿빛곰팡이병을 예방하고 10월 하순경부터 서리피해를 막기 위하여 비가림시설을 설치하고, 응애나 흰가루병이 많이 발생하므로 알맞은 농약을 철저히 뿌려주어야 한다.

### 사. 수확

수확은 정식후 35일 경부터 약 20~30일간이다.

### 아. 2차 수확을 위한 관리

1차 수확후 말라죽은 아래잎이나 병든잎 및 곁눈도 1~2개만 남기고 제거해 버리는 것이 응애나 흰가루병 예방에 도움이 된다. 초세회복을 위하여 10a당 성분량 각 5~6kg씩 추비하고 3~4일에 1회씩 관수해 준다.

재보온(再保溫)은 1월 하순부터 반촉성에 준하고, 수확은 반촉성과 같이 3~5월에 한다.

## (5) 고냉지 육묘(高冷地 育苗)

촉성재배한 묘를 표고 800~1,000m의 고냉지에 옮겨서 꽃눈분화를 촉진시키는 것으로서 1,000m에서는 평지에 비하여 기온이 약 5℃ 낮아 분화는 7~10일, 수확기는 20~30일 촉진된다.

고냉지 육묘나 포기냉장과 같이 꽃눈분화를 촉진해서 정식을 빠르게 하는 재배에서는 정식후의 꽃봉오리가 나오고 개화가 급격히 진행되기 때문에 포기가 충분히 발육되기 전에 과실에 대한 부담을 지게 된다.

따라서 1포기당 10g 정도의 큰 묘로 육성하는 것이 좋은데 6~7g 이하의 작은 묘(小苗)는 수송중의 피해를 받은 가능성이 크다. 이상적인 묘의 크기는 육묘용으로 산으로 올라 갈 때는 6~7g, 그리고 육묘를 다 끝내서 정식할 때는 10~13g이 좋다. 수송시간은 큰묘에서는 6~7시간, 작은 묘는 5시간 이내의 수송거리가 좋다.

또 큰 묘를 산에 올려서 육묘중에는 비료를 적게 하여 꽃눈분화를 촉진시키는 것이 좋고 특히 질소분을 많이 쓰면 분화를 늦추게 한다.

묘를 뽑아낼 때는 오전중의 기온이 낮은 시간에 하고 수송중에 건조하면 정식하여 활착이 매우 나빠지므로 과일상자에 채워넣고 차 위에는 반드시 시트를 덮어 마르지 않도록 한다.

시간적으로 당일 심는 것이 어려울 경우는 집밖에 두고 충분히 물을 준 다음 이튿날 일찍 정식한다.

# 5. 주요 병충해 방제

## (1) 잿빛곰팡이병

### ① 병징
지상부 어느 부분에서나 발생하나 과실에서 가장 피해가 크다.

상처나 노쇠한 부위로 침입하여 수침상으로 썩으며 병환부의 표면에 쥐털모양의 회색곰팡이가 생기며, 기부엽초 부위에도 흔히 발생한다.

### ② 병원균
곰팡이의 일종으로 매우 다범성이어서 채소, 화훼류 전반에 걸쳐서 병원성이 있다. 저온균이면서 다습상태를 좋아하는 균이다.

③ 전염방법 및 발병유인

병든 식물체나 시설자재 등에서 월동하여 환경이 좋아지면 병환부에 무수한 곰팡이가 생겨서 바람에 날려 전염한다.

온도는 20℃로 다습할 때, 통풍이나 햇볕이 잘 들지 않는 곳에서 잘 번식된다.

④ 방제방법

밀식을 피하고 과번무되지 않도록 관리를 철저히 하고 늙고 병든잎은 일찍 따버린다. 약제로는 발병초기에 프로파수화제(스미렉스), 빈졸수화제, 놀란수화제 등은 1,000배액, 유파렌 2,000배액을 살포한다.

시설재배에서는 물약을 뿌리면 공중습도를 높여 곰팡이병의 발생을 많게 할 우려가 높으므로 습도상승 효과가 적은 훈연제, 미립제, 분제 등이 유리하다.

## (2) 흰가루병

① 병징

지상부 전체에 발생되나 열매와 새순에 많이 생긴다. 촉성재배에서 피해가 가장 크다.

② 병원균

곰팡이의 일종으로 20℃ 내외의 저온에서 생육이 좋다. 병원균의 기생성은 살아있는 식물체에 국한한다.

③ 전염방법 및 발병유인

병든 식물체의 잔재물에서 월동하고 병환부에서 생긴 곰팡이가 바람에 날려 공기전염한다. 기온이 비교적 낮고 다습할 때 발생하지만 주로 건조와 습기가 반복될 때 발생이 심하고 시설재배시는 초세가 약할 때 응애와 같이 발생하는 경향이 있다.

④ 방제방법

품종에 따라 차가 크고 내병성 품종은 보교조생, 히미꼬 등이고 여홍, 춘향은 약하다.

적습을 유지하여 왕성한 생육을 유도한다. 병든 잎이나 순은 일찍 제거하여 전염원을 없애고, 유황분말을 개화기 전에 잎뒷면에 부착되도록 3~4kg/10a을 살분기로 뿌려준다.

## (3) 아고병(芽枯病)

① 병징

논 뒷그루 반촉성재배를 할 때 밀폐기간에 새잎이 시들다가 흑갈색으로 말라죽는다. 잎의 밑부분이 침해되면 잎전체가 시들고 심하면 포기전체가 고사한다.

② 병원균

토양에 사는 곰팡이의 일종으로 각종 채소의 잘록병원균과 동일하며, 병원균의 생육적온은 22~25℃이다.

③ 전염방법 및 발병유인

토양속에 균핵(菌核)형태로 월동하며, 식물체의 지면과 닿는 부위에 침해하여 병을 일으킨다.

④ 방제방법

묘는 병이 없는 곳에서 채취하고 역시 병들지 않는 어린묘를 택한다. 밀식을 피하고 얕게 심는다.

토양이 과습하지 않도록 배수를 철저히 하고 병든 포기는 일찍 뽑아 버리고 바리신액제 600배액으로 몇번 관주한다. 또한 토양소독을 실시한다.

## (4) 바이러스병

### ① 병징

병든 식물의 어린잎은 잘 펴지지 않으며, 잎자루가 짧거나, 포기가 축소되거나 잎이 모여서 오종종하게 나오는 경우가 있지만 다른 식물체와는 달리 눈으로 감별하기란 거의 불가능하다.

### ② 병원균

딸기의 병원바이러스는 15종 이상이나 보통 4종의 바이러스가 단독 또는 복합감염하여 큰 피해를 주고 있다.

### ③ 전염방법 및 발병유인

4종의 바이러스는 주로 진딧물의 흡즙에 의해 전파된다.

### ④ 방제방법

바이러스병은 일단 걸리면 방제약제가 없으므로 병이 걸리지 않도록 예방하는 것이 유일한 방제법이다. 생장점 배양에서 얻어진 어린묘를 우선 포기(株)의 능력을 확인후에 증식 이용한다. 병에 걸린 포기를 열처리해서 바이러스를 불활성화하여 이용하는 방법도 있다.

병에 걸리지 않은 포기는 진딧물이 날아오지 않는 망사 씌운 하우스에서 증식하여 이용하고 살충제를 주기적으로 살포하여 진딧물을 구제한다. 무병 포기를 유지보존하기 위해서는 흙의 소독도 해야 되며, 시설내에서도 약제 살포를 철저히 한다.

## (5) 위황병(萎黃病)

### ① 병징

초기증상은 새로 나오는 잎이 기형으로 되면서 노랑색을 띄우거나 안쪽으로 말려 배모양으로 되는 것이 특징이다.

병이 진전되면 잎의 가장자리부터 말라 포기 전체가 시들며 고사한다. 병에 걸린 포기의 관부는 바깥쪽이 갈색으로 변해 있고 중심부도 썩어있는 것을 흔히 볼 수 있다.

이어짓기를 하면 발생하고 이 병이 심하면 재배할 수가 없게 된다.

지역에 따라서는 본잎 3겹잎 중 1개가 작아지므로 "짝기병", "짱구병"이라고도 부른다.

② 병원균

토양에 사는 곰팡이의 일종으로 딸기에만 병을 일으킨다. 병원균은 기주식물 없이도 10년 이상 살 수 있으며 답전윤환(畓田輪換)을 해도 포자상태로 지낼 수 있으므로 사멸되지 않는다.

③ 전염방법 및 발병유인

대표적인 토양전염성 병균이다.

런너를 통하여 전염하며 런너의 자라는 속도보다 병균의 전파속도가 느리므로 런너의 생장점 끝은 무병일 가능성이 높다.

④ 방제방법

건전한 포기에서 어린묘를 채취하고 수홍과 같은 내병성 품종을 재배한다. 상토는 산흙 등을 사용하거나 소독을 한 후 사용한다.

병든 포기는 보이는 대로 뽑아 태우고 심어졌던 곳의 흙도 소독을 한다.

연작을 피하고 유기물 등을 많이 주어 토양물리성을 개량하며 토양소독을 한다.

# 제6장 고추

## 1. 국내 생산 현황

**<표 6-1> 연도별 재배면적 및 생산량**

| 품종 | 재배면적(ha) | | 10a 수량 (kg) | | 총생산량 (t) | |
|---|---|---|---|---|---|---|
| | 노 지 | 시 설 | 노 지 | 시 설 | 노 지 | 시 설 |
| 1990 | 62,759 | 2,096 | 212 | 2,127 | 132,748 | 44,591 |
| 1992 | 77,178 | 3,164 | 223 | 2,416 | 171,790 | 76,455 |
| 1994 | 88,871 | 4,490 | 198 | 2,542 | 176,269 | 114,129 |
| 1995 | 87,469 | 4,729 | 221 | 2,601 | 193,331 | 123,021 |
| 1996 | 90,762 | 4,762 | 241 | 2,390 | 218,462 | 113,946 |
| '96시설비율(%) | | 5.2 | | | | |

(주) 10a 수량과 총생산량에서 노지고추는 건고추이고, 시설고추는 풋고추임.

# 2. 생태적 특성과 재배환경

## 가. 특성

고추는 남아메리카가 원산지인 가지과에 속하는 고온성채소(高溫性菜蔬)로서 생육기간이 긴 채소작물중의 하나이다. 겨울이 있는 우리나라 등에서는 1년채소이나 원산지에서는 영년생(永年生)으로 관목상태(灌木狀態)를 이루며 생육한다. 일반재배종 고추는 정상적인 생육을 할 경우는 본잎 10~13매에서 첫꽃이 피기 시작하여 그후 마디마디 잎이 나고 꽃이 핀다. 고추의 용도는 대부분 건조시켜 이용하지만 절임용이나 풋고추로 이용하기도 한다.

## 나. 온도

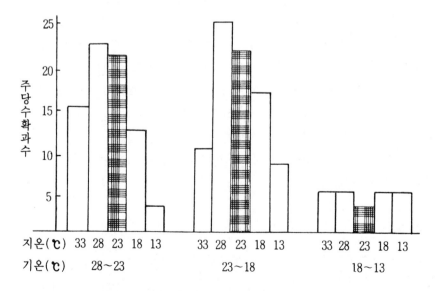

<그림 6-1> 고추수량과 기온, 지온과의 관계

고추는 고온성 작물로서 싹이 틀때 높은 온도를 요구하는데 생육에 적당한 온도는 낮은 25~30℃, 밤 18~22℃, 땅온도는 20~25℃ 정도이다. 35℃가 넘으면 꽃가루 발아(花粉發芽)에 이상이 생겨 기형과의 발생이 많고 10℃ 이하에서는 생육이 정지되며 착과된 열매의 발육이 나빠진다.

육묘할 때는 특히 밤온도가 너무 높으면 묘가 웃자라기 쉬우므로 주의하고 시설재배시 온도가 너무 높아지면 꽃이 떨어져 수량이 크게 줄어들 염려가 있으니 유의해야 한다.

또한 온도는 고추의 매운맛에도 영향을 미치는데 저온기에 개화한 후 수확일수가 길어지면 매운맛이 더해진다. 매운맛을 내는 캡사이신 성분은 야간온도가 20℃ 이상 되었을 때 나타나기 쉽고, 토양의 건조, 저온, 토양용액 농도의 상승 등도 매운맛을 발현하는 원인이 된다.

## 다. 광선

고추는 햇빛을 좋아하는 작물이므로 햇빛 쬐는 시간이 길수록 꽃수와 열매가 많아지고, 열매가 빨리 클 뿐 아니라 껍질이 매끈해지고 윤기가 난다.

광포화점(光飽和点)은 3만Lux 내외로 낮아 큰 영향을 받지 않으므로 노지 고추는 햇빛이 큰 문제가 안되나 시설재배에서는 시설자재로 햇빛량이 적어지므로 너무 좁게 심을 경우 생육이 나빠지고 착과율과 열매자람이 나빠 수량이 낮다. 따라서 시설재배는 이랑이 넓게 하고 포기사이는 어느 정도 좁게 심어 포기수를 확보하면서 속까지 햇빛을 충분히 쬐도록 한다.

그리고 일장(日長)도 최소한 7시간 이상의 자연일장이면 개화결실에 그리 영향을 미치지 않는다.

## 라. 토양

고추는 습해와 건조에 약하지만 토양에 충분한 수분을 주는 것이 좋다. 토양이 건조하게 되면 착과수가 적을 뿐 아니라 열매가 작아져 수량이 떨어진다.

건조가 심할 경우는 석회결핍증인 배꼽썩음과 등 생리장해를 일으킨다.

그러나 수분이 지나치게 많아도 역병 무름병 등이 발생하여 수량이 떨어진다.

알맞은 토양은 지하수위가 낮은 참흙이나 질참흙이 좋다. 토양산도는 pH 6.1~7.0정도의 약산성이나 중성이 적당하다. 산도가 너무 낮으면 (pH 5.0) 생육이 나쁘고 역병의 원인이 되기도 한다.

이어짓기를 싫어하므로 3~4년 간격으로 돌려짓기를 하는 것이 좋다.

**<표 6-2> 토양수분이 낙화 및 낙과에 미치는 영향**                    (단위 : %)

| 구 분 | 건조구(수분 10%) | 적습구(수분 20%) | 다습구(수분 30%) |
|---|---|---|---|
| 낙화율(개화:낙화) | 25.5 | 20.2 | 20.9 |
| 낙과율(착과:낙과) | 71.2 | 55.6 | 57.4 |
| 수 량(kg/10a) | 1,040 | 1,435 | 1,194 |
| 수 량 지 수( % ) | 72 | 100 | 83 |

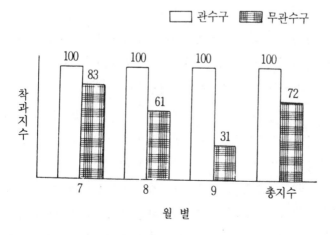

**<그림 6-2> 관수(灌水)와 수량과의 관계**

## 3. 품종

시설재배용 고추품종은 제한된 환경 및 지역때문에 세분화되지 못하고 근래 풋고추 품종을 근간으로 종묘사 마다 개발한 일대잡종의 진가가 높아져 90% 이상을 점유하고 있다.

현재 용도의 다양화로 풋고추로 출하하다가 가격이 떨어지면 적색물고추로 수확할 수 있는 겸용종(靑赤果種) 품종을 재배하는 것이 농가경영상 유리하다.

**<표 6-3> 주요 고추품종 특성**

| 품종 | 종묘사 | 등록<br>년월 | 숙기 | 재배형 | 초자 | 과장(cm) | 과중(g) | 과형 |
|------|--------|--------|------|--------|------|---------|--------|------|
| 부 촌 | 홍농 | 97. 1 | 중 | 조 숙 | 직 립 | 13~15 | 13~15 | 일 자 |
| 풍 촌 | 〃 | 95. 1 | 중 | 조 숙 | 직 립 | 12~14 | 11~13 | 일 자 |
| 부 강 | 〃 | 95.12 | 중 | 조 숙 | 직 립 | 12~14 | 12~14 | 일 자 |
| 금 탑 | 〃 | 87.12 | 중 | 조 숙 | 반개장 | 11~13 | 12~15 | 장 과 |
| 녹 광 | 〃 | 90. 1 | 조 | 반촉성 | 반개장 | 12~14 | 12~14 | 일 자 |
| 동 방 | 서울 | 94. 3 | 조 | 조 숙 | 반개장 | 10~12 | 9~11 | 원 추 |
| 금 당 | 〃 | 95.12 | 조 | 조 숙 | 반개장 | 9.5~11.5 | 10~12 | 장원추 |
| 장 강 | 〃 | 95.12 | 조 | 조 숙 | 반개장 | 10~12 | 10~12 | 장원추 |
| 세 계 | 〃 | 91. 1 | 중 | 조 숙 | 반개장 | 9~11 | 8~10 | 장원추 |
| 대 명 | 중앙 | 93.11 | 중 | 조 숙 | 반개장 | 12~14 | 12~14 | 장원추 |
| 광 복 | 〃 | 93. 1 | 종조 | 조 숙 | 개 장 | 12~14 | 12~13 | 장원추 |
| 청 양 | 〃 | 83. 4 | 100일 | 조 숙 | 직 립 | 7~9 | 7~10 | 원 추 |
| 명 품 | 〃 | 95.12 | 중 | 조 숙 | 반개장 | 12~14 | 13~15 | 장원추 |

| 품종 | 종묘사 | 등록년월 | 품종특성 | | | | | |
|---|---|---|---|---|---|---|---|
| | | | 숙기 | 재배형 | 초자 | 과장(cm) | 과중(g) | 과형 |
| 사 계 | 한농 | 92. 9 | 조 | 반촉성 | 반개장 | 14~15 | 14~15 | 장원추 |
| 금 상 | 〃 | 95.12 | 중 | 조 숙 | 반개장 | 11~13 | 12~14 | 원 추 |
| 해도지 | 〃 | 97. 1 | 조 | 조 숙 | 반개장 | 12~14 | 13~15 | 장원추 |
| 바이킹 | 〃 | 97. 1 | 중 | 조 숙 | 반개장 | 12~14 | 12~14 | 장원추 |
| 야 망 | 〃 | 97. 1 | 조 | 조 숙 | 반개장 | 12~14 | 12~14 | 장원추 |
| 대 왕 | 농우 | 93.11 | 조 | 조 숙 | 반개장 | 10~13 | 10~12 | 원 추 |
| 신바람 | 〃 | 95. 1 | 조 | 조 숙 | 반개장 | 11~13 | 10~12 | 장원추 |
| 마니따 | 〃 | 97. 1 | 중조 | 조 숙 | 반개장 | 11~13 | 11~14 | 장원추형 |
| 공공칠 | 〃 | 95.12 | 중조 | 조 숙 | 반개장 | 11~13 | 11~14 | 원 추 |
| 조 홍 | 동원 | 90. 1 | 중 | 조 숙 | 개 장 | 8~10 | 5~7 | 단원추 |
| 주 렁 | 〃 | 91. 1 | 중만 | 조 숙 | 반개장 | 9~11 | 10~12 | 장원추 |
| 다조아 | 〃 | 95. 1 | 중 | 조 숙 | 개 장 | 12~14 | 15~17 | |
| 황 제 | 농진 | 89. 1 | 중 | 조 숙 | | 10.5~12.5 | 10~12 | 일 자 형 |
| 효자건고추 | 〃 | 90.11 | 중 | 조 숙 | | 9~11 | 10~12 | 장 원 추 |
| 토 종 | 태우 | 87.12 | | 조 숙 | | 8~10 | 7~9 | 원 추 형 |

# 4. 재배기술

## (1) 재배작형의 분화

고추는 일장에 대체로 둔감하여 생육온도만 맞으면 재배가 가능하기 때문에 여러 작형이 있으나 시설 및 경영면에서 볼 때 다음표와 같은 작형으로 나누어 볼 수 있다.

**<표 6-4> 고추 재배작형**

| 작 형 | 지 역 | 파종시기 | 정식시기 | 수확시기 |
|---|---|---|---|---|
| 촉 성 재 배 | 남 부 | 10중 | 1상 | 2하~6중 |
| 반 촉 성 재 배 | 중부이남 | 12중 | 3상 중 | 4중~8상 |
| 터널조숙재배 | 전 국 | 12하순~1상순 | 3하~4상 | 5중~10 |

## 가. 촉성재배

**<표 6-5> 촉성재배의 재배력**  (남부지방기준)

| 월별 | 9월 | 10 | 11 | 12 | 1 | 2 | 3 | 4 | 5 | 6 |
|---|---|---|---|---|---|---|---|---|---|---|
| | 상중하 | 상중하 | 상중하 | 상중하 | 상중하 | 상중하 | 상중하 | 상중하 | 상중하 | 상중하 |
| 작부시기 | 하우스설치 | 상토소독 파종준비 파종 | 가식 상준비 | 가하우스설치 식상 | 정가온시작 식준비 | 정정지추비 식비닐멀칭 중경제초 | 수확비시·작관수 | 추비 | 가온완료 | 추이비중비닐스제거 하우스비닐제거 | 수확완료 포장정료리 |

주) ○ : 파종  × : 정식  ◖◗ : 보온  ◔ : 가온  ▦ : 수확

가을철인 10월에 파종하여 보온시설에서 육묘하고 저온기에는 가온하는 작형으로 전 생육이 시설에서 이루어진다.

난방이나 온도관리 등의 문제를 고려할 때 겨울동안 비교적 따뜻하고 일조시간이 많은 남부지방에 유리하다. 육묘기간은 80~85일 정도가 좋으며

정식시기는 가장 추운 1월중이므로 오전 11시~오후 2시 사이에 정식을 마치고 즉시 터널을 씌워 하우스 온도가 18℃ 이상 유지되도록 하되 밤에는 2 중터널이나 섬피를 덮어 주어야 한다.

정식거리는 밀식재배일 경우 보통 이랑넓이 150cm에 줄사이 60~75cm, 포기사이 30~40cm 정도로 하여 2줄을 심는다.

하우스안은 낮온도 20℃ 이상 최고 30℃를 넘지 않도록 하고 밤온도도 10℃ 이하로 내려가지 않아야 낙화를 방지하고 수량을 높일 수 있다.

병발생은 많지 않으나 진딧물이 많으므로 완전히 방제해야 한다. 연작을 할 경우 토양전염을 하는 역병, 무름병, 청고병의 발생이 우려되며 또 저온기 재배이므로 세균성반점병에 의한 피해도 많다.

따라서 병이 발생되면 즉시 병든포기를 제거하고 포기도 속아주어 채광, 통풍과 약제살포가 쉽도록 한다. 그러나 무엇보다도 각종 병해에 대한 저항성이 강하고 저온, 약광(低溫・弱光) 등 불량환경에서도 착과가 잘되는 품종을 선택하여 재배해야 한다.

이 작형은 단위면적당 농가수입은 대단히 많지만 가온하는데 필요한 자금과 기술이 필요하고 재배적지로부터 소비시장까지의 거리가 멀어 수송비가 많이 들므로 생산과 출하를 집단화와 조직화하여야 한다.

효과적으로 재배하기 위해서는 태양열 이용 지중난방 시설을 하는 것이 좋다.

## 나. 반촉성재배

12월 상・중순에 파종하는데 수확초기에는 보온 및 가온시설이 필요하지만 기온이 높아지면 자연기온으로 재배하고 수확하는 작형이다.

이 작형은 중부지방에서도 가능하지만 육묘후기와 정식후 1~2개월간 가온을 해야 하는 어려운 점이 있으며, 남부지방에서는 3월 상순이후 정식하면 가온 없이도 재배할 수 있다.

**＜표 6-6＞ 반촉성재배의 재배력**　　　　　　　　　（남부지방기준）

| 월별 | 11 | 12 | 1 | 2 | 3 | 4 | 5 | 6 | 7 | 8 |
|---|---|---|---|---|---|---|---|---|---|---|
| | 상중하 | 상중하 | 상중하 | 상중하 | 상중하 | 상중하 | 상중하 | 상중하 | 상중하 | 상중하 |
| 작부시기 | ○------------× 보온 | | | | 수확 | | | | | |
| 주요한 작업 | 하우스설치 상토소독 | 파종준비 파종·보온 약제살포시작 | 가식 식준비 | 정식준비 | 정식 및 비닐멀칭 | 지주유인 정지 | 관수 수확시작 웃거름시작 가온작업완료 | 이웃거름제거 중심거름 적심작업 비닐제거 | 하우스 웃거름 제거 | | 수확완료 포장정리 |

주) ○ : 파종　× : 정식　◠ : 보온　▦ : 수확

　육묘일수는 90일 정도로 큰 묘 즉, 제1번 꽃이 피는 때에 정식하는 것이 조기 다수확에 유리하다. 무가온으로 하우스내의 기온과 지온을 높이기는 어렵지만 정식시 기온을 25℃, 지온을 20℃ 이상으로 유지하면 정식후 활착이 잘 된다.

　이 작형은 초기에는 풋고추를 수확하다가 가격과 풋고추의 품질이 떨어지면 붉은 물고추 및 마른고추로 출하할 수 있다. 수확 후기에 들어가면 병해충의 발생이 많아지므로 약제를 살포하여 방제해 주어야 한다.

## 다. 터널조숙재배

　이 작형은 반촉성재배와 노지조숙재배의 중간재배 작형으로 12월 하순~1월 상순경에 파종하여 3월 하순~4월 상순에 정식한다. 터널을 이용하여 정식 초기부터 생육 중기까지만 보온하고 그 이후에는 노지상태에서 관리하는 작형을 말한다.

**<표 6-7> 터널조숙재배의 재배력**

| 월별 | 12 | 1 | 2 | 3 | 4 | 5 | 6 | 7 | 8 | 9 |
|---|---|---|---|---|---|---|---|---|---|---|
| | 상중하 | 상중하 | 상중하 | 상중하 | 상중하 | 상중하 | 상중하 | 상중하 | 상중하 | 상중하 |
| 작부시기 | ○ - - - - - - - - ✕(보온) - - - - - | | | | | ▦▦▦▦ | ▦▦▦ | ▦▦▦ | ▦▦▦ | ▦▦▦ |
| 주요한 작업 | 상토소독 온상준비 종자소독 파종 | 파종상관리 | 이식상준비 | 이식 액비공급온 약제살포 | 제초작업 정식포준비 묘상관화·경운 관수 | 멸섬청피 터널보온 작환업기 측지제거 웃거름 수확시작 터널제거 | 약제살포 웃거름 관수 | 약제살포 약제살포 | 웃거름약제살포 건과용약제살포 | 약제살포 수확완료 포장정리 |

주) ○ : 파종   × : 정식   ◠• : 보온   ▦ : 수확

이 작형은 7월 상순경까지는 붉은 물고추를 수확하고 그 이후는 마른고추 수확을 목표로 재배하는데 가격형성에 따라 풋고추도 가능하다.

일반조숙재배보다 전체 수량면에서 월등히 많고 따라서 농가소득도 높일 수 있는 작형이다.

수확 중기부터 병해충 발생이 많으므로 방제를 철저히 하여야 한다.

## (2) 묘기르기

### 가. 파종

#### ① 파종시기

파종시기는 작형과 재배시기에 따라 다르나 정식예정일로부터 보통 90일을 역산하여 결정한다.

촉성재배는 가을철에 파종하므로 정식 80일 전이면 되나 12월과 1월에 파종하는 반촉성, 터널조숙재배 등은 90일 정도의 육묘기간을 두는 것이 안전하다.

② 종자소독, 최아, 파종

파종량은 10a당 2dl(1홉=약 13,000알) 정도를 준비하여 종자소독을 반드시 해야 한다.

벤레이트 티 200배액이나 호마이 400배액에 약 30분간 담갔다가 깨끗한 물로 씻어 30℃ 물에 1일쯤 담근 후 천에 싸서 30℃ 정도되는 따뜻한 곳에서 1~2일 두어 1~2mm 정도 싹을 틔워 파종한다.

발아는 온도와 수분이 가장 크게 작용하므로 파종후는 충분히 관수하고 터널을 씌우며 육묘상의 온도를 낮에는 적온(28~30℃)에 가깝도록 유지시킨다. 밤에는 20~23℃로 낮추어 웃자라지 않도록 발아시키는 것이 무엇보다 중요하다.

### <표 6-8> 10a당 종자소요량 및 파종요령

| 종자량(dl) | 파종상면적(㎡) | 골사이(cm) | 종자사이(cm) | 비 고 |
|---|---|---|---|---|
| 1~2(0.5~1홉) | 4.3~8.6(1.3~2.6평) | 6 | 1 | 1dl=6,500알 정도 |

③ 파종후 관리

이러한 방법에 의하면 약 1주일 후 발아하는 데 발아가 되면 주간에는 터널을 벗겨주고 야간에는 덮어준다. 대체로 떡잎이 전개된 후부터는 생육을 약간 억제시키듯이 육묘상을 다소 건조하게 관리하여 1차 가식시 배축의 길이가 약 3cm 정도로 굵고 튼튼하게 키운다.

파종후 3~4일이 지나면 상토가 건조해지므로 20℃ 정도의 온수를 오전 10~11시 사이에 상토 밑까지 스며들도록 충분히 관수해 준다. 발아후에는 오후에 관수하면 도장의 원인이 된다. 발아후 실내온도는 주간 25~27℃, 야간 20~22℃, 지온 23~25℃를 유지시킨다.

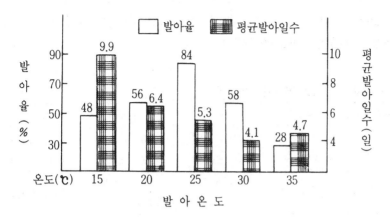

<그림 6-3> 발아온도와 발아율

## 나. 옮겨심기

파종후 35~40일 정도가 지나면 본잎이 3~4매가 되는데 이때가 옮겨 심는 적기이다. 이전에는 옮겨심기를 2회 하였으나 현재는 1회만 하는 경 향이다. 2회 옮겨심기를 하면 노력이 많이 들 뿐만 아니라 뿌리가 잘려 생 육이 늦어지고, 생육후기에 병이 발생하기 때문에 1회 옮겨심는 것이 적당 하다.

그리고 정식을 할 때 잔뿌리의 손상과 웃자람을 방지하기 위하여 직경 9~12cm의 비닐폿트에 직접 옮겨심는 방법이 늘어나는 추세이다. 옮겨 심을 때는 작은 모종의 떡잎이나 본잎이 상하기 쉬우니 주의하여야 한 다.

옮겨심는 작업은 바람이 없고 햇살이 좋은 따뜻한 날을 택하고, 옮겨심은 다음에는 20℃ 정도의 물을 주어 활착(活着)을 돕는다. 일단 옮겨심으면 뿌 리의 기능이 일시 정지하게 되어 시들게 되므로 해가림을 해서 시들음을 막 아주고 활착이 되면 걷어낸다.

심는 깊이는 파종상에 심겨져 있던대로 심되 너무 깊이 심으면 줄기부위에서 새뿌리가 발생하며 너무 얕게 심으면 건조의 해를 받기 쉽다.

옮겨심는 거리는 10~12×10~15cm 정도로 하며, 옮겨심은 후에는 온도를 2~3℃ 높여 활착을 촉진시킨다.

**<표 6-9> 가식상 면적과 이식거리**

| 이식횟수 | 모의크기 | 시 기 | 거 리 | 소요면적 |
|---|---|---|---|---|
| 2회 | 1차:본잎 2~3매 | 파종후 30일 | 8×8cm | 39㎡(12평) |
|  | 2차:본잎 4~5매 | 1회후 25~30일 | 12×15cm | 65㎡(20평) |
| 1회 | 본잎 3~4매 | 파종후 35~40일 | 12×15cm나 직경 9×12cm 폿트 | 65㎡(20평) |

### 다. 육묘관리

#### ① 물주기

너무 많이 주면 웃자라서 병에 걸리기 쉽고 부족하면 굳어져서 생육이 억제된다. 이론적으로 물주는 양을 규정지을 수는 없지만 저녁때 모판의 상토 표면이 뽀얗게 말라 있어야 하며, 물은 조금씩 자주 주는 것보다 한번에 뿌리밑까지 젖도록 충분히 주되 20℃ 정도의 물을 주어야 온상내의 온도가 급히 내려가는 것을 방지한다.

물주는 작업은 오전 11시에서 오후 1시에 기온이 상승했을 때 하며, 물을 줄 때 오랫동안 온상창을 열어 놓으면 강한 햇볕에 어린모의 잎이 타게되므로 물을 주는 대로 곧 창을 덮어 준다.

#### ② 온도

고추 육묘에서 가장 중요한 것은 온도관리이다. 고추의 생육적온은 낮온도 25℃ 내외, 밤온도는 20℃ 내외이다. 이보다 낮으면 생육이 지연되고 후기개화도 늦어져 수량이 떨어진다. 특히 밤온도가 낮아질 경우 꽃필 때까지 걸리는 날짜 수가 길어진다.

한편 기온 못지않게 지온(地溫)도 중요한 요인이다. 지온이 낮으면 뿌리의 자람이 장해를 받아 새 뿌리가 나오지 못하므로 지상부의 생육에 나쁜 영향을 미친다.

**〈표 6-10〉 육묘중의 상온(床溫)과 낙화와의 관계**

| 온 도 | 20℃ | | | 24℃ | | | 27℃ | | | 30℃ | | |
|---|---|---|---|---|---|---|---|---|---|---|---|---|
| 구분<br>꽃의<br>위치 | 개화<br>일수<br>(일) | 낙뢰<br>율<br>(%) | 낙화<br>율<br>(%) | 개화<br>일수<br>(일) | 낙뢰<br>율<br>(%) | 낙화<br>율<br>(%) | 개화<br>일수<br>(일) | 낙뢰<br>율<br>(%) | 낙화<br>율<br>(%) | 개화<br>일수<br>(일) | 낙뢰<br>율<br>(%) | 낙화<br>율<br>(%) |
| 제1화 | 79 | 5.8 | 0 | 67 | 30.9 | 27.5 | 65 | 22.9 | 26.1 | 60 | 46.3 | 52.0 |
| 제2화 | - | 1.1 | 0 | - | 4.7 | 0 | - | 21.6 | 44.1 | - | 26.8 | 47.3 |
| 제3화 | - | 0 | 0 | - | 6.0 | 0 | - | 0 | 0 | - | 4.8 | 0 |

**〈표 6-11〉 땅온도와 지상부 및 지하부 생육과의 관계**

| 온 도(℃) | 생체무게(g) | | 마른무게(g) | | 지상부(T)와<br>지하부(R)비율 |
|---|---|---|---|---|---|
| | 지상부 | 지하부 | 지상부 | 지하부 | |
| 10 | 3.4 | 0.6 | 0.4 | 0.1 | 5.7 |
| 17 | 50.8 | 20.6 | 8.0 | 2.6 | 2.4 |
| 24 | 75.2 | 31.1 | 11.3 | 3.9 | 2.4 |
| 30 | 99.4 | 29.8 | 13.9 | 3.5 | 3.3 |

그러나 온도유지에만 힘을 쓰다 보면 간혹 낮온도보다 밤온도가 더 높아지는 경우가 있는데 밤 온도가 더 높으면 호흡량(呼吸量)이 광합성량(光合成量)보다 많아져 양분소모로 묘가 황색으로 변하고 연약해진다.

### <표 6-12> 고추의 단계별 묘상관리와 온도관리기준

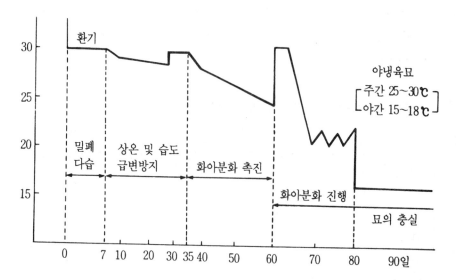

| 일 수 | 7~9 | 25~30 | 25~30 | 25~30 |
|---|---|---|---|---|
| 묘의크기 | 떡잎~본잎 | 본잎 2~3매 | 본잎 4~7매 | 본잎 8~13매 |

온도관리 낮: 28~30℃, 25~28℃, 23~25℃, 22~25℃
온도관리 밤: 25℃, 20~25℃, 18~20℃, 15~18℃

낮에는 육묘상온도를 높여 광합성 작용을 왕성하게 하고 밤에는 생리작용에 장해가 없는 범위 안에서 온도를 낮춰(15~18℃) 호흡작용에 의한 탄수화물의 소모량을 줄이고 웃자람을 막아, 소질이 좋은 묘를 가꾸어야 한다. 밤온도를 낮춰 모를 키우는 것을 야냉육묘(夜冷育苗)라 한다.

③ 굳히기(硬化)

정식시기가 가까워지면 지금까지 온상에서 알맞은 온도와 수분속에서 자란 묘를 굳혀야 하는데 보통 정식 10일 전부터 실시한다. 처음에는 온상창을 조금씩 자주 열어주다가 점차 많이 열어 외부환경과 같은 상태로 해준다. 이 때에도 처음부터 외부온도가 높다고 장시간 열어 놓으면 잎이 탈 염려가 있으므로 주의해야 한다. 그러나 묘굳히기는 촉성, 반촉성, 노지조숙 등 시설내 정식하는 경우는 생략한다.

아울러 묘가 웃자라는 것을 막기 위한 요령을 간단히 보면 다음과 같다.

• 알맞는 육묘간격을 유지하고 햇빛을 충분히 받도록 한다.
• 물주는 회수를 줄이고, 질소질 비료를 너무 많이 주지 않는다.
• 밤 온도를 높지 않게 한다.

라. 비닐멀칭

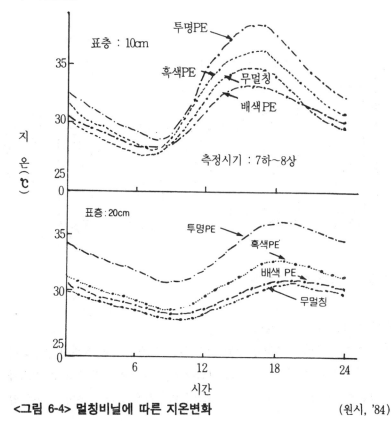

<그림 6-4> 멀칭비닐에 따른 지온변화　　　(원시, '84)

  촉성·반촉성 재배는 정식 7~10일 전에 0.02~0.03mm 비닐을 덮어 지온이 오르도록 한다.

  조숙터널재배는 3~4일 전에 덮어도 좋다.

  이때의 비닐은 투명비닐이 흑색보다 지온 2~3℃ 정도 높혀 초기생육은 촉진하나 여름지온을 너무 높이므로 곤란하다. 그래서 잡초 발생도 막고 수량도 높이기 위하여 가급적 흑백색 배색(配色)비닐을 쓰는 것이 좋다.

  배색비닐의 중앙부 투명부분은 지온상승을 유도하여 뿌리내림과 초기생육을 촉진하고 양쪽가의 흑색부분은 잡초발생과 여름철 땅온도가 오르는 것을 억제하는 것이다.

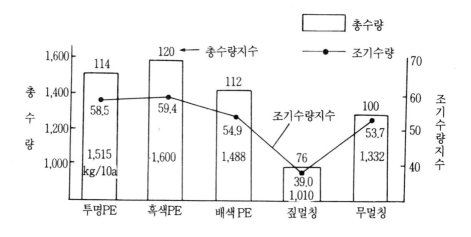

<그림 6-5> 멀칭자재별 수량

비닐 멀칭할 때 주의사항은

㉮ 건조한 상태에서 멀칭을 하면 비가 와도 수분이 멀칭 속까지 흡수되지 못하여 밑거름으로 준 질소질비료가 완전히 분해되지 못하고 가스가 배출될 기회를 상실하게 되어 가스가 비닐속에 갇혀 묘종이 피해를 입

을 우려가 있으므로, 비를 충분히 맞힌 후나 수분이 있는 상태에서 가스가 발산된 다음 멀칭을 하여 토양수분도 확보하고 가스피해도 예방하도록 한다.

㉕ 정식하기 전에 미리 구멍을 뚫어 놓음으로써 남아 있던 가스가 방출될 수 있게 한다.

㉖ 지나치게 얇은 비닐을 사용하면 수확후 비닐을 제거할 때 완전히 제거하기가 어려우므로 가능하면 튼튼한 새 비닐을 사용하는 것이 좋다.

## 마. 정식요령

① 알맞는 묘의 크기는 본잎 10~13매이고 제1번 꽃이 필 때이다.

② 심는 깊이

모판 또는 폿트에 심겨졌던 깊이대로 심는 것이 좋다. 부득이 키가 큰 모를 심을 때는 북주기를 하지 말고 심은후 곧바로 받침대를 세워 주는 것이 좋다. 북주기를 너무 많이 하면 줄기에 흙이 닿는 면이 많아져 병이 생길 우려가 크다.

③ 심는 간격

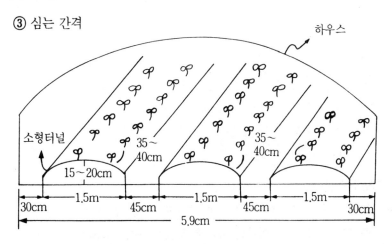

&lt;그림 6-6&gt; 촉성 · 반촉성재배 심는 모형그림

**〈표 6-13〉 촉성 · 반촉성재배 심는 요령**  (단위 : cm)

| 작 형 | 이랑나비 | 줄사이 | 포기사이 | ㎡당 포기수 |
|---|---|---|---|---|
| 촉 성 재 배 | 120~150 | 60~75 | 35~40 | 3.3~4.8 주 |
| 반촉성재배 | 140~150 | 70~75 | 35~40 | 3.3~3.9 주 |

## (3) 정식(定植)

정식은 지온이 낮 17℃, 밤 13℃ 이상일 때 해야 하는데 시설재배에서는 낮 22~25℃, 밤 18~20℃일 때 하는 것이 좋다.

### 가. 포장준비

정식하기 35~40일 전 잘게 자른 볏짚 등을 10a 당 600kg 정도(10a당 생산량)를 밭 전면에 깔고 깊게 갈아 엎는다.

① 하우스 설치

촉성 · 반촉성재배를 할 때는 정식 20~30일 전에 설치하여 지온이 오르도록 한다.

② 터널 설치준비

심은 후 즉시 터널을 설치할 수 있도록 자재를 준비해 둔다.

- 할죽 길이 : 150cm 정도 (할죽 또는 5mm 굵기의 강철선)
  수      량 : 10a당 1,000~1,500개
- 비닐 규격 : 두께 0.03mm, 폭 180cm
  수      량 : 10a당 1,000m

③ 이랑만들기

정식 15~20일 전에 퇴비 · 석회 · 계분 등 밑거름을 밭 전면에 뿌리고 갈아 엎은후 이랑을 만든다. 이랑넓이는 촉성 또는 반촉성재배의 1줄 심기일 경우는 70~75cm, 2줄 심기는 150~160cm로 하고, 이랑높이는 배수가 잘 안되는 평탄지는 20cm 정도로 하여 장마철에 대비하거나 1줄심기를 한다. 그리고 시설내이므로 관수시설을 설치한다.

최근에는 고추 정식방법이 밀식하여 단기 다수확을 노리는 재배방법으로 전환되는 추세이다. 이러한 경우에는 품종선택을 신중히하여 병충해 발생과 방제·수확 등. 관리작업에 차질이 없도록 해야 한다.

그런데 이 방법은 후작(後作)을 고려하여 재배하면 소득면에서나 경지이 용면에서 매우 효과적인 재배방법이 될 수 있다.

이 방법은 8월 하순~9월 상순까지 수확을 완료해야 하므로 조기 다수확 성으로 조기 착과비대가 좋은 품종이어야 한다.

**<표 6-14> 조숙·터널재배 심는요령**  (단위 : cm)

| 구분 | 1줄 이랑 재배 | | 2줄 이랑 재배 | 밀식재배 | |
|---|---|---|---|---|---|
| | 보통이랑 | 높은이랑 | 보통이랑 | 2줄재배 | 1줄재배 |
| 이랑넓이 | 80 | 90 | 150 | 120 | 70 |
| 포기사이 | 30~35 | 30 | 30~35 | 15~20 | 15 |
| ㎡당 주수 | 3.6~4.2 | 3.6 | 3.6~4.2 | 8.5~11.2 | 9.4 |

## (4) 거름주기

고추는 다른 작물에 비하여 생육기간이 길고 다비성(多肥性) 작물이기 때문에 그만큼 많은 양의 비료분을 필요로 한다. 고추의 생육에 필요한 비료는 여러 가지가 있으나 직접적으로 영향을 미치는 것은 질소(N), 인산(P), 칼리(K), 칼슘(Ca-석회), 마그네슘(Mg-고토), 붕소(B), 철(Fe) 등이며 망간(Mn), 아연(Zn), 구리(Cu) 등의 미량원소는 토양에서 흡수되기는 하나 결핍되는 경우도 있으므로 주의해야 한다.

특히 근래의 1대잡종은 연속적으로 착과되므로 비배관리를 철저히 해야 한다. 시설 풋고추는 재배기간이 길므로 시비량을 노지재배보다 많게 하고 추비회수도 2~3회 더 늘린다.

근래 시설토양의 염류집적(鹽類集積)이 심각한 상태에 이르고 있으므로 미리 가까운 농촌지도소에 토양검정을 해보고 그에 따라 시비량을 조절하도록 한다.

이곳에 제시한 시비기준량은 전기전도도(電氣傳導度)가 EC 0.3 이하인 경우이므로 참고 바란다.

## 가. 거름주는 양(施肥量)

거름주는 양은 작형, 품종, 토양의 비옥도, 재식주수, 앞작물 등 여러 요인에 따라 다르나 일반적으로 다음표를 기준한다. 이 기준은 10a당 질소 24kg, 인산 20kg, 칼리 23kg으로 하였다.

참고로 '92년 농업기술연구소의 이춘수, 박영대 연구관의 "작물별 시비 기준량 보완조사" "채소류 각 작물에 대한 시비 기준량 조정"에 따르면 고추의 경우 현행 10a당 24 : 20 : 23을 19 : 11.2 : 14.9kg으로 조정하였다.

① 촉성 · 반촉성 재배

**<표 6-15> 퇴비를 주로 한 거름주는 예**　　　　　　　　　(kg/10a)

| 비료명 | 총량 | 밑거름 | 웃거름 | | | |
|---|---|---|---|---|---|---|
| | | | 1차 | 2차 | 3차 | 4차 |
| 요소(유안) | 46(100) | 16(34) | 7(15) | 7(15) | 8(18) | 8(18) |
| 용과인, 용인 | 100 | 100 | - | - | - | - |
| 염가(황가) | 30(36) | 15(18) | - | - | 7(8) | 8(10) |
| 퇴　　　비 | 2,500 | 2,500 | - | - | - | - |
| 농용석회 | 100~150 | 100~150 | - | - | - | - |
| 거름주는 시　　기 | - | 아주심기전 2~3주 | 아주심은후 20일경 | 1차후 25~30일경 | 2차후 30일경 | 3차후 40일경 |

**<표 6-16> 계분(鷄糞) 줄 때 거름주는 양** (kg/10a)

| 비료명 | 총량 | 밑거름 | 웃 거 름 | | | |
|---|---|---|---|---|---|---|
| | | | 1차 | 2차 | 3차 | 4차 |
| 요소(유안) | 48(105) | 20(45) | 7(15) | 7(15) | 8(18) | 8(18) |
| 용과인, 용인 | 95 | 95 | - | - | - | - |
| 염가(황가) | 35(42) | 18(22) | - | - | 7(8) | 10(12) |
| 퇴 비 | 1,500 | 1,500 | - | - | - | - |
| 계 분 | 230 | 230 | - | - | - | - |
| 농 용 석 회 | 100~150 | 100~150 | - | - | - | - |

주) 거름주는 시기는 〈표 6-15〉와 같음.


② 조숙 터널재배

**<표 6-17> 퇴비를 주로한 거름주는 예** (kg/10a)

| 비료명 | 총 량 | 밑거름 | 웃 거 름 | | |
|---|---|---|---|---|---|
| | | | 1차 | 2차 | 3차 |
| 요소(유안) | 40(88) | 16(34) | 8(18) | 8(18) | 8(18) |
| 용과인, 용인 | 90 | 90 | - | - | - |
| 염가(황가) | 32(38) | 17(20) | - | 7(8) | 8(10) |
| 퇴 비 | 1,500 | 1,500 | - | - | - |
| 농 용 석 회 | 100~150 | 100~150 | - | - | - |
| 거름주는 시 기 | - | 아주심기전 2~3주 | 아주심은후 20일경 | 1차후 25~30일경 | 2차후 30일경 |

주) 터널재배에서 1차 웃거름은 아주심은 후 30일경에 줌.

**<표 6-18> 계분줄 때 거름주는 양**

(kg/10a)

| 비료명 | 총량 | 밑거름 | 웃 거 름 | | |
|---|---|---|---|---|---|
| | | | 1차 | 2차 | 3차 |
| 요소(유안) | 35(78) | 11(24) | 8(18) | 8(18) | 8(18) |
| 용과인, 용인 | 84 | 84 | - | - | - |
| 염가(황가) | 30(36) | 15(18) | - | 7(8) | 8(10) |
| 퇴   비 | 1,500 | 1,500 | - | - | - |
| 계   분 | 188 | 188 | - | - | - |
| 농 용 석 회 | 100~150 | 100~150 | - | - | - |

주) 웃거름 주는 요령은 〈표 6-17〉과 같음.

## 나. 거름주는 요령

① 공통사항

㉮ 퇴비는 발효가 잘된 것으로 2~3주일전 밭 전면에 뿌리고 흙과 고루 섞이도록 한다.

㉯ 고추전용 복합비료인 10-16-11+2(고토)+0.3(붕소)+10(유기물)을 줄 때는 10a당 125kg을 전량 밑거름으로 준다.

㉰ 계분을 줄 때 발효가 덜된 것은 토양의 물리성이 나빠지고 토양중 산소부족을 초래하며(특히 비닐멀칭재배는 더 심함) 아초산가스, 나트륨(Na) 피해가 발생하므로 반드시 발효가 잘된 것으로 주어야 한다.

㉱ 석회는 토양개량제일 뿐 아니라 양분으로도 많은 양이 필요하므로 반드시 주어야 하는데 석회고토 85~128kg나, 소석회 75~113kg 주어도 된다.

토양검정결과 pH가 6.5로 중화시킨 밭은 매년 10a당 농용석회 66kg(석회고토 56kg, 소석회 50kg)만 준다. 석회는 퇴비와 같이 주는 것이 좋다.

㉲ 붕소가 부족하면 새순과 열매가 잘 자라지 않으므로 붕사를 10a당

2kg(붕소함량 45%)을 전량 밑거름으로 주되 3kg 이상이면 과다 피해우려가 있으니 주의한다.

㉻ 잎에 주는 물비료는 영양이 부족하여 생육이 좋지 않을 때나 비바람으로 포기가 상했을 때, 그리고 후기증산 필요시에만 뿌려주되 그 효과를 너무 믿지 않는 것이 좋다.

㉼ 비료가스 피해를 입지 않도록 시설재배에서는 반드시 거름주는 시기를 지켜야 한다. 밑거름은 정식 2~3주일 전에 주고 웃거름은 가급적 800배 정도의 물거름을 만들어 주는 것이 안전하다. 특히 하우스안에서 요소 웃거름은 가스피해 발생 우려가 있으므로 가급적 유안을 주는 것이 좋다.

② 웃거름 주는 요령

조기 착과가 많으면 비료분이 부족하여 순멎이현상이 나타나 중기이후 착과가 불량하고 열매가 작아져 상품가치가 떨어진다. 그러므로 초기열매를 일찍 따서 뒤에 열매맺음을 좋게하고 웃거름을 통한 지속적인 영양공급으로 착과최성기에 보다 많은 착과 및 정상적인 열매자람을 유지하여야 수량을 높일 수 있다.

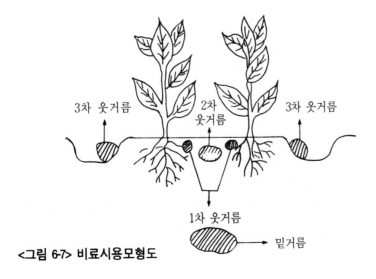

<그림 6-7> 비료시용모형도

웃거름은 생육초기인 1~2차는 포기사이에 비닐멀칭에 구멍을 뚫어 주고 생육후기인 3차 이후는 헛골에 준다. 웃거름 주는 방법은 뿌리가 손상하지 않을 정도로 최대한 가깝게 주는 것이 효과적이다.

이때 주의할 점은 웃거름 준 후 낙과가 되는 경우가 있는데 이는 원줄기 가까운 쪽에 골을 팔 때 뿌리가 끊어져 수분이나 양분을 흡수하지 못하기 때문이다.

물방울식 물주기 시설이 되어있는 밭은 800~1,200배의 물비료를 만들어 주면 효과적이다.

## (5) 물주기(灌水)

고추는 뿌리가 깊지않고 얕고 넓게 분포하는 반면 잎면적이 넓어 건조의 해가 심하다. 특히 개화기에 건조하면 꽃봉오리, 꽃 그리고 어린열매가 떨어지는 것이 많아 수량이 감소하고 품질도 떨어지며 식물체의 발육도 나빠진다.

물주기는 날씨 및 토양, 하우스의 위치에 따라 다르므로 주의해야 하는데, 보통 3~4일에 1번 3.3㎡(1평)당 15ℓ 정도 주는 것이 적당하다.

**<표 6-19> 물주는 양과 수량과의 관계(모래참흙)**

| 관수점(pF) | 2.0 | 2.5 | 2.7 | 2.9 |
|---|---|---|---|---|
| 관 수 회 수 | 15 | 12 | 10 | 4 |
| 관수량(mm) | 200 | 197 | 173 | 117 |
| 수 량 ( g ) | 635 | 632 | 593 | 234 |
| 수량비(%) | 107 | 106 | 100 | 39 |

물주는 방법은 이랑에 2줄로 심는 경우에는 이랑가운데에 분수호스나 점적호수를 깔고 그 위에 멀칭을 한 후 실시하거나, 플라스틱 파이프에 30~40cm 간격으로 구멍을 뚫고 주면 뿌리를 보호하고 병 발생도 억제시

킬 수 있으며 노력도 적게 들어 경제적이다.

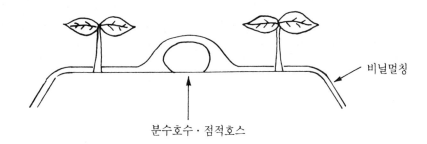

분수호수 · 점적호스

비닐멀칭

**<그림 6-8> 분수 · 점적호스 이용한 물주기**

## (6) 일반관리

### 가. 가온 및 환기

시설은 12월부터 3월까지는 밤 온도가 매우 낮아 특히 유의해야 하는 데 18℃ 이하가 되지 않도록 가온을 해야 한다. 낮온도는 30℃ 이하, 지온은 20℃ 를 목표로 관리한다.

또 눈이나 비가 오게 되면 낮온도도 낮아지므로 난방을 해야 하는 경우가 있는데, 이때는 낮온도보다 밤온도를 낮게 해야 한다. 시설재배시 풋고추의 착과 및 과일비대에 영향을 미치는 온도는 밤온도이므로 15℃ 이상으로 유 지하여 단위결과(石果)가 생기지 않도록 한다. 그리고 주 · 야간 변온을 실시 하여 낙과를 방지하고 비대기에 들어가는 어린과일의 착과수가 증가되도록 한다.

시설내에 환기시설이 없으면 온도관리에 문제점이 많게 되어 낮온도가 35℃ 이상으로 되는 경우가 많은데 이러한 환경조건하에서는 아무리 많이 개화된다고 해도 대부분 낙화되므로 환기팬을 설치하여 주는 것이 좋다.

환기팬의 크기는 지역 및 시설규모에 따라 다르지만 표준규격은 하우스 70평당 직경 50cm의 팬 1대가 기준이며, 300평 하우스에는 6대의 환기팬이 필요하다. 닥터(시설내 환기 교환용 비닐호스)에 의한 강제환기법은 하우스 내의 온도분포를 잘 조절할 수 있는 이점 이외에 하우스내에 미풍이 흐르게 하여 잎의 증산 및 동화작용을 활발하게 해주고 수분(受粉)에도 효과적으로 작용한다. 또한 고추줄기의 마디사이가 짧아져 수량 증가에도 도움이 된다.

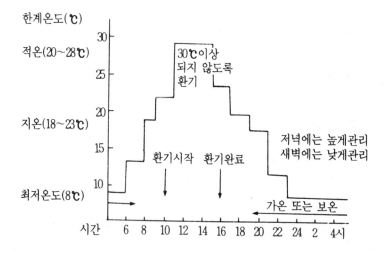

<그림 6-9> 하우스의 온도 관리요령

## 나. 줄기유인, 지주세우기, 정지작업

시설안이므로 식물체가 자람에 따라 지주를 세워 유인하거나 철사를 높이 1.5m에 늘리고 여기에 비닐끈으로 채광 통풍이 잘 되도록 가지를 유인한다.

지주세우기는 너무 늦어지면 뿌리를 끊어 생육에 지장을 초래하므로 활착이 되면 바로 세우도록 한다.

**<표 6-20> 광선과 수량과의 관계**

| 광도 (%) | 지상부 무게(g) | 지하부 무게(g) | 개화수 (개) | 착과율 (%) | 낙과율 (개) | 수확열매 (개) | 1과무게 (g) | 수량 (g) | 수량대비 (%) |
|---|---|---|---|---|---|---|---|---|---|
| 100 | 158 | 17 | 86 | 72 | 28 | 62 | 7.3 | 455 | 100 |
| 50 | 122 | 14 | 71 | 63 | 37 | 45 | 6.5 | 293 | 64 |
| 20 | 108 | 8 | 68 | 52 | 48 | 35 | 3.7 | 129 | 28 |

주) 광도 100%는 피복하지 않은 상태, 50%는 3중 피복일 때의 경우임.

활착후 15~20일경이면 첫 분지점(방아다리) 아래서 곁가지가 나오는 데 교배종은 이들을 따 주는것이 통풍, 수량 등에서 유리하다. 또한 병해의 감염경로를 차단하여 병을 줄이고 생육이 좋아져 품질을 향상시킴으로 전체 수량도 많아진다.

곁가지 제거는 어릴때 마치되 맑은날 하는 것이 병해의 감염을 예방할 수 있다.

그리고 방아다리에 달린 첫 고추는 될 수 있는 대로 일찍 따주는 것이 생육에 좋다. 또한 아랫쪽 고추도 될 수 있으면 풋고추로 따 주어 윗쪽 고추가 잘 달리고 자랄 수 있도록 해주며 붉은 고추도 제시기에 따 주는 것이 좋다.

# 5. 생리장해 원인과 대책

## (1) 농도장해

### 가. 증상

뿌리의 활착이 나쁘고 뿌리끝이 갈색으로 부패·고사한다. 잎은 짙은 녹색으로 변하고 누렇게 마른다.

### 나. 발생원인

갈이층 밑바닥의 칼슘, 마그네슘 등 비료성분 등이 땅표면으로 이동하여 집적장해를 일으키거나, 체내의 대사불량으로 생리적 장해를 일으킨다.

시비잘못 및 비료성분 함량의 과다집적과 양분흡수 장해, 토양물리성 악화 등이 원인인데 사질토는 피해가 크고, 점질토는 상대적으로 피해가 적다.

### 다. 대책

시비의 합리화, 담수에 의한 염류제거, 심경객토, 하우스이동, 비닐제거로 강우에 의한 염류제거, 흡비성 강한 화본과 작물재배.(자세한 것은 총론편 염류집적 참조)

## (2) 암모니아 가스피해

### 가. 증상

생장점부근에서 주로 피해가 나타나는데, 잎주변이 수침상으로 되고 점점 검은색으로 되었다가 갈색으로 색깔이 변하면서 말라 죽는다.

### 나. 발생원인

무기질 비료의 과다시용 및 유기물 분해과정에서 생긴 암모니아가스가 많이 발생할 때, 질소질비료를 주고 흙으로 덮어 주지 않았을 때 가스가 발생하여 피해를 주는데 가스발생이 많은 것은 요소, 초안, 유안, 깻묵, 인분 순이다.

요소는 1~3g 정도를 식물체 옆에 주어도 가스가 나서 피해를 입을 우려 있다.

### 다. 대책

무기질 비료의 과다시용을 피하고 유기물 분해과정에서 생긴 암모니아가스의 발생을 막기 위해서는 충분히 발효된 퇴비를 쓰도록 한다.

질소질비료 특히 요소비료를 줄 때 시설안에서 흙위에 그대로 주지 말고 반드시 흙으로 덮어 주도록 한다.

## (3) 아초산가스 장해

### 가. 증상

잎 앞뒷면에 처음에는 백색수침상에서 백색→담갈색으로 되었다가 낙엽이 되어 버린다.

식물체 중간부위 잎에 피해가 생기고 생장점 부위 피해도 없는 것이 특징이다.

### 나. 발생원인

아초산균, 초산균이 가스를 발생시키는데 암모니아→아초산→초산의 단계를 거친다. 아초산이 토양속에 남아 온도가 올라가면 가스가 되고 이것이 하우스 안에 가득차서 생육에 장해를 일으키고 심하면 작물이 급격히 고사한다.

### 다. 대책

하우스내 비닐에 맺힌 물방울의 산도를 측정하여 산도가 5.2 이하 강산성일 때 발생우려가 크므로 환기를 철저히 하고, 비료 특히 질소질 비료를 지나치게 많이 주지말고, 토양의 전기전도도를 측정한 후 그에 따라 비료를 주는 것이 좋다.

## (4) 아황산가스 및 일산화탄소

### 가. 증상

잎색이 갈색 또는 흑갈색으로 마르고 잎맥 사이의 조직이 백색으로 시든다. 아황산가스 피해가 더 심하다.

### 나. 발생원인

밀폐된 하우스에서 난방을 할 때 경유, 중유, 연탄 등이 타면서 배출되는 가스와 야간에 가온할 때 가스가 발생하여 피해를 준다. 특히 저기압일 때 주의해야 한다.

### 다. 대책

완전 연소시키고, 난방기에 틈이 없도록 해야 한다. 저기압일때 시설내 환기가 잘 되도록 주의해야 한다.

## (5) 매운맛 및 이상색소 발현(흑자색)

### 가. 증상

안토시안계 색소가 관여하는데 저온기 생육이 불량할 때 발생한다.

## 나. 발생원인

매운맛은 품종에 차이가 있는데 고추가 큰 품종보다 작은 품종이 강하다.

저온기 수확기간이 길어질 때, 토양이 건조하여 토양용액농도가 상승할 때, 뿌리가 끊어져 양분흡수가 잘 안될 때 생긴다.

색소는 밤의 온도가 낮고, 생육불량으로 식물체내 탄수화물이 축적되었을 때, 토양수분부족 및 저온으로 질소흡수능력이 떨어질 때, 시설내 찬공기가 유입될 때 나타나기 쉽다.

## 다. 대책

저온이 되지 않도록 보온을 해주고 지온을 높여 준다. 토양내 수분부족이 되지 않도록 주의하고, 품종선택, 정식할 때 활착을 촉진하여 초기생육을 왕성하게 한다. 색소발현과가 생기면 곧 따 버린다.

# (6) 배꼽썩음과

## 가. 증상

열매 끝부분의 측면이 오므라들고 갈색으로 되면서 물러지고 부패한다.

## 나. 발생원인

석회결핍이 가장 큰 원인이다. 질소나 칼리, 마그네슘 등의 길항작용에 의한 다량흡수로 석회흡수가 장해를 받을 때나 각종 비료를 많이 주면 흙 속의 염류농도가 높아져서 가용성 석회성분의 흡수가 잘 되지 않을 때 생긴다.

### 다. 대책

밑거름으로 석회를 10a당 100~120kg 사용한다.

유기물을 넉넉하게 주어 토양완충력과 보수력을 증대하고 토양물리성을 개선하도록 해야 한다. 물을 줄 수 있도록 점적관수시설에 의한 물주기를 실시하면 피해를 월등히 줄일 수 있다. 밭에서 발생한 것이 보이면 즉시 염화석회 0.3~0.5%(물 20 $l$ 에 60~100g)액을 5~7일 간격으로 3회 정도 살포하면 좋다.

## (7) 기형과(석과 · 石果, 부정형, 소과)

### 가. 증상

과실이 정상적으로 자라지 않으며 열매표면에 주름이 많이 지거나 모양이 이상하고 작다. 태과(胎座)에 종자가 없다.

### 나. 발생원인

시설재배를 할 때 온도가 높거나 낮아(30℃ 이상, 15℃ 이하일 때) 꽃가루가 생기지 않아 수정이 불완전할 때 많이 발생하며 보온이 불충분하거나 양분흡수 억제, 토양수분 부족, 햇빛이 부족하고 다습 또는 건조할 때 나타난다.

### 다. 대책

온도관리를 잘 해 주어야 하는데 밤온도가 13℃ 이하 30℃ 이상이 되지 않게 해준다. 채광 · 통풍이 잘 되도록 해야 하며 제때 물을 잘 주어 양분흡수가 잘 되어 건전하게 자라도록 한다. 석과는 바로 따준다.

## (8) 열과(裂果)

### 가. 증상
열매가 위 아래 또는 옆으로 갈라진다.

### 나. 발생원인
온도와 토양 수분의 급변, 비료의 과용할 때, 직사광선을 쬐일 때, 열매가 굳은 후 물(비)을 많이 주어 양분을 갑자기 흡수할 때 열매의 세포가 갑자기 늘어나 터진다.

### 다. 대책
퇴비를 충분히 주고 깊이 갈아 뿌리발달이 잘 되고 아울러 흙의 물지니는 힘(보수력)을 높인다.

## (9) 낙화(落花)·낙과현상(落果現狀)

### 가. 증상
꽃봉오리가 떨어져 꽃이 적게 피거나, 열매가 어릴 때 떨어져 버린다.

### 나. 발생원인
지나친 고온(33℃ 이상)일 때나 양분흡수 장해로 꽃발육이 충실하지 않을 때, 약해(나크수화제, 석회보르도액제)가 생겼을 때, 토양의 수분부족 등.

### 다. 대책
시설내와 땅온도를 알맞게 해주고 시설내 습도를 적당히 해준다. 유기물을 충분히 넣어 비료성분이 꾸준히 나오도록 한다.

# 6. 병충해 방제

## (1) 돌림병(疫病 · 역병)

이 병은 토양전염성으로써 약제방제 효율이 낮아 방제하기가 어려우며 이
어짓기 장해의 주원인으로 대두되고 있다.

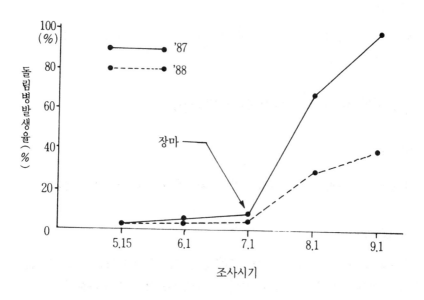

<그림 6-10> 고추 돌림병 상습 발생지 발생양상

이 병은 그림과 같이 생육기간중 장마 이후에 급격히 발생하여 퍼진다.

## 가. 병징

어린모에 발생하면 땅 가장자리 부위에 입고병 증세를 나타내는 것이 많고, 큰 것은 땅 가장자리 부근의 줄기부터 빙 돌아가며 썩고 물관부를 타고 차차로 위쪽으로 옮아가며 포기 전체가 시든다.

줄기는 암갈색의 수침상을 나타내며 잎, 가지, 열매도 수침상(水浸狀)부분이 썩으면서 병반부에 회백색의 곰팡이가 생긴다.

뿌리도 부분적으로 갈색으로 변하여 썩고 중간부분이 물러진다.

## 나. 전염경로 및 발병조건

병원균은 주로 물 속에서 생활하는 수생균(水生菌)의 일종이다. 난포자(卵胞子) 형태로 흙속에서 살며 다음해에 전염원이 되고 흙속의 생존기간은 2~3년이다. 난포자는 적당한 수분과 온도를 만나면 유주자낭을 형성하고 여기에서 생긴 유주자(游走子)에 의하여 1차 전염이 된다. 발병후에는 병반에서 형성된 유주자낭에 의해 전염된다.

병원균의 발육적온은 28~30℃이며 유주자낭의 발아온도는 25℃ 정도이다.

가지과(고추·토마토·가지), 박과(오이·참외·수박·호박) 작물에는 병원균이 잠복하여 서로 전염시킬 수 있으며 토양수분이 많으면 발생하기 쉽다. 오염지대 밭의 침수나 관수로 인한 것과 질소과다, 토양이 약산성일 때도 발생하기 쉽다.

## 다. 방제요령

이어짓기를 피하고 가지과·박과 이외의 작물과 돌려짓기를 한다. 배수를 철저히 하도록 이랑을 높게 하고 시설재배에서는 과습하지 않도록 물관리를 적절히 한다. 병에 걸린 포기는 즉시 뿌리채 뽑아 태운다. 내병계통인 용수대목을 이용한 접목재배를 하면 된다고 하나 실용성이 별로 없는 것 같다. 병원균 생육억제를 위하여 퇴비와 석회를 충분히 준다.

약제살포 시기는 병원균이 감염하는 시기인 비오기 직전이 가장 알맞으며 예방위주로는 10일 간격으로 발병후에는 3~4일 간격으로 집중적으로 뿌려주는 것이 좋다.

병원균의 침입이 매우 빨라 병의 전파가 급속히 이루어지므로 주의하지 않으면 살포적기를 놓치기 쉽다.

<표 6-21> 고추 주요 병해충 기간방제(基幹防除) 체계

| 방제회수 (회) | 방제시기 | 방제 대상 병해 충 명 | | | |
|---|---|---|---|---|---|
| | | 돌림병 | 탄저병 | 진딧물류 | 담배나방 |
| 1 | 6월 상순 | ○ | - | ○ | - |
| 2 | 6월 하순 | ○ | - | - | - |
| 3 | 7월 상순 | ○ | ○ | ○ | - |
| 4 | 7월 중순 | ○ | ○ | - | ○ |
| 5 | 7월 하순 | ○ | ○ | - | ○ |
| 6 | 8월 상순 | ○ | ○ | ○ | ○ |
| 7 | 8월 중순 | - | ○ | - | ○ |
| 8 | 8월 하순 | - | ○ | - | ○ |
| 9 | 9월 상순 | - | ○ | - | - |

## <표 6-22> 고추 병해충 방제약제 총람 ('95 농약사용지침서)

| 대 상 병해충 | 농약품목이름(상표) | 사 용 적 기 | 물 20 l 사용약량 | 물 20 l 사용약량<br>마 지 막 사용시기 | 사용회수 |
|---|---|---|---|---|---|
| 돌림병약<br>(역병) | 파모(프리엔)액제 | 정식시기 및 발병전 관주처리(주당200ml관주) | 20ml | 수확전 21일까지 | 2회 이내 |
| | 메타실동(리도밀동) 수화제 | 장마직전 또는 발병직전 부터 10일 간격 | 20g | 15 | 2 |
| | 메타실엠(리도밀엠지) 수화제 | 장마직전 또는 발병직전 부터 10~14일 간격 | 50g | 10 | - |
| | 쿠퍼(코사이드)수화제 | 발병 초부터 2주 간격 | 40g | | |
| | 옥사프로(산도판에이) 수화제 | 장마직전부터 10일 간격 | 40g | 7 | 4 |
| | 알리펫(미칼)수화제 | 장마직전 또는 발병직전 부터 14일 간격 | 33g | 2 | 3 |
| 탄저병약 | 만코지(다이센엠 - 45) 수화제 | 발병 직전부터 10일 간격 | 40g | 2 | 6 |
| | 타로닐(다코닐, 금비라) 수화제 | 발병 초기부터 10일 간격 | 33g | 14 | 4 |
| | 가벤다, 가스신(고추탄) 수화제 | 〃 | 20g | 3 | 5 |
| | 가스란 수화제 | 〃 | 20g | 2 | 5 |
| | 프로피(안트라콜) 수화제 | 〃 | 40g | 7 | - |
| | 다치온(델란케이) 수화제 | 〃 | 40g | 4 | 3 |
| | 지오판(톱신엠, 톱네이트엠)수화제 | 〃 | 13g | 2 | - |
| 돌림병약<br>+<br>탄저병약 | 옥사딕실·타로닐(양콜) 수화제 | 장마직전 또는 발병초기 부터 10일 간격 | 20g | 14 | 14 |
| | 메타실·디치(리도밀큐) 수화제 | 〃 | 40g | 3 | 3 |
| 반점 세균병약 | 포리동 수화제 | 발병초기부터 7일 간격 | 20g | 7 | 5 |
| | 가스란 수화제 | 〃 | 20g | 2 | 5 |
| | 쿠퍼(코사이드)수화제 | 〃 | 40g | - | - |
| | 옥사딕실·쿠퍼 (산도판 골드) 수화제 | 〃 | 20g | 3 | 4 |

| 대 상<br>병 해 충 | 농약품목이름(상표) | 사 용 적 기 | 물 20 *l*<br>사용약량 | 물 20 *l* 사용약량 | |
|---|---|---|---|---|---|
| | | | | 마 지 막<br>사용시기 | 사용회수 |
| 잿 빛<br>곰 팡 이<br>병   약 | 포리옥신(더마니)수화제 | 발병 초부터 7일 간격 | 4g | 7 | 5 |
| | 아프로(로브랄)수화제 | 〃 | 20g | 2 | 4 |
| | 프로파(스미렉스)수화제 | 발병초기부터 | 20g | 7 | 5 |
| | 프로파(스미렉스)훈연제 | 발병초부터 7일 간격 | 120g/10a | 2 | 3 |
| | 디크론(유파렌)수화제 | 〃 | 40g | 2 | 5 |
| | 디크론(유파렌)훈연제 | 〃 | 120g/10a | 7 | 5 |
| | 빈졸(놀란)수화제 | 발병초기 부터 | 20g | 7 | - |
| | 빈졸·가벤다(소다미)<br>수화제 | 발병초부터 7일 간격 | 20g | 7 | 4 |
| 담 배<br>나 방 약 | 델타린(데시스)유제 | 발생초기 | 20cc | 3 | 4 |
| | 할로스린(주렁)유제 | 〃 | 20cc | 10 | 2 |
| | 메소밀(메리트)액제 | 〃 | 20cc | 14 | 4 |
| | 베스트(파마치온)수화제 | 발생초기 10일 간격 | 10g | 10 | 2 |
| | 주론(디밀린)수화제 | 발생초기 | 8g | 3 | 4 |
| | 피란크로포스(스타렉스)<br>수화제 | 발생초기 | 20g | 7 | 3 |
| 진딧물약 | (세레크론)유제 | 발생초기 | 13cc | 21 | 5 |
| | (역시나)유제 | 〃 | 20cc | 10 | - |
| | (쎄사르)유제 | 〃 | 10cc | 7 | 3 |
| | (타스타)유제 | 〃 | 20cc | 2 | 4 |
| | (델타네트)유제 | 〃 | 20cc | 21 | - |
| | (싱글)유제 | 〃 | 20cc | 5 | 2 |
| | (불독)유제 | 〃 | 10cc | 7 | 6 |
| 담배나방<br>진 딧 물 | (란네이트)수화제 | 발생초기 | 13cc | 7 | 3 |
| | (적시타)유제 | 〃 | 20cc | 2 | 6 |
| | (화스탁)유제 | 〃 | 20cc | 3 | 4 |
| | (오트란)유제 | 〃 | 40cc | 3 | 4 |
| | (싱싱)유제 | 〃 | 20cc | 3 | - |
| | (한방)유제 | 〃 | 20cc | 10 | 4 |
| | (스미사이딘)유제 | 〃 | 20cc | 10 | 2 |
| | (주령)수화제 | 〃 | 20cc | 10 | 2 |
| | (신나라)유제 | 〃 | 20cc | 21 | 4 |
| | (왕스타)유제 | 〃 | 20cc | 7 | 5 |

## (2) 탄저병(炭疽病)

### 가. 병징

잎·줄기·열매에 발생하며 잎에는 대개 원형 또는 부정형의 작은 반점에서 암갈색의 병반이 생기고 확대되면 중앙이 회색으로 변한다.

열매에는 초기에 수침상의 작은 반점이 생겨 갈색으로 변하면서 나이테 모양으로 짙고 엷은 무늬가 생긴다. 병무늬의 중앙부는 회색이 되고 표면에 검은색의 작은 좁쌀알 같은 것이 생긴다. 병든 곳은 약간 움푹해진다. 주로 익은 열매에 많이 생긴다.

병원균 발육적온은 28~32℃로서 고온기와 비가 많이 오는 때에 잘 생긴다.

### 나. 전염경로 및 발병조건

종자전염을 하며 병무늬에서 생긴 포자(胞子)가 날아서 번져 공기전염을 하는 대표적인 고추병이다. 대체로 해마다 피해가 크다.

발병조건은 26℃ 이상의 고온과 비가 잦아 공중습도가 높을 때 더욱 많아지며 질소질 비료를 편중시비할 때 많이 생긴다.

### 다. 방제요령

종자에 의하여 전염하므로 종자소독을 철저히 한다. 발생이 심한 밭은 가을갈이를 철저히 한다. 병든 것을 일찍 제거하여 태우고, 수확후 병든 식물체의 잔재물은 모두 모아 태워 다음해의 전염원을 줄인다.

질소질비료의 편중시비를 피하고 튼튼한 생육을 하게 한다. 밀식을 피하고 과습하지 않도록 통풍이 잘 되게 한다. 품종간 병에 걸리는 정도에 차이가 있으므로 저항성 품종을 재배한다.

병원균이 비바람·태풍·폭풍우 등에 의하여 포자가 전파침입하므로 비온뒤는 즉시 약제살포하는 것이 효과적이다.

방제약제는 〈표 6-22〉를 참고바란다.

## (3) 세균성점무늬병(斑點細菌性 · 더뎅이병)

### 가. 병징

잎 · 열매 · 줄기에 발생한다. 아랫잎부터 생기는데 처음에는 잎뒷면이 약간 솟아오른 듯한 작은점 무늬가 생긴다. 그 중심부는 갈색으로 움푹하고 가장자리는 누렇게 되면서 함께 가는 고리모양이 생긴다.

이것이 확대 또는 서로 합쳐 지름이 수 mm~1cm 정도의 원형 또는 부정원형으로 된다. 심하게 감염된 잎은 누렇게 되어 떨어지므로 낙엽이 일반적 병징이다.

열매에는 보통 솟아오른 갈색점무늬로 나타나는데 마치 사마귀 모양을 하고 있다. 줄기에도 가늘고 긴 점무늬나 줄무늬가 나타나고 나중에는 병무늬의 표면이 파괴된다.

### 나. 전염경로 및 발병조건

20~25℃ 정도의 기온에서 가장 감염되기 쉽고 15℃ 이하 또는 30℃ 이상에서는 거의 걸리지 않는다.

다습한 환경에서 발생하기 쉽고 가뭄이 계속된 후 비가 연속적으로 오는 해에 많이 발생한다.

흙살이 얕은 중점토에서 유기물이 부족할 때 발병하기 쉬우며 질소만 편중시비하면 발병이 조장된다.

### 다. 방제요령

무병 종자를 선택하거나 종자소독을 한다. 유기물 등 시비를 충분히 하여 왕성한 생육을 유도하며 질소질비료 과용은 피한다. 무병지에 재배하고 과습하거나 배수가 나쁜 곳, 찰흙밭은 피한다.

세균병이어서 약제방제 효과가 낮다.

방제 약제는 〈표 6-22〉를 참고한다.

## (4) 잿빛곰팡이병(灰色黴病 · 회색곰팡이병)

시설내의 저온 다습할 때 주로 발생하며 특히 겨울철 시설재배에서 많이 발생한다.

### 가. 병징

가장 일반적인 병징은 어린잎 · 줄기 및 꽃 등 물기가 많은 조직이 갑작스럽게 문드러지는 현상이다.

열매는 꽃이 달린 부분에서 시작하여 회색으로 썩어 점차 안쪽으로 진전한다. 어떤 경우든 병든 곳에 잿빛의 곰팡이가 생긴다.

### 나. 전염경로 및 발병조건

병원균은 대개 20℃ 부근에서 잘 자라고 분생포자형성 적온은 10~15℃로 저온성 균이다.

병원균의 발아에는 다습한 조건을 필요로 하며 병든 식물체의 잔재물이나 시설자재에 붙은 균사나 포자 균핵 등에 의하여 공기 전염한다.

환기가 불량한 저온 다습한 조건에서 잘 생기며 비료기가 부족하여 식물체가 쇠약하게 자랄때 발생이 많은 경향이다.

### 다. 방제요령

하우스의 온도가 떨어지지 않도록 하고 통풍에 유의하여 습도가 높아지지 않도록 시설내의 온습도 관리를 잘한다. 질소질 비료를 편중시비하지 말고 균형시비하여 식물체를 튼튼하게 자라도록 한다. 병든 식물은 일찍 제거하고 하우스 자재에도 병균이 붙어 있으므로 이들에 대한 소독도 한다.

병원균의 포자형성량이 매우 많으므로 시설내에 퍼지기 전이나 발생초기에 예방적으로 해당약제를 뿌린다.

액제살포로 하우스 습도가 높아지면 불리하므로 훈연제 처리가 바람직하다(스미렉스·유파렌 훈연제).

방제약제는 앞의 〈표 6-22〉를 참고한다.

## (5) 바이러스병(모자이크병, 괴저병, 괴저바이러스)

가장 피해를 큰 병으로 일단 발병하면 효과적인 방제방법이 없어 더욱 큰 문제가 되고있다.

### 가. 병징

고추에 피해를 주는 바이러스는 TMV(담배모자이크 바이러스), CMV(오이 모자이크 바이러스), PVY(감자 Y 바이러스), PVX(감자 X 바이러스) 등이 있으나 주로 TMV와 CMV에 의해 심한 피해를 입는다. 뿐만 아니라 병원 바이러스 종류에 따라서 나타나는 증상에도 차이가 있고 또한 복합되어 발생하는 경우도 많아 그 증상을 구별하기가 어렵다.

종자·접촉·토양에 의해 전염되는데 병든 포기의 잎에는 황색의 모자이크가 생기고 잎이 오그라져 기형으로 되며, 줄기의 마디사이가 짧아지는 현상이 나타난다.

또한 꽃이나 열매에 발병되면 꽃색깔이 퇴색되고 부정형이 되며 열매에는 검은줄이 생기고 기형이 되며 착색이 나빠진다.

괴저(壞疽) 바이러스(낙엽 바이러스)는 잎·줄기·열매에 생기는데 괴저반점이 생기고 점차 줄기를 따라 암갈색의 줄무늬가 생긴다. 이 현상이 더욱 진전되면 성장이 정지되고 낙화 및 낙엽이 되며 줄기만 자라기는 하나 수확은 기대할 수 없다.

CMV는 진딧물이 식물체의 즙을 빨아먹어 걸린 포기는 마디 사이가 짧아져 식물체는 위축되고 잎은 고사리형의 가느다란 잎으로 되며 꽃이 떨어져서 수량이 떨어진다.

### 나. 방제요령

진딧물을 방제한다. 육묘할 때 망사안에서 키운다. CMV 이외는 약제로 방제되지 않으므로 항상 시비와 관리를 충실하게 한다. 진딧물 방제약제는 〈표 6-22〉를 참조하되 한가지만 계속 사용하면 면역성이 생기므로 바꿔가며 사용해야 한다.

## (6) 담배나방

### 가. 피해상태

애벌레는 고추열매 속으로 구멍을 뚫고 들어가 속을 먹으므로 2차적으로 상처에 병이 발생하여 연부병 등을 일으키고 열매가 떨어진다.

나방이 알을 낳으면 부화하여 어린 고추속으로 들어가 고추열매와 같이 크면서 주로 씨를 먹는다.

### 나. 형태 및 생태

어른벌레는 몸길이 17mm정도, 날개 편 길이 35mm정도이다. 애벌레는 다 자란 것이 40mm정도이고 연한 녹색바탕에 백색무늬가 숨구멍 주위에 있다.

번데기로 땅속에서 겨울을 지낸 뒤 5월 하순경부터 어른벌레가 되며 연 3회정도 나오나 해에 따라 불규칙하다. 고추의 전생육기간을 통하여 가해한다.

### 다. 방제법

애벌레 동안의 대부분은 열매속에서 지내면서 계속적으로 발생하므로 방제가 대단히 어렵다.

발생초기 피해받은 열매는 보이는 대로 땅속에 묻는 것도 좋은 방법이다.

약제 방제는 〈표 6-22〉를 참고하여 잔효기간이 짧은 것으로 뿌려주되 풋고추를 먹기 위하여 농약 안전사용 기준을 지켜야 한다.

## (7) 진딧물

### 가. 피해상태

월동한 알에서 부화한 약충이나 성충이 어린싹이나 어린잎의 뒷면에 붙어 잎의 즙액을 빨아 먹음으로써 잎이 위축되고 심하면 오그라들며 어린순을 가해하여 생육이 멈추기도 한다.

밀도가 높을 때는 전체적인 황화현상과 낙엽이 일어난다. 또 진딧물이 분비하는 감로(甘露)로 잎이나 열매 표면에 회색 또는 흑색의 그을음 모양의 곰팡이가 생겨 품질을 떨어뜨린다.

진딧물의 가해로 바이러스병을 매개 전염한다.

### 나. 방제법

진딧물은 생육 전기간에 걸쳐 발생하며 복숭아혹진딧물, 목화진딧물, 싸리수염진딧물 등이 있다. 이들은 번식력이 엄청나므로 발생 초기에 철저히 구제하지 않으면 심한 피해를 입는다.

약제는 〈표 6-22〉을 참고하되 한가지 약제를 계속 살포하는 것보다 몇가지를 번갈아 가면서 뿌리는 것이 효과적이다.

새로나온 코니도가 효과가 높으나 너무 의존하지 않도록 한다.

# 7. 수확 및 건조

개화기부터 수확기까지 걸리는 날짜수는 작형과 품종·온도·착과위치·초세·기상조건 등에 따라 다르다.

시설재배에서는 풋고추 수확을 먼저하고 붉은 고추를 따는데 보통 풋고추는 6월 말까지 끝내는 것이 일반적이다.

계속적으로 고추가 착과되도록 하려면 수세에 부담이 되지 않도록 가능한 한 자주 따는 것이 좋다.

붉은 고추는 재배시기와 품종에 따라 차이가 있으나 꽃핀 후 45~60일 정도(적산온도 1,000~1,300℃)가 되어야 익는다. 노지재배인 경우 중부지방에서는 8월 하순까지, 남부지방에서는 9월 5일 이전에 개화 착과되어야 서리 오기전에 붉은 것으로 수확할 수 있다.

수확한 고추는 시장성이 좋은 때는 붉은 물고추 그대로 출하하고 그렇지 않은 경우는 건조시켜 출하하거나 저장하였다가 가격이 높을 때 시장에 낸다.

건조방법으로는 태양건조·하우스건조·화력건조·열풍건조 등이 있는데 그 방법은 다음과 같다.

## (1) 태양건조

일반농가에서는 대부분 멍석이나 가마니 또는 지붕에 널어 햇빛에 말리는 선반을 만들고 그 위에 발을 쳐서 말리기도 한다. 이 방법은 바람이 잘 통하고 지면에서 증발하는 수증기에 의한 피해가 거의 없으므로 건조시간을 단축시킬 수 있어 효과적이다.

슬레이트나 함석 등을 이용하면 건조시간은 빠르나 햇빛에 의하여 열을 받아 고추의 접촉부위가 변색할 수도 있으므로 주의해야 한다.

## (2) 비닐하우스 건조

하우스안에서 말리는 방법으로 햇빛건조보다 빨리 마르고 열매의 부패와 성분 변화가 적으며 작업도 간편하여 실용적이다.

주의할 점은 하우스내에서는 온도가 높고 다습하기 쉬우므로 환기창을 만들어 온도를 35℃ 정도로 유지시키고 과습하지 않도록 자주 뒤집어 주어야 한다.

또 땅에서의 수분발산을 막을 수 있도록 땅에 비닐 등을 깔아주면 더 효과적이다.

## (3) 화력건조

전에는 연탄을 이용한 건조실이었으나 최근에는 여러 종류의 성능 좋은 다목적 건조기가 많이 보급되어 건조가 훨씬 간편하고 품질도 좋아지고 시간도 단축되고 있다. 화력건조는 온도가 60℃ 이상이 되면 색깔이 나빠지고 매운맛도 적어지므로 유의해야 한다.

그리고 화력건조를 하면 종자가 완전히 건조되지 않은 상태에서 저장할 염려가 있는데 이렇게 되면 저장중 부패할 수도 있으므로 건조기에서 꺼낸 다음 2~3일 햇빛에 말려 종자까지 완전히 건조되었는지 확인한 후 저장하는 것이 좋다.

# 제7장 배추

## 1. 국내 생산현황

**<표 7-1> 배추의 연도별 재배면적과 생산량**

| 연 도 | 재배면적(ha) | | 10a당 수량(kg) | | 총생산량 (t) | |
|---|---|---|---|---|---|---|
| | 전체 | 시설 | 전체 | 시설 | 전체 | 시설 |
| 1985 | 44,908 | 3,642 | 6,503 | 3,581 | 2,920,477 | 130,404 |
| 1990 | 47,495 | 3,673 | 7,103 | 3,604 | 3,373,364 | 132,377 |
| 1992 | 39,604 | 4,121 | 6,074 | 3,621 | 2,405,626 | 149,214 |
| 1994 | 42,504 | 5,135 | 6,327 | 3,642 | 2,689,186 | 187,011 |
| 1995 | 46,483 | 6,506 | 6,206 | 3,642 | 2,884,772 | 246,966 |
| 1996 | 48,008 | 5,593 | 6,244 | 3,653 | 2,997,721 | 204,324 |
| 시설비(%) | | 11.6 | | 58.5 | | 6.8 |

주) 시설재배는 모두 봄배추임.

〈노지배추 생산실적 - 봄배추, 고랭지배추, 가을배추〉

| 구 분 | | 1990 | 1992 | 1995 | 1996 |
|---|---|---|---|---|---|
| 봄배추 | 재배면적(ha) | 15,886 | 12,570 | 15,225 | 16,623 |
| | 10a당 수량(kg) | 3,144 | 3,293 | 3,988 | 4,020 |
| 고랭지 배추 | 재배면적(ha) | 4,983 | 8,957 | 8,742 | 10,793 |
| | 10a당 수량(kg) | 3,864 | 3,018 | 3,565 | 3,222 |
| 가 을 배 추 | 재배면적(ha) | 22,953 | 13,956 | 16,010 | 14,999 |
| | 10a당 수량(kg) | 11,105 | 11,266 | 10,737 | 11,850 |

전체 배추 생산실적은 70년대 이후 완만하게 감소하고 있으며 가을배추에서 그 경향이 뚜렷하다.

봄 시설배추는 반대로 증가추세에 있고 고랭지 배추는 거의 제자리를 지키고 있다.

요즘 도시민의 김장패턴이 조금씩 담그거나 사먹는 추세로 서서히 바뀌고 있어 가을 김장배추 수요는 계속 감소될 것으로 전망된다.

그리고 육종기술과 재배기술의 발달보급으로 연중재배 특히 여름철 재배는 고랭지에서, 월동재배는 남해안 지대에 계속 확산되고 있어 소비자의 요구에 따라 언제든지 공급될 수 있는 길이 열려 있다.

이처럼 앞으로의 배추재배는 일시 다량생산에서 소량씩 연중 출하되는 재배방법으로 전환되고 있으며, 포기배추에서 속음배추, 엇갈이 등의 다양한 품목전환도 되어가고 있다.

# 2. 생리적 특성과 재배환경

## (1) 온도

**<표 7-2> 배추의 생육 온도**                                    (단위 : ℃)

| 구 분 | 최 고 | 최 적 | 최 저 | 생장지연저온 |
|-------|-------|-------|-------|-------------|
| 발 아 | 35 | 25~27 | 5 | 15 |
| 생 육 | 25 | 18~20 | 2~6 | 10 |
| 결 구 | 22 | 15~18 | 3~5 | 8 |

배추는 서늘한 기후를 좋아해서 자라는 데는 18~20℃이고, 후기 속이 차는 기간에는 15~18℃가 알맞다. 추위에 견디는 힘은 비교적 강하여 천천히 추워질 때는 -8℃에서 피해를 입지만 갑자기 기온이 떨어질 때는 -3℃~ -4℃에서도 큰 피해를 입는다.

배추는 씨앗을 뿌려 처음 자랄 때는 비교적 높은 온도에서 잘 자라지만, 속이 찰 때부터는 높은 온도에 약하다.

그러나 배추는 종자가 싹트기 시작할 때부터 낮은 온도에 감응하여 꽃눈이 생기는 종자춘화형(種子春化型) 채소이다. 영향을 미치는 온도는 13℃ 이하에서 보통 10여일 정도 지나면 꽃눈이 생기고, 고온과 해 비치는 시간이 길어지면 꽃대가 나오는 것(추대)이 촉진된다.

겨울철 또는 봄에 걸쳐 재배하는 시설채소에서는 모기르는 육묘기간 동안에 14℃ 이상을 유지시켜야 되는 점을 특히 명심해야 한다.

## (2) 일장(해 길이)

배추가 자라는데는 일장과는 별 관계가 없지만 꽃눈이 생겼을 때 온도가 높고 해 비치는 시간이 길면 꽃대가 빨리 나온다. 해 비치는 시간이 짧으면 잎이 위로 서는 것이 촉진되면서 동화량이 줄어들기 때문에 부드럽고 웃자란다. 동화량에 필요한 광보상점(光補償點)은 1.5~2.0klux이고, 광포화점(光飽和點)은 40~50klux로 비교적 약한 빛에 견디고 결구할 때는 오히려 속이 꽉 차는 것을 도우며 겉잎이 적어진다.

## (3) 토양

배추의 뿌리는 넓고 깊게 자라지만 건조에 약하므로 보수력이 좋은 모래참흙이 알맞다. 특히 배추의 성분은 대부분 수분이고 짧은 기간에 왕성한 발육을 하므로 토양 수분이 충분해야 하며, 결구가 시작되는 때는 일생중 가장 많은 수분을 필요로 하기 때문에 10a당 하루에 200$l$ 이상의 물을 흡수하게 된다.

또한 배수(排水)가 나쁘면 뿌리썩음병이 심하므로 관수(灌水)와 배수가 잘 되는 곳이어야 한다.

토양 반응은 pH 5.5~6.8 정도가 알맞고, 산성 토양에서는 석회결핍증과 무사마귀병(뿌리혹병, 근류병)이 많이 발생한다.

## 3. 재배작형

배추는 연중 재배되고 소비되므로 작형이 세분되어 있다. 〈표 7-3〉과 같이 지역별 다양한 작형이 있으나 재배하기 알맞은 작형은 과잉생산으로 값이 폭락하는 예가 많아 적기보다 앞당기거나 늦추는 형태가 많다. 그러나 이 경우 봄재배에서는 불시추대, 여름재배는 불시추대와 바이러스, 연부병 등 병해가 심하고, 이른 가을재배에는 바이러스, 뿌리마름병(일명 똑딱병),

무사마귀병(뿌리혹병) 등이 많이 생긴다. 그래서 이 작형분화에서의 과제
는 어느 작형에서든지 안정생산이 이루어질 수 있는 재배기술의 확립이라
고 본다.

**<표 7-3> 결구배추 작형분화**

| 시기 | 작 형 | 지 역 | 파 종 기 | 수 확 기 |
|---|---|---|---|---|
| 봄 | 하우스 | 남부(부산, 광주 표준) | 11월 중순~1월 상순 | 3월 상순~4월 상순 |
| | | 중부(대전 표준) | 1월 상순~1월 중순 | 4월 중순~5월 상순 |
| | 터널 | 남부(부산, 광주 표준) | 1월 하순~1월 중순 | 5월 상순~5월 중순 |
| | | 중부(대전 표준) | 2월 상순~2월 중순 | 5월 중순~5월 하순 |
| | 노지 | 남부(부산, 광주 표준) | 3월 상순~4월 상순 | 6월 상순 |
| | | 중부(대전 표준) | 4월 상순~4월 중순 | 6월 중순~6월 하순 |
| | | 북부(서울 표준) | 4월 하순 | 6월 중순~7월 상순 |
| 여름 | 준고랭지 | 해발 300~400m | 4월 하순~5월 상순 | 7월 하순~10월 중순 |
| | | | 7월 상순~7월 중순 | 9월 상순~9월 하순 |
| | 고랭지 | 해발 600~800m | 5월 중순~7월 상순 | 7월 하순~9월 상순 |
| 가을 | 조기 | 경기북부 | 7월 중순~8월 상순 | 9월 하순~10월 중순 |
| | 적기 | 중부(대전 표준) | 8월중순 | 10월 하순~11월 중순 |
| | | 남부(부산, 광주 표준) | 8월 하순~9월 상순 | 11월 상순~12월 상순 |
| 겨울 | 노지 | 전남 해안지방 | 8월 하순~9월 상순 | 1월 상순~2월 중순 |
| | 월동 | 제주도 | 9월상순 | 1월 하순~2월 중순 |

**<표 7-4> 솎음배추의 작형**

| 시기 | 작형 | 지역 | 파종기 | 수확기 |
|---|---|---|---|---|
| 얼갈이 | 하우스 | 남부(부산, 광주 표준) | 11월 중순~1월 하순 | 2월 상순~3월 중순 |
| | | 북부(서울 표준) | 11월 상순~2월 하순 | 1월 중순~4월 중순 |
| | 터널 | 남부(부산, 광주 표준) | 2월 상순 | 4월 중순~4월 하순 |
| | 노지 | 남부(부산, 광주 표준) | 3월 상순~4월 하순 | 4월 중순~6월 상순 |
| | | 북부(서울 표준) | 3월 하순~4월 하순 | 5월 중순~6월 상순 |
| 엇갈이 | 비가림 | 전국 | 6월 상순~8월 상순 | 7월 중순~9월 중순 |
| | 노지 | 전국 | 5월 상순~9월 상순 | 6월 중순~10월 중순 |

## (1) 시설재배(남부하우스 촉성 및 중부하우스, 터널조숙재배)

육묘기간의 낮은 온도로 추대할 우려가 크므로 가장 주의해야 한다. 자가 육묘를 할 때 14℃ 이상 유지하기가 어려우면 믿을 수 있는 육묘장에 의뢰 하여 프러그묘(plug苗-공정육묘)를 구입하여 재배하는 것이 안전하다.

이 재배는 석회결핍·붕소결핍·결구력(結球力) 등이 문제되므로 특정 성 분결핍과 생리적 장해가 잘 일어나지 않으면서 빨리 자라고 시장성이 좋은 품종을 선택해야 한다.

## (2) 봄파종 재배

봄에 뿌려 이른 여름에 수확하는 작형으로 초기의 저온으로 추대할 위험 이 있고, 생육후기의 온도가 높아 병해충발생이 심할 우려가 있다.

따라서 추대가 늦은 품종을 선택해야 한다.

## (3) 여름재배

8~9월 단경기에 출하하기 위하여 고랭지에서 재배하는 작형을 포함하는 데 온도가 높으므로 결구력이 약해지고 바이러스, 연부병, 노균병, 뿌리마름병(똑딱병) 등 여러가지 병해와 생리장해 발생이 많으므로 고온결구력 및 내병성이 강한 품종을 선택해야 한다.

## (4) 가을재배

8월에 뿌려 11월에 수확하는 기본적인 작형으로 재배면적이 가장 많다. 제 때보다 일찍 파종하면 바이러스 발생이 심하고 태풍이나 호우 등으로 습해를 받기 쉽다.

요즘은 가을 김장시기가 늦어지는 경향이므로 수확기를 늦추어도 겉잎이 싱싱하면서 추위에 견디는 힘이 강한 품종이 좋다. 늦게 뿌릴 때는 빨리 자라고 저온에서 결구력이 강한 것을 선택해야 한다.

## (5) 남부 노지 월동재배

남해안과 제주도에서 노지 월동재배하는 작형에서는 추위에 강하면서 석회결핍증이 적고 추대가 늦으면서 소비자의 기호성이 높은 품종이 좋다.

# 4. 품종

배추는 국민적 정서에 가장 맞는 채소답게 다양한 작형분화와 여러 특성에 맞는 품종이 개발되어 있으므로 품종을 선택할 때는 재배시기, 지역의 기후조건, 토양조건, 출하 할 시장 및 그 지역 소비자의 기호성 등을 충분히 살펴보고 골라야 한다.

### <표 7-5> 주요 배추 품종 특성표

| 품 종 | 종묘사 | 등록년월 | 숙기 | 재배형 | 잎수 | 무게(kg) | 결구긴도 | 결구방법 |
|---|---|---|---|---|---|---|---|---|
| 노랑봄배추 | 홍농 | 90. 8 | 중 | 하 우 스 | 56~62 | 2~2.4 | 중 | 반포피 |
| 노랑여름 | 〃 | 95.11 | 중조 | 고 랭 지 | 56~62 | 2~2.4 | 중강 | 반포피 |
| 강력여름 | 〃 | 95.11 | 중 | 고 랭 지 | 60~64 | 2.1~2.5 | 강 | 포 합 |
| 불암3호 | 〃 | 91. 5 | 중 | 추 파 | 60~65 | 2.6~2.9 | 강 | 반포피 |
| 황 란 봄 | 서울 | 95.12 | 조 | 하 우 스 | 50~58 | 1.9~2.3 | 강 | 반포피 |
| 큰 여 름 | 〃 | 95. 1 | 조 | 고 랭 지 | 45~50 | 1.8~2.3 | 강 | 포 합 |
| 진 노 랑 | 〃 | 95. 6 | 중 | 추 파 | 50~60 | 2.3~2.8 | 강 | 포 합 |
| 고냉지여름 | 중앙 | 86. 5 | 중 | 고랭지하우스 | 70~80 | 2.0~3.5 | 강 | 포 합 |
| 동 장 군 | 〃 | 95.10 | 만 | 추 파 | 65~70 | 3.0~4.0 | 강 | 포 피 |
| 금 가 락 | 〃 | 95. 6 | 중 | 추 파 | 58~65 | 2.8~3.3 | 중강 | 포 피 |
| 삼 동 | 한농 | 95.10 | 중 | 월 동 | 72~78 | 3.8~4.2 | 중강 | 포 피 |
| 오 계 절 | 〃 | 95.12 | 중 | 터널조숙 | 60~65 | 2.3~2.5 | 중 | 포 합 |
| 흑 장 미 | 〃 | 96. 7 | 조 | 추 파 | 70~80 | 2.2~2.5 | 중 | 포 합 |
| 산 촌 | 〃 | 97. 4 | 중 | 고 랭 지 | 62~66 | 2.0~2.3 | 중 | 포 합 |
| 노 란 자 | 농우 | 96. 7 | 중 | 노지(추파) | 62~70 | 2.5~2.8 | 강 | 반포피 |
| 매 력 | 〃 | 95. 8 | 중 | 하 우 스 | 56~62 | 2.0~2.5 | 중 | 반포피 |
| 춘하무적 | 동원 | 86. 7 | 중 | 터 널 | 68~80 | 2.5~3.0 | 중 | 포 피 |
| 새신관3호 | 〃 | 82. 1 | 중 | 추 파 | 70~80 | 3.6~4.2 | 강 | 포 피 |

# 5. 재배기술

## (1) 묘기르기(육묘·育苗)

작물은 밭에 바로 뿌리거나(직파재배), 묘를 길러 옮겨심는 방법(이식재배)이 있는데 배추는 옮겨심는 것이 관리 등 여러가지로 편리하다.

배추묘를 믿을 수 있는 육묘회사에서 사서 심으면 묘값이 들어가나 육묘기간 동안의 인건비, 시간 등을 절약하고 겨울과 봄 시설재배 때는 꽃눈분화를 피할 수 있으니 따져보고 선택하는 것이 좋을 것이다.

### 가. 상토준비

상토도 농자재회사에서 만들어서 상품으로 팔고 있는데 성질을 잘 알아보고 쓰되 집에서 만들 때는 다음 사항을 잘 살펴보아야 된다.

유기물이 충분히 들어있어 비옥하고 물빠짐과 물지님성이 좋아 잔 뿌리가 많이 뻗을 수 있어야 한다.

이때 쓰는 퇴비는 완전히 발효가 된 것으로 병든 채소 등이 없어야 한다.

흙은 배추를 계속 재배한 곳은 절대 피하고 붉은 산흙을 사용하는 것이 안전한데 모래참흙이 가장 좋다.

### 나. 씨앗 뿌리기

#### ① 포트에 뿌리기

파종은 자판기 음료수 컵 같은 개별포트, 연결포트 그리고 플러그 육묘상자 등 여러가지가 있다. 최근에는 플러그상자가 포트보다 가볍고 운반이 쉬워 많이 사용하고 있다.

60×30cm 1상자에 72, 128, 200, 162, 288 구멍 등 다양한데 봄배추나

월동배추 같이 묘기르는 기간이 긴 것(4~5주일)은 72구멍이 좋고, 여름이나 가을배추는 128~162구멍짜리로 3주일 정도 길러 심는다.

② 씨앗 뿌리는 양

보통 10a 당 3,200~3,500 포기 정도 심어지는데 씨앗은 육묘재배할 때는 40~60㎖ 정도가 들고 본 밭에 바로 뿌릴 때는 100~140㎖가 필요하다. 배추씨앗은 20㎖ (1작)이 약 3,000알 정도이다.

## 다. 묘 기르는 방법

① 봄재배(하우스 · 터널 조숙재배 · 봄 노지재배)

밤에 온도가 내려가 꽃눈이 생기면 밭에 심은후 추대가 되므로 보온에 특히 유의한다. 육묘상은 전열선을 깔아 밤 최저온도 14℃ 정도 되게 해야 하는데 너무 보온에만 집착하면 환기소홀로 모가 웃자라기 쉬우므로 낮온도는 25℃ 이상이 안되게 한다. 정식 5~7일 전부터는 밤 최저온도를 몇도 낮추어 모굳히기를 해야 밭에 심고나서 뿌리내림이 빨라 생육이 좋다.

② 여름 및 가을재배

벌레(진딧물, 배추좀나방, 파밤나방, 벼룩잎벌레 등)의 침입을 막을 수 있도록 육묘상은 망사를 씌우고 7일 간격으로 살충제를 뿌려주는 것이 안전하다.

**<표 7-6> 육묘중 온도관리 범위**                    (℃)

| 시 기 | 육묘상 지온 | 낮온도 | 밤온도 |
|---|---|---|---|
| 발아전 | 20~23 | 20~25 | 16~18 |
| 발아후 | 15~20 | 23~25 | 14~16 |
| 이식기 | 20~23 | 23~25 | 15~17 |
| 정식기 | 13~15 | 20~23 | 13~15 |
| 정식후 |  | 23~25 | 12~13 |

주) • 육묘중에 14℃ 이하가 되지 않도록 한다.
  • 낮에는 20~25℃로 하고 웃자라지 않도록 환기에 주의한다.
  • 정식 5~7일전부터 묘굳히기를 한다.

## (2) 밭준비

밭에는 미리 거름을 주고 2~3회 갈고 로타리쳐서 이랑을 만든다. 적어도 심기 2~3주일 전에 10a당 잘 발효된 퇴비를 1,500~2,000kg과 용성인비 100kg, 고토석회 100kg 정도를 넣고 잘 갈아둔다. 다시 1주일 전에 유안(요소) 염화가리 붕사를 넣고 간후에 로타리 친후 이랑을 만든다.

논 뒷그루로 재배할 때는 벼를 수확할 때 콤바인으로 볏짚을 잘게 썰어 늦가을 밭갈이할 때 석회를 넣고 갈아두면 좋다.

시설재배에서는 정식후 가스 피해가 문제가 될 수 있는데 암모니아 가스는 요소, 미숙계분 등 덜 썩은 가축거름을 주었을 때 심하므로 될 수 있으면 요소대신 유안을 주고 잘 썩은 계분이나 퇴비를 주어야 한다. 거름 구하기가 제대로 안될 때는 가축거름을 준위에 믿을 수 있는 미생물제(발효촉진용)를 10a당 1~2kg 정도 뿌려 주면 효과가 있다.

심기 1주일전까지 이랑을 짓고 비닐멀칭과 턴넬을 씌어 땅 온도를 올려 활착을 촉진토록 한다.

## (3) 정식

배추심는 거리 및 묘의 크기 등은 품종과 작형 등에 따라 다르다. 하우스 및 턴넬재배는 묘를 파종후 30~35일 정도 되어 본잎 6~7매가 된 것이 좋고, 여름이나 가을재배할 때는 20일 경에 본잎 3~4매인 묘가 알맞다.

정식시기는 시설에는 맑은 날 오전중이 좋으나 여름이나 가을에는 흐린날 오후에 심는 것이 뿌리내림이 빠르다. 심고나서는 물을 충분히 주어야 좋다.

심는거리는 촉성재배는 조생품종을 재배하므로 병해가 적고 수량도 포기 수에 따라 좌우되므로 좀 배게 심는다.

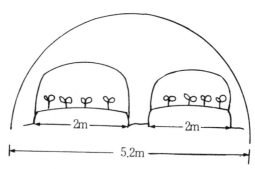

**<그림 7-1> 김포지역 시설배추 정식간격**

김포지역 경우는 논 앞그루 재배로써 폭 5.2m 하우스에 2m 이랑을 2개 만들어 각 이랑에 4줄씩 심는데 대체로 재식거리는 45×42cm 정도로 130평 1동당 1,600∼1,650포기를 표준으로 한다.

봄 노지재배는 생육후기에 병해우려와 함께 통이 크게 자라므로 시설에서 보다 포기사이를 약간 넓게 한다.

가을재배는 생육기간이 길고 좋은 상품이 생산될 수 있도록 간격을 충분히 두도록 해야 한다.

**<표 7-7> 배추의 심는 거리**

| 시 기 | 줄사이(cm) | 포기사이 | 10a당 포기수 |
|--------|-----------|-----------|---------------|
| 조생종 | 60 | 35∼40 | 4,360∼4,170 |
| 중생종 | 60 | 40∼45 | 4,170∼3,700 |
| 만생종 | 65 | 40∼50 | 3,170∼2,860 |

위 〈표 7-7〉의 10a당 포기수는 이론상 숫자인데 실제로 밭 전체의 포기수는 25%쯤 줄여 보면 될 것이다.

# (4) 거름주기

배추는 어느 작형이든 초기생육이 왕성해야 결구가 잘 되므로 밑거름에 중점을 두어 퇴비를 충분히 주어야 한다.

배추의 표준비료 주는 양은 성분량으로 10a당 질소 24kg, 인산 20kg, 가리 27kg이나 작형, 품종, 토성, 토양의 비옥도 등에 따라 적절히 가감해야 한다.

석회와 붕소는 결핍현상이 많이 나타나므로 반드시 밑거름으로 같이 주어야 한다. 석회는 산성토양을 교정해 줄 뿐 아니라 무름병(연부병)과 무사마귀병(뿌리혹병)의 발생을 억제하는데 밀접한 관계가 있다.

**<표 7-8> 석회의 농도와 무름병의 발생률**

| 석회농도(ppm) | 피해율(%) | 비  고 |
|---|---|---|
| 0 | 94.3 | 사경재배(沙耕栽培) |
| 60 | 15.6 | 시험 |
| 120 | 6.3 | |

또한 석회결핍 증상은 붕소의 사용량과 관계가 깊으므로 적당한 양을 주어야 함을 알 수 있다〈표 7-9〉.

**<표 7-9> 석회주는 양별 붕소 시용량과 석회결핍증 발생률**

| 구  분 | 석회함량 (mg/kg) | 붕소함량 (mg/kg) | 석회결핍증 발생율(%) |
|---|---|---|---|
| 석회적량, 붕소적량 | 129 | 34 | 0 |
| 석회부족, 붕소적량 | 37 | 34 | 58 |
| 석회적량, 붕소부족 | 126 | 0.2 | 31 |
| 석회부족, 붕소부족 | 37 | 0.2 | 77 |

작형별 표준시비량은 다음표를 참고하되 어느것이든 결구개시기에 비료의 요구도가 가장 높으므로 이때 비료가 부족하면 결구가 늦어지고 포기도 작아진다는 것을 명심해야 한다.

### &lt;표 7-10&gt; 하우스 및 터널 봄배추 비료 주는 예 (kg/10a)

| 비 료 | 총 량 | 밑거름 | 웃 거 름 | | |
|---|---|---|---|---|---|
| | | | 1차 | 2차 | 3차 |
| 퇴　　　비 | 2,000 | 2,000 | | | |
| 유　　　안 | 144 | 51 | 27 | 33 | 33 |
| 용 성 인 비 | 100 | 100 | | | |
| 염 화 가 리 | 45 | 18 | 6 | 15 | 6 |
| 고 토 석 회 | 120 | 120 | | | |
| 붕　　　사 | 1.5 | 1.5 | | | |
| 웃거름주는 때 | | | 심은후 15일 | 1차후 15일 | 2차후 15일 |

주) N : P : K 성분량 = 29 : 20 : 27

### &lt;표 7-11&gt; 월동 배추와 가을배추 비료주는 예 (kg/10a)

| 비 료 | 총 량 | 밑거름 | 웃 거 름 | | | |
|---|---|---|---|---|---|---|
| | | | 1차 | 2차 | 3차 | 4차 |
| 퇴　　　비 | 2,000 | 2,000 | | | | |
| 요　　　소 | 70(65) | 30 | 6(7) | 10(8) | 13(12) | 11(8) |
| 용 성 인 비 | 100 | 100 | | | | |
| 염 화 가 리 | 45 | 23 | | 7 | 6 | 7 |
| 고 토 석 회 | 120 | 120 | | | | |
| 붕　　　사 | 1.5 | 1.5 | | | | |
| 웃거름주는 때 | | | 심은후 15일 | 1차후 15일 | 2차후 15일 | 3차후 15일 |

주) 요소비료의 ( )는 가을배추 비료주는 양

　　N : P : K 성분량 = 32~30 : 20 : 27.

월동배추와 가을배추의 비료주는 예는 앞 표와 같은데 요소비료의 주는 양만 다를 뿐이다. 월동배추는 온도가 낮으므로 비료 흡수율이 떨어지므로 가을배추보다 좀 더 준다는 의미로 해석하면 될 것이다.

## (5) 심은후 밭관리

### 가. 물주기

배추는 몸무게의 90% 이상이 수분이므로 물주기가 가장 중요한 작업이라 할 수 있다. 자라면서 계속 적당한 수분이 있어야 비료를 제대로 흡수하여 건전하게 자란다.

특히 가장 왕성하게 자라는 시기 즉, 가을배추는 씨앗 뿌린후 45~50일경이(시설배추는 모 심은 지 45일경) 결구개시기가 되는데 이때에 10a당 하루에 200 *l* 의 물을 필요로 하므로 물주기에 최선을 다해야 한다.

밭이 건조하면 석회결핍증 등 생리적 장해가 많이 생기고 포기가 작아진다. 너무 물기가 많아도 무름병, 뿌리마름병, 무사마귀병 등 병해가 많이 생기고 배추잎 줄기인 중륵(中肋)이 두꺼워져 상품성이 떨어진다.

### 나. 온도관리

시설배추재배는 온도관리가 중요한데 정식 직후부터 하우스안의 터널을 씌운채 온도와 습도를 높여 활착을 도운다. 뿌리가 내린후는 터널비닐을 열어 환기를 시키는데 온도는 25℃ 정도를 기준으로 하여 처음에는 10시부터 오후 3시경까지 열어 주었다가 기온이 올라감에 따라 열어주는 시간을 길게 한다.

결구를 시작하면 낮에는 하우스 환기창을 열어 환기를 시켜야 결구가 빨리된다. 특히 배추는 결구개시가 지나서 계속 25℃ 이상 고온으로 두면 결구가 늦어지고 바깥잎이 커지고 결구가 위로 길쭉하게 되며 석회와 붕소결핍증 같은 생리적 장해가 많이 생긴다.

또한 저온으로 생긴 꽃눈은 고온에 의하여 추대가 촉진되므로 25℃ 이상 오르지 않도록 관리를 잘 해야 한다.

# 6. 생리장해의 원인과 대책

## (1) 추대(抽薹)

시설재배에서 13℃ 이하의 낮은 온도나 한 여름철과 같은 장일(長日) 강광(强光)에서 재배되면 결구에 필요한 잎수보다 꽃눈이 먼저 생겨 고온 장일에서 추대된다.

대책으로는 지나치게 일찍 파종하지 말고 추대가 늦은 품종을 선택한다. 모 기를 때 최저온도가 14℃ 이상 되도록 보온에 유의하거나 믿을 수 있는 육묘회사에서 기른 프러그 묘를 사서 심도록 한다.

시설재배할 때 생육후기에 낮온도가 25℃ 이하가 되도록 환기를 철저히 한다.

## (2) 석회결핍(속썩음병과 잎 가장자리 썩음병)

주로 생장점 부근에서 발생하는데 결구되기 전에는 새잎의 끝 둘레가 갈색으로 마르며 말리고 결구배추는 통을 잘라보면 속에 자라는 잎들의 가장자리가 더운 물에 데친 것처럼 썩어 속이 텅비게 된다. 그래서 지방에 따라서 속썩음병, 꿀통배추, 앙꼬배추 등으로도 부른다.

석회결핍이 일어나는 원인은

① 밭이 지나치게 건조하거나 습할 경우, 고온·저온 등으로 배추뿌리가

석회를 흡수하지 못할 때.

② 흙속에 퇴비를 지나치게 많이 주어 질소와 가리 성분이 많아지고 이들과의 길항작용(拮抗作用)으로 석회흡수가 방해 받을 때 나타난다.

대책은 밑거름으로 석회를 100kg 정도 준 다음 깊이 갈이하고 지나친 건조나 과습을 피한다.

시설재배는 고온이 안되도록 한다.

발생초기에 염화칼슘 0.3~0.5%액(물 20 $l$ 당 60~100g)을 5일 간격으로 3회 정도 엽면살포해 준다. 웃거름은 조금씩 여러번 나누어 주어 석회와 길항작용이 일어나지 않도록 해 준다.

## (3) 붕소결핍

잎의 큰 잎맥(중륵, 中肋) 안쪽에 가로로 흑갈색의 줄무늬가 생기면서 약간 금(균열)이 간다. 이런 잎은 잎이 오그라들면서 자라지 못하고 거칠어진다. 생기는 원인은 흙속에 붕소성분이 부족하거나 건조, 과습 또는 고온으로 붕소 흡수능력이 떨어질 때 생긴다.

또 질소, 가리, 석회 등을 너무 많이 주어 길항작용을 일으켜 붕소결핍이 생기기도 하는데 모래땅에서 잘 생긴다.

대책은 밑거름으로 붕사를 1.5kg을 고루 뿌려주고 질소, 가리, 석회 등을 너무 많이 주지 않도록 한다.

밭이 너무 건조하거나 과습하지 않도록 관·배수에 주의하고 결구초기에 붕산 0.5%액을 2~3회 잎에 뿌려준다.

# 7. 병충해 방제

대부분의 병해는 재배환경이 알맞지 않을 때 나타나므로 밭흙의 산도(酸度, pH), 물빠짐, 환기(換氣), 비료주기 등에 주의하면 피해를 줄일 수 있다.

모 기를 때 상토선택 및 소독, 여름철 육묘때 망사피복 등으로 모잘록병, 진딧물, 바이러스 등을 예방할 수 있으며 특히 내병성 품종을 선택함으로써 병을 줄일 수 있도록 한다.

## (1) 무름병(연부병 · 軟腐病)

### 가. 병원균 및 병징

토양전염성 세균병(細菌病)으로 방제하기가 힘든 병이다. 균은 흙속에서 겨울을 넘기고 20℃ 이상이 되면 병이 생기기 시작하여 30℃ 정도가 되면 병이 심해진다. 발병 최적온도는 30~35℃의 고온성 병으로 하우스 재배나 고냉지 재배에서 많이 발생한다.

땅과 가까운 부분의 잎과 잎줄기에 처음에는 더운물에 데친 것 같은 무늬가 생기고 그 후 병무늬가 급격히 커지면서 조직이 물러지고 심한 악취를 낸다. 이 병에 걸린 배추는 상품성이 전혀 없다.

### 나. 방제법

이 병에 강한 품종을 선택하고, 콩이나 벼과작물과 돌려짓기를 하여 병원균의 밀도를 낮춘다. 밭은 물빠짐이 잘 되도록 한다. 발병을 유발하는 밤나방, 청벌레 등 해충방제를 철저히 하여 식물체에 상처가 나지 않도록 한다.

석회분이 부족하면 저항성이 약해지므로 석회비료를 꼭 준다.

약제방제는 아그렙토마이신 850배, 일품 1,000배액, 요네폰 500배를 발병 초기부터 7일 간격으로 뿌려준다.

## (2) 바이러스

### 가. 병징

잎이 오그라들어 기형이 되고 짙고 옅은 녹색의 얼룩무늬 모자이크 증상을 나타내는데 초기에 걸리면 결구를 못한다.

잎맥사이 흑갈색의 작은점 무늬가 생기고 잎의 주맥을 중심으로 한쪽으로 오그라들어 상품성이 없어진다.

### 나. 방제방법

진딧물에 의하여 전염되므로 육묘할 때 망사를 씌운다. 전염원인 밭 주변의 잡초를 제거한다. 병든 포기는 일찍 뽑아서 파묻거나 태운다.

## (3) 흰무늬병(백반병 · 白斑病)

### 가. 병원균 및 병징

곰팡이병으로 배추에서 가장 흔한 병이다. 주로 잎에 발생하는데 처음에는 회갈색 반점이 생겼다가 점차 커져 원형, 다각형 또는 부정형으로 된다. 보통 묵은 잎에서 새잎으로 퍼지고 심하면 잎전체가 담갈색으로 되어 수확하기가 어려워 진다.

### 나. 발병조건

비가 자주 올 때, 산성토양이고 일찍 뿌려 재배할 경우와 질소질 비료가 부족할 때 생기는데 버짐병(노균병)과 같이 나타나는 경우가 많다.

### 다. 방제방법

저항성 품종을 선택재배하고 약제방제를 철저히 한다. 다이젠 엠 수화제 1,500배액, 다코닐 수화제 600～800배액을 발병 초기부터 뿌려준다.

이어짓기를 피하고 벼과작물과 돌려짓기를 한다. 비료분이 적으면 생기므로 밑거름은 퇴비를 충분히 주고 웃거름도 제때 주도록 한다.

## (4) 버짐병(노균병·露菌病)

### 가. 병원균 및 병징

곰팡이병으로 잎표면에 잎맥에 따라 다각형의 황색점무늬가 생겼다가 담갈색으로 변하여 부정형으로 된다. 병무늬 뒷면에 흰곰팡이가 생긴다.

### 나. 발병조건

비료분이 부족하여 식물체가 연약하고 습기가 많고 10～15℃의 저온이 계속되면 병이 많아진다.

### 다. 방제방법

바람과 햇빛이 잘 들도록 넓게 심고, 물빠짐이 잘 되게 하며 비배관리를 잘하여 비료분이 부족되지 않게 한다. 약제살포는 안트리콜 500배액, 코사이드 2,000배, 리도밀 2,000배액을 발병 초부터 7일 간격으로, 알리에테 500배는 10일 간격으로 리도밀동 1,500배는 14일 간격으로 뿌려준다.

## (5) 밑둥 썩음병(구부병)

### 가. 병원균 및 병징

라이족토니아란 곰팡이균인데 배추가 15~20cm 때부터 수확할 때까지 생긴다. 대부분 땅에 닿는 잎자루에 발생하는데 긴타원형이나 부정형으로 움푹 들어간다.

병이 진행되면 잎이 누렇게 말라죽지만 병반조직에서 악취는 나지 않는다.

### 나. 방제방법

비교적 고온기에 시설재배를 하여 습기가 많을 때 생긴다. 병원균 자체가 미숙퇴비를 영양원으로 이용하기 때문에 꼭 완숙퇴비를 사용한다.

밭갈이 할 때 석회를 10a당 100~180kg 정도 넣으면 발병이 억제된다.

## (6) 무사마귀병(뿌리혹병, 근류병 · 根瘤病)

### 가. 병원균 및 병징

병원균은 곰팡이의 일종이지만 균사체(菌絲體)가 없고 유주자(游走子)가 식물의 뿌리를 침입하여 발병한다.

어릴때 감염되면 뿌리에 유리구슬 같은 혹이 생겨 잘 자라지 못한다. 어느 정도 자란후 걸리면 기온이 높은 한 낮에는 시들다가 아침, 저녁 회복되기를 1~2주일 계속되다가 결국 포기가 완전히 시들어 버리는데 혹은 주먹크기만 하다.

### 나. 발병조건 및 전염경로

작업 중에 흙이나 물의 이동으로 번진다. 발병적온은 14~25℃이고 해가 길어질수록, 토양이 산성일수록, 수분이 많아질수록 병이 더 잘 생긴다.

## 다. 방제방법

한번 발생한 곳은 최소한 3년 정도 심지말고 십자화과(배추, 양배추, 무, 순무 등) 채소가 아닌 시금치, 상추, 고추, 가지 등으로 돌려짓기를 하여 병원균의 밀도를 낮춘다.

토양산도를 pH 7.4이상으로 하면 상당히 억제할 수 있다고 하나 실제 적용하기는 다른 작물의 생육과 흙의 화학성 등으로 어려운 점이 있다. 저습지에서는 이랑을 높여 물빠짐이 잘 되게 한다. 비배관리를 잘하여 배추를 강건하게 키워 피해를 줄인다.

## (7) 진딧물

어린싹이나 잎의 뒷면에 떼를 지어 즙액을 빨아 먹으므로 잘 자라지 못하게 할 뿐 아니라 바이러스를 매개한다.

모 기를 때 망사재배를 하고 정식 또는 파종하기 전에 오트란입제 등을 10a당 5kg 토양처리한다.

발생하면 코니도, 한방, 타스타, 란네이트, 화스탁, 왕스타, 오트란 등 진딧물 약을 충분히 묻도록 뿌려준다. 효과가 좋다고 같은 약을 몇번 계속 뿌리면 저항성이 생기므로 번갈아 뿌려야 한다.

## (8) 벼룩잎벌레

성충은 잎을 갈아먹어 작은 구멍을 내고, 어린벌레는 땅속에서 뿌리표면을 갉아 먹는다.

토양살충제인 카운타 등을 10a당 5kg 고루 뿌린다.

## (9) 배추좀나방

갓 깨어난 어린벌레는 잎살속으로 굴을 파고 들어가 식물체를 먹고 큰 벌레는 잎 뒷면에서 잎맥만 남기고 잎 전체를 갉아먹는다. 크기는 10mm정도이다.

어린 묘종부터 생육 중기까지 방제가 중요하며 큰 벌레는 약제로도 잘 죽지 않는다.

토쿠치온, 립코드, 스미사이딘, 비티수화제, 노몰트 등을 뿌린다.

## (10) 배추흰나비(청벌레)

푸른벌레로 잎을 갉아먹어 구멍을 낸다.

데시스, 에카룩스, 주렁, 토쿠치온, 비티수화제 등을 발생 초기부터 7~8일 간격으로 2~3회 뿌려준다.

## (11) 파밤나방

배추외 각종 채소, 꽃 등의 잎을 갉아 피해를 주는데 특히 94년도에 전국적으로 큰 문제가 되었다.

어린 벌레는 약제 방제효과가 비교적 좋으나 중간 이후는 어려운 편이고 벌레가 잎에 붙어 있을 때 약을 뿌려야 된다.

타스타, 토쿠치온, 비티수화제, 란네이트, 노몰트, 등을 발생 초기에 충분히 뿌려준다. 밭 주변의 잡초를 없애는 것도 좋은 방법이다.

# 8. 수확

파종후 자란 일수와 결구가 단단한 정도를 보아 수확한다. 수확기가 늦어지면 추대, 석회결핍증 등 생리적 장해와 연부병, 노균병 등 병이 심해질 수 있다. 결구잎의 꼭대기와 겉잎의 끝쪽이 가지런한 상태일 때가 수확적기로 보면 된다.

요즘 육성하고 있는 속잎이 노란품종은 수확기가 늦어지면 중륵이 두꺼워져 속잎의 노란색이 연해지거나 흰색으로 변하여 상품성이 낮아질 수 있으니 제때 수확해야 한다.

# 제8장 무

## 1. 국내 생산현황

<표 8-1> 무의 연도별 재배면적과 생산량

| 연 도 | 재배면적(ha) | | 10a당 수량(kg) | | 총생산량 (t) | |
|---|---|---|---|---|---|---|
| | 전체 | 시설 | 전체 | 시설 | 전체 | 시설 |
| 1985 | 40,009 | 2,488 | 4,162 | 3,168 | 1,665,271 | 78,808 |
| 1990 | 37,127 | 2,485 | 4,742 | 2,993 | 1,760,593 | 74,365 |
| 1992 | 33,014 | 3,036 | 4,593 | 3,443 | 1,516,217 | 104,520 |
| 1994 | 38,863 | 4,207 | 4,099 | 3,164 | 1,592,949 | 133,098 |
| 1995 | 35,518 | 4,466 | 4,041 | 3,275 | 1,435,296 | 145,473 |
| 1996 | 39,722 | 4,818 | 4,350 | 3,604 | 1,728,018 | 173,644 |
| 시설비% | | 12.1 | | 82.8 | | 10 |

주) 시설재배는 모두 봄무임

〈노지 무 생산실적 - 봄무, 고랭지무, 가을무〉

| 구 분 | | 1990 | 1992 | 1995 | 1996 |
|---|---|---|---|---|---|
| 봄　　무 | 재배면적(ha) | 11,643 | 11,824 | 13,005 | 15,746 |
| | 10a당 수량(kg) | 2,867 | 2,896 | 2,961 | 2,942 |
| 고랭지무 | 재배면적(ha) | 2,947 | 3,328 | 3,523 | 3,531 |
| | 10a당 수량(kg) | 3,303 | 3,218 | 2,864 | 2,670 |
| 가 을 무 | 재배면적(ha) | 20,052 | 14,826 | 14,524 | 15,627 |
| | 10a당 수량(kg) | 6,259 | 6,490 | 5,535 | 6,379 |

전체 무 생산실적은 70년대 이후 계속 완만하게 줄어들고 있는데 특히 가을무에서 그 정도가 크다. 봄 시설무는 반대로 약간씩 늘고 있고, 고랭지무는 답보상태에 있다.

앞으로 가을김장 수요의 감소와 함께 연중 무 생산기술의 보급으로 무 생산은 더욱 발전할 것으로 전망된다.

또한 종래의 대형 무 일변도에서 불시재배가 가능한 알타리무, 소형무, 열무 등 다양한 무재배작형의 등장으로 소비자의 기호에 맞는 재배기술이 개발되고 있다.

## 2. 생리적 특성과 재배환경

### (1) 무의 자라는 과정

4월 하순에 파종한 궁중무의 자라는 과정을 보면 생육단계를 다음과 같이 3단계로 나눌 수 있다. 제1기는 씨앗 뿌린 후 약 20일간의 생육 초기로 본잎 3잎 때부터 초생피층(初生皮層)이 벗겨지기(탈피) 시작하여 하배축(下胚軸

: 떡잎 아래줄기)이 땅 속으로 들어가 포기밑이 단단해질 때까지이다. 떡잎
이 나고 본잎이 펴지면서 잎이 커지고 뿌리가 자란다. 이 시기는 비바람에
의한 물리적 충격이나 병해충 피해, 양분부족 등의 영향이 크므로 초기생육
을 순조롭게 만드는 것이 중요하다.

제2기는 잎이 서게 되는 15잎까지의 시기인 파종후 35일경까지로 생육
중기이다. 이때는 잎 수, 잎 무게가 크게 늘어나고 뿌리는 초생피층이 완전히
벗겨지고 본격적으로 자라난다.

제3기는 뿌리가 빨리 굵어져서 파종후 40~45일에 뿌리가 잎보다 무거워
지고, 50~60일 사이에는 하루 60g 정도씩 늘어나며 뿌리비대가 완성되는
때이다.

이 과정을 그림으로 나타내면 다음과 같다.

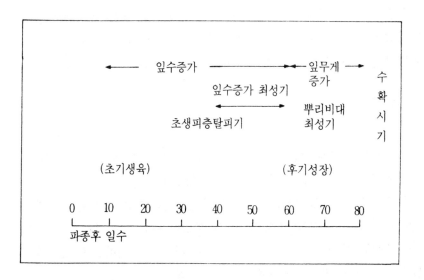

<그림 8-1> 무의 자라는 과정

## (2) 기상조건

무는 서늘한 기후를 좋아하는 저온성 채소로 추위나 더위에 견디는 성질
은 배추보다 약하다. 무가 자라는 데 알맞은 온도는 20℃ 전후이며, 낮은 온
도에서도 견디어 0℃에서 잎은 피해가 없으나 어느 정도 자란 뿌리는 추위
에 피해를 입는다. 뿌리가 가장 잘 자라는 데 적당한 온도는 17~23℃이다.

무의 꽃눈이 생기는 것은 식물체의 크기에 관계없이 12~13℃ 이하의 저
온에서 종자가 싹을 틔우면서부터인데 떡잎이 벌어질 때쯤 2~5℃일 때 가
장 예민한 반응을 나타낸다. 이와 같은 저온감응(低溫感應)은 낮은 온도에서
는 며칠 내에 이루어지고 기간이 길어질수록 꽃눈 생기는 것이 촉진되는데
짧은기간 동안에 불완전하게 저온에 감응되면 그 이후의 높은 온도에 따라
저온의 영향이 없어지는 이춘화 현상(離春化現狀)이 나타나기도 한다.

하우스 재배는 저온기에 파종하여 고온 단일이 되는 조건에서 재배되므로
밤에 13℃ 이하의 온도로 저온감응을 받더라도 낮의 하우스안 온도가 25~
30℃ 이상 되기 때문에 이춘화가 일어나 추대가 억제되는 경향이 있다.

## (3) 토양조건

무는 뿌리가 곧게 뻗는 채소이므로 흙살이 깊고 물을 잘 간직하는 힘(보
수력)이 있으며 물빠짐이 좋은 모래참흙이 알맞다.

점토질 밭에서는 딱딱하고 색택이 나빠지고 특히 가물 때는 쓴맛과 매운
맛이 나기 쉬우며 곁뿌리가 많이 생기고 가랑이 무도 잘 생긴다. 그러나 추
위에 견디는 성질이 커지고 바람들이도 늦어지는 등 단점이 있으므로 품질
면에서는 모래질 땅보다 끈끈하고 차진 땅이 좋다.

토양의 산도는 pH 5.5~6.8 정도의 약산성이 좋고, 병해충 문제만 없다
면 한 곳에서 4~5년 계속해서 재배할 수록 품질이 좋아진다.

# 3. 재배작형

무는 서늘한 기후를 좋아하므로 여름재배는 고온이 문제가 되며, 월동작형은 제주도같이 따뜻한 곳에서나 재배된다.

그리고 시설 봄무 작형은 조기추대가 문제가 되나 요즘은 추대가 늦은 품종들이 많이 개발되어 하우스나 터널재배가 확대되어 생산량도 늘어나고 재배기술도 안정되어 있다. 그래서 무도 연중생산체제로 되어 있다.

우리나라 주요작형은 다음 표와 같다.

**<표 8-2> 무의 재배 작형**

| 시기 | 작형 | 지역 | 파종기 | 수확기 |
|---|---|---|---|---|
| 봄 | 하우스 | 남      부 | 11월 말 ~ 12월 | 3월 말 ~ 4월 |
|  |  | 중      부 | 1월 중순 ~ 2월 | 4월 ~ 5월 초순 |
|  | 터    널 | 남      부 | 2월 중순 ~ 2월 하순 | 5월 초순 ~ 5월 말 |
|  |  | 중      부 | 2월 말 ~ 3월 중순 | 5월 말 ~ 6월 초순 |
|  | 노    지 | 남      부 | 3월 중순 ~ 3월 하순 | 5월 중순 ~ 6월 중순 |
|  |  | 중      부 | 4월 상순 ~ 4월 중순 | 6월 중순 ~ 6월 하순 |
|  |  | 북      부 | 4월 중순 ~ 4월 하순 | 6월 하순 ~ 7월 상순 |
| 여름 | 준고랭지 | 해발 300~400m | 4월 말 ~ 5월 | 7월 ~ 8월 상순 |
|  | 고 랭 지 | 해발 600~800m | 6월 ~ 7월 | 8월 ~ 9월 |
|  | 남부해안 |  | 6월 ~ 7월 | 8월 ~ 9월 |
| 가을 | 조    기 | 경기, 강원 북부 | 7월 중순 ~ 8월 상순 | 9월 상순 ~ 10월 |
|  | 적    기 | 중      부 | 7월 하순 ~ 8월 중순 | 9월 하순 ~ 11월 중순 |
|  |  | 남      부 | 8월 상순 ~ 9월 상순 | 11월 ~ 12월 |
| 겨울 | 노지월동 | 제  주  도 | 9월 상순 ~ 9월 하순 | 12월 ~ 3월 |

## (1) 시설재배

겨울부터 봄에 걸쳐 재배하므로 남부지방에서 주로 재배되고 충남 부여와 경기도 김포 홍두평 들판 등이 주요산지이다. 특히 이 작형에서는 파종기를 앞당겨도 수확기가 그만큼 빨라지지 않으므로 무리한 조파는 피해야 한다.

품종들은 추대가 늦고 저온비대성이 빠른 것이어야 한다. 재식본수가 많으므로 (김포지방 경우 130평 하우스에 2,600주) 잎이 서고 잎길이도 비교적 짧아 밀식이 가능한 품종이 좋다. 비료 주는 양은 토양조건과 앞작물에 따라 다르나 10a당 성분량으로 질소 15~16kg, 인산 6~12g, 가리 10~15kg을 기준한다.

비료도 가스가 생기는 요소대신 유안을 주는 것이 안전하다. 지금은 비료값이 비싸지만 완효성 복합비료를 주는 방법도 고려해 볼 만하다고 본다.

하우스는 비닐멀칭과 터널을 씌우는 것이 원칙인데 기온이 낮으므로 비료주기, 밭갈이 후 이랑을 만들고 씨앗뿌리기 4~5일 전에 투명비닐로 멀칭을 하는 것이 땅온도를 올려 뿌리 자람이 빠르고 좋다.

씨앗뿌리는 간격은 배게 한다. 김포지방의 경우 2m 이랑에 사방 32cm 간격으로 6줄씩 점파를 하는데 1곳에 5알 정도를 뿌리고 가볍게 누른 후 복토한다.

씨앗 뿌린 후 터널을 밀폐하여 싹이 고르게 나도록 하고 싹이 튼 후도 20여일 동안 계속 씌워두어 생육을 촉진한다.

솎음은 원칙적으로 2번 하는데 1회는 본잎 3~4매때, 2회는 6~7매때 하지만 근래는 노동력 부족으로 5~6매때 1번만 하는 경향이다.

솎음한 열무를 시장에 내면 종자비와 인건비는 충당할 수 있으나 너무 늦게 솎음을 하면 무의 비대가 늦어져 상품성이 떨어지므로 제때 하는 것이 좋다.

솎음한 후는 물을 주어 흙과 뿌리가 붙도록 하면서 뿌리 주위에 흙을 덮어 배축부를 보호하여 뿌리가 바로 서도록 해준다.

온도 관리요령은 낮에는 본잎 5~6매때까지 30~35℃로 약간 높게 해서 초기생육을 촉진시키는 것이 좋다.

뿌리가 빨리 자라는 본잎 20잎 전후에는 커텐이나 터널을 걷고 무 뿌리가 자라는 데 적당한 18~20℃로 해주고 뿌리가 굵어지는 생육 후반기는 20℃ 정도로 낮게 해준다.

## (2) 노지 봄재배

봄 노지재배는 1개월간 평균기온이 10℃가 넘는 날로부터 파종하는 것이 안전하다. 이 작형은 파종기가 빠르면 조기추대가, 늦으면 고온으로 여러가지 병해가 발생된다.

보통 3월 하순~5월 중순 사이에 뿌려 6~7월에 수확하는데 수확까지 60~70일이 걸린다.

평당 20주 정도(10a당 6,000~6,600주)로 한 곳에 4~5알씩 뿌려 1.5~2cm 두께로 흙을 덮고 가볍게 눌러 준다.

투명 폴리에틸렌 필름으로 멀칭하여 재배하는 것이 좋은데, 진딧물을 막아 바이러스 방제효과를 높이고 땅온도를 높여 생육을 고르게 하고 뿌리를 크게 하는 등 품질을 좋게 한다.

## (3) 여름재배

고랭지나 해안지대에서 재배되는데 생육기간이 짧으나 병해충이 심하고 고온 강광으로 인한 추대현상 등으로 품질이 나쁘고 노화가 빠르다.

파종할 때는 6월 이전은 투명비닐, 7월 이후는 잡초를 억제하기 위하여 검은색으로 멀칭을 해야 한다.

## (4) 가을재배

가장 대표적인 작형으로 우수한 품질의 무가 생산된다. 근래 가격 경쟁력

을 갖기 위하여 중·북부 지방에서는 적기보다 약간씩 일찍 파종하는 경향
을 보이고 있다.

　파종거리는 외줄일 경우 이랑폭 60cm 정도에 포기 사이 25cm 정도로 하
는데 한 곳에 3~4알 정도 뿌린다.

### (5) 월동재배

　제주도에서만 가능한데 9~10월에 씨앗을 뿌려 12월~3월에 수확하는 작
형이다. 이것은 저온, 단일, 일조부족 등으로 생육조건이 나쁘다.

　겨울이 따뜻해서 무가 너무 빨리 굵어질 때는 12월 상순에 잎끝을 15cm
정도 잘라주면 수확기가 2주일 정도 늦어진다. 생육을 촉진시킬 때는 생육도
중 비닐멀칭을 하여 1~2주일 정도 수확기를 앞당길 수 있다.

　저온과 바람대책으로 배게 뿌려 서로 보호하게 하고 부직포나 비닐 등으
로 덮어주면 효과적이다. 그러나 계속 덮어두면 연약하게 자라므로 날씨가
회복되면 걷어주는 것이 바람직하다.

## 4. 품종

　근래 각 작형별로 다양한 품종들이 개발되어 있어 충분히 골라가며 심을
수 있다.

　다음의 품종 특성표에 여러 성질들이 일목요연하게 설명되어 있으니 잘
검토하여 선택하도록 한다.

## <표 8-3> 주요 무 품종 특성표

| 품종 | 종묘사 | 등록년월 | 재배형 | 잎자세 | 뿌 리 | | | 색깔 |
|---|---|---|---|---|---|---|---|---|
| | | | | | 길이(cm) | 중간굵기(cm) | 무게(kg) | |
| 백 광 | 흥농 | 87. 8 | 터 널 | 직 립 | 28~32 | 6~6.5 | 0.8~1.0 | 백(담록) |
| 관동여름 | 〃 | 97. 4 | 고랭지 | 반개장 | 18~23 | 7~9 | 0.75~0.95 | 녹 |
| 대진여름 | 〃 | 94. 1 | 고랭지 | 반개장 | 16~22 | 8~9 | 0.7~0.9 | 녹 |
| 청 운 | 〃 | 93. 4 | 추 파 | 반개장 | 15~19 | 9~11 | 0.8~1.0 | 녹 |
| 천하대형봄무 | 서울 | 93. 1 | 하우스 | 반개장 | 32~34 | 6.5~7 | 0.95~1.2 | 담록 |
| 녹 두 무 | 〃 | 97. 1 | 노지(봄) | 반개장 | 29~32 | 7.8~8.1 | 0.9~1.1 | 녹 |
| 백 두 무 | 〃 | 90.12 | 고랭지 | 반개장 | 31~33 | 6.5~7 | 0.9~1.1 | 담록 |
| 춘 백 | 중앙 | 90.12 | 하우스 | 반개장 | 32~34 | 6.5~7.5 | 1.0~1.2 | 백 |
| 춘 하 | 〃 | 86. 5 | 노지(고냉) | 직 립 | 21~23 | 7~8 | 0.9~1.0 | 백(청) |
| 하 령 | 〃 | 86.11 | 추 파 | 반직립 | 23~25 | 8~9 | 0.7~0.9 | 백(청) |
| 신 진 주 | 〃 | 80. 2 | 추 파 | 반개장 | 17~19 | 7~9 | 0.75~0.9 | 청 |
| 만 백 | 한농 | 95.11 | 하우스 | 반개장 | 29~33 | 6.5~8 | 0.8~1.0 | 백 |
| 백 삼 | 〃 | 97. 4 | 고랭지 | 반개장 | 17~21 | 7.9 | 0.8~1.0 | 백(담록) |
| 한농대형 | 〃 | 86. 7 | 터널,노지 | 반개장 | 19~23 | 7~8 | 0.8~0.9 | 백(담록) |
| 백 운 | 농우 | 91. 5 | 추 파 | 반개장 | 18~20 | 7.8~8.2 | 0.8~0.9 | 녹 |
| 백 양 | 〃 | 94. 1 | 추 파 | 반개장 | 19~21 | 7.8~8.2 | 0.9~1.0 | 담록 |
| 오대여름 | 〃 | 95.12 | 고랭지 | 반개장 | 18~22 | 7~8 | 0.8~0.9 | 백(청) |
| 대성3호 | 동원 | 82. 1 | 추 파 | 반개장 | 17~19 | 11~13 | 0.8~1.0 | 청(백) |
| 대성5호 | 〃 | 82. 1 | 추 파 | 직 립 | 20~24 | 11~13 | 0.9~1.1 | 청(백) |
| 으 뜸 무 | 〃 | 83. 4 | 추 파 | 반개장 | 18~21 | 7~9 | 0.75~0.85 | 청(백) |

# 5. 재배기술

## (1) 밭준비

어느 작형이든 밭갈기 4주일 전에 충분한 완숙퇴비와 고토석회를 10a당 100kg 정도를 넣고 20cm 이상 깊이 갈아 놓는다.

비료는 적어도 1주일 전에 밑거름을 넣어 다시 갈고 로타리로 흙을 부드럽게 부수고 이랑을 지워둔다.

이때 반드시 붕사를 10a당 1.5kg정도 고루 뿌린다.

## (2) 파종

시설재배에서는 발아촉진과 추대방지를 위하여 이랑을 만든 후 비닐멀칭이나 터널을 씌워두어 땅온도를 높이는 것이 무엇보다 중요하다. 파종은 1파구에 4~5알을 뿌리면 10a당 약 3홉 (0.6 $l$ )정도 되나 줄뿌림을 할 경우는 거의 2~3배 정도 든다.

복토는 1.5cm 정도 하는데 땅에 습기가 적을 때는 가볍게 흙을 덮고 좀 눌러 주는 것이 좋다.

파종간격은 노지재배 경우 이랑사이 60cm에 포기사이 25cm 정도 하여 평당 22포기(이론상 10a당 6,600개)를 목표로 한다.

시설재배 경우 폭 5.2~5.4m 하우스 안에 2m 정도의 파종상을 2개 만들어 6줄씩 점뿌림하면 이론상 10a당 9,000주 정도 되나 실제 6,300개 정도 거둔다.

## (3) 비료주기

비료는 밭의 상태, 작형 등에 따라 다르기 때문에 일률적으로 말할 수는 없으나 대체로 성분량으로 10a당 질소 15~16kg, 인산 6~12kg, 가리 10~15kg 정도를 기준으로 보면 좋겠다.
비료주는 예는 다음 표와 같다.

**<표 8-4> 무의 비료 주는 양(예)** (kg/10a)

| 비료종류 | 총 량 | 밑거름 | 밑거름 1회 | 밑거름 2회 | 밑거름 |
|---|---|---|---|---|---|
| 퇴 비 | 1,000 | 1,000 | | | 질소 : 16 |
| 요소(유안) | 35(76) | 13(28) | 11(24) | 11(24) | 인산 : 12 |
| 용 성 인 비 | 60 | 60 | | | 가리 : 16 |
| 염 화 가 리 | 25 | 9 | 8 | 8 | |
| 고 토 석 회 | 100 | 100 | | | |
| 붕 사 | 2 | 2 | | | |
| 주는 시기 | | | 파종후 20일 | 1차후 20일 | |

시설재배 때는 가스염려가 있으므로 질소질비료는 유안을 쓰는 것이 안전하다. 덜 썩은 퇴비나 웃거름을 한꺼번에 많이 주면 뿌리가 농도장해를 일으켜 잔뿌리나 가랑이 무가 될 우려가 있으므로 주의한다.
웃거름 주는 위치는 1회째는 포기사이, 2회째는 이랑 어깨에 주는 것이 안전하다. 요즘은 노동력 부족 등으로 웃거름을 모두 밑거름에 주고 재배하는 농가가 늘어나고 있는데 이럴 경우는 완효성복비를 사용하는 것이 좋다.

## (4) 기타 관리

### 가. 솎음

떡잎때부터 2번 정도 솎음을 하여 본잎이 6~7잎 될 때 좋은 것 1포기만 남기는 것이 원칙이다. 그러나 요즘은 노동력 부족으로 본잎 5~6매때 1번만 하는 것이 늘어나고 있다.

솎아내는 것은 생육이 나쁘거나 극히 왕성한 것, 잎색이 특별히 다른 것, 병해충 피해를 입은 것 등이다.

### 나. 중경 제초

무 제초제로 알라(라쏘) 유제가 있으나 과습한 곳, 모래땅, 멀칭재배할 때는 약해가 일어날 우려가 크므로 쓰지 않는 것이 안전하다. 솎음질한 후 뿌리가 바로 서도록 흙을 모아 주면서 중경 제초를 겸해서 하도록 한다.

## 6. 생리장해의 원인과 대책

## (1) 추대(抽薹, 장다리 발생)

생육초기에 13℃ 이하의 저온을 오랫동안 만나면 꽃눈이 생겨 고온 장일이 되면 나타나는 현상인데 가을무(18℃ 이하에서 저온 감응) 〉 얼갈이 무 〉 봄알타리 〉 대형봄무 순으로 품종차가 있다. 특히 시설이나 봄 뿌림재배에서 많이 생긴다.

싹틀 때부터 14℃ 이상 될 수 있도록 파종시기를 조정하고 보온에 유의해야 한다.

## (2) 열근(裂根, 뿌리터짐)

뿌리가 가로나 세로로 갈라지는 현상으로 뿌리 내부조직이 외부보다 빨리 비대하기 때문에 생긴다.

밭이 건조하다가 갑자기 습해질 때, 질소비료를 많이 주고 포기사이를 넓게 재배할 때, 수확기가 늦을 때 많이 나타난다.

시설재배에서는 생육중기 이전에 웃거름을 주고 환기를 철저히 하여 고온이 되지 않도록 하고 물은 땅온도가 낮은 아침저녁에 준다.

퇴비를 많이 주고 균형시비를 한다.

## (3) 가랑이 무(기근, 岐根)

뿌리의 생장점이 어떤 장해를 받았을 때 (비료, 덜썩은 퇴비, 돌멩이, 해충 피해 등) 생긴다.

밭을 깊이 갈고, 토양살충제를 뿌려 준다.

잘 썩은 퇴비를 주고 화학비료는 미리 주거나 뿌리에 너무 가까이 주지 않는다.

높은 이랑을 만들어 물빠짐이 좋도록 한다.

## (4) 바람들이

뿌리의 비대에 비하여 동화양분의 축적이 충분하지 못할 때, 밤온도가 높아 동화양분의 소모가 너무 많았을 때, 너무 일찍 파종했을 때, 비료를 너무 많이 주었거나, 생육중기부터 햇빛 쪼임이 나쁠 때, 장다리가 올라올 때, 조생종을 재배할 때 촉진된다.

퇴비를 충분히 주고 비배관리를 잘 하고 제때 수확토록 한다.

## (5) 붕소, 석회 결핍증

붕소가 결핍하면 뿌리 윗부분의 표피가 가로로 터지면서 갈색으로 변하거나 무 속이 검은색으로 변하며 심하면 속이 비게 된다.

석회가 부족하면 어느 정도 자란 후 겉잎은 정상이나 속잎이 갈색으로 변하거나 물러져서 마른다.

원인과 대책은 배추재배편을 참고 바란다.


# 7. 주요 병충해 방제

무는 배추와 같이 십자화과 채소로 대체로 병과 해충의 발생, 증상, 대책이 비슷하다.

앞 장의 배추에서 설명한 무름병(연부병), 버짐병(노균병), 무사마귀(뿌리혹병) 바이러스 등의 병과 진딧물, 벼룩 잎벌레, 배추 좀나방, 배추흰나비 애벌레(청벌레) 등의 해충은 이곳에서는 생략하고 무에 주로 발생하는 병해만 설명키로 한다.

## (1) 세균성 검은무늬병(細菌性 黑斑病)

세균병으로 발육적온은 25~27℃이다. 처음에는 잎이 물에 덴 것 같은 둥근 병무늬가 생기고 진행되면 커지면서 담갈색, 흑갈색의 부정형이나 다각형의 병무늬가 된다.

연작을 하면 심해지므로 1년 이상 돌려짓기를 한다. 가을재배에서는 파종기가 빠를수록 심하므로 적기에 재배한다. 또한 54℃ 온탕에서 5분간 담그는 종자소독을 한다. 약제는 포리동 1,000배액 또는 옥시동 500배액을 발병

초기부터 몇번 뿌려 준다.

## (2) 검은무늬병(黑斑病)

곰팡이병이며 발육적온은 7℃로 이른봄과 늦가을에 주로 잎과 줄기에 발생한다. 병무늬는 2~10mm크기의 담갈색의 둥근병무늬가 생기고 그 표면에 나이테와 같은 뚜렷한 겹둥근무늬(동심윤문 同心輪紋)가 된다. 습기가 많으면 검은색 곰팡이가 병무늬 위에 생기고 좀더 진행되면 병무늬 가운데에 구멍이 생긴다. 생육기간 중 비료분이 부족할 때 묵은 잎에서 주로 생기므로 웃거름을 제때 주고, 조기파종을 피하고 종자는 베노람 수화제로 소독한다.

아래쪽 늙은 잎을 적당히 따버리고 다코닐 수화제를 600~800배액으로 발병 초기에 몇번 뿌려 준다.

## (3) 시들음병(위황병, 萎黃病)

곰팡이에 의한 토양전염병으로 연작지대에 생긴다. 자랄 때 감염되면 잎의 절반 부분이 누렇게 되면서 위축되는데 부채꼴 모양으로 된다. 뿌리도 잘라보면 물관부가 갈변되고 더 진행되면 뿌리 안쪽도 갈변되며 그 부분이 굽어 심하면 전혀 수확을 못하기도 한다.

지온이 17℃이하에서는 생기지 않으므로 가을재배에서는 전반기에 많이 나타난다. 우리나라 각지 연작지대에 많이 생기고 있다.

발생정도가 적으면 다른 작물과 4~5년간 돌려짓기를 하고, 토양소독제인 사이론을 처리하면 효과가 있으나 경제성이 없으므로 권장하기 곤란하다.

# 8. 수확 및 출하

무는 수확적기를 놓치면 바람들이, 뿌리터짐, 특히 시설이나 봄 노지재배에서는 추대 등의 문제가 생기므로 주의해야 한다.

지금까지는 무를 뽑아 잎째 운반차량으로 출하하였으나 쓰레기 문제와 싣고 내리는 데 따른 비용 등으로 방법을 재검토해야 한다.

무 잎을 자르고 그물주머니나 상자에 넣어 출하하는 것이 좋을 것이다.

# 9. 알타리무

무는 그 종류와 작형이 다양하여 보통무 외에 소형무, 알타리무, 열무, 단무지무까지 다양한 종류가 있다.

이들의 재배는 보온이 가능한 시설재배와 단순히 여름 장마철의 비를 막아 주는 비가림시설로 짭짤한 수익을 올리는 농가가 크게 늘어나고 있어 그에 대한 특성만 간단히 설명코자 한다.

## (1) 시설 알타리무 경영상 특성

재배방법이 비교적 간단하고 재배기간이 짧아 시설의 이용률을 높일 수 있고 뒷작물과의 작부체계상 유리하다.

현재 남부지방과 충청지방에서 12월 중순~1월 중순경에 파종하여 3월 중·하순~4월 초·중순에 수확하고 뒷그루로 과채류를 넣는 하우스 재배작형과, 2개월 정도 늦은 2월 중·하순에 파종하여 4월 중순~5월 초·중순에 수확하는 터널재배가 있다.

## (2) 생육환경

온도, 햇빛, 토양조건 등은 무와 같다.

## (3) 품종선택

시설재배에서 파종후 90일 정도 되면 뿌리무게가 100g쯤 된다. 대부분 1대 교배종으로 재배방법별 품종은 다음 표와 같다.

**<표 8-5> 알타리무 주요 품종**

| 종 묘 사 | 시 설 재 배 용 | 노 지 용 |
| --- | --- | --- |
| 홍　　농 | 입춘알타리, 신진봄알타리 | 도령알타리, 추석알타리 |
| 서　　울 | 귀동알타리, 백동알타리 | |
| 중　　앙 | 초봄알타리, 조생알타리무 | 화성알타리 |
| 한　　농 | 봄맛, 양지, 평강알타리 | 한농알타리, 백성알타리 |
| 농　　우 | 선명알타리, 예쁜알타리 | 진미알타리 |
| 동　　원 | | 일미알타리 |

## (4) 재배기술

### 가. 파종

무와 같이 지온을 높이기 위하여 이랑을 투명비닐로 멀칭하는 것이 좋은데, 알타리무 재배에 알맞도록 10~15cm 정도 간격으로 구멍이 뚫린 피복자재가 유통되고 있다.

### 나. 비료주기

비료주는 양도 품종, 재배방식, 지역에 따라 달라 일률적으로 말하기 어려우나 대체로 성분량을 기준으로 10a당 질소 8kg, 인산 6kg, 가리 8kg 정도로 한다. 반드시 잘 부숙된 퇴비 1,000g 고토석회 100kg, 붕사 2kg을 주도록 한다.

생육기간이 짧으므로 모두 밑거름으로 주는 것이 좋다.

### 다. 일반관리

씨앗 뿌려서부터 어린모 일때 13℃ 이하로 온도가 떨어지면 꽃눈이 생겨 추대되므로 유의한다. 하우스재배는 생육중기 이후 환기량이 부족하면 잎만 지나치게 무성하고 뿌리자람이 나빠져 상품가치가 떨어지므로 본잎 5~6잎을 지나면 밤에는 보온에 유의하고, 낮에는 하우스 온도가 25℃ 되면 환기에 특별히 관심을 가져야 한다.

# 10. 소형무

## (1) 경영상 특성

소형무는 초여름부터 가을까지 파종 및 수확하는데 대체로 파종후 40~45일이면 수확할 수 있다.

이 시기의 알타리무는 껍질이 거칠고, 매운 맛이 너무 강하며 세균성 흑반병 등으로 재배에 문제가 있어 근래에는 소형무로 바뀌어 있는 추세다.

## (2) 품종 및 재배시기

국내 소형무 품종별 재배시기에 관한 표는 다음과 같다.

**<표 8-6> 주요 소형무 품종**

| 종묘사 | 시설 | 봄뿌림용 | 여름용 | 가을용 |
|---|---|---|---|---|
| 홍농 | | 소동무 | 옥동무(고랭지), 동자무, 하동무 | 하동무, 초동무, |
| 서울 중앙 한농 농우 동원 | 소백무 | 봄초롱무 아담무 포동무 | 소옥무 초롱무 아담무 | 새롬무, 애동무 소공자무, 소옥무, 호동무 |

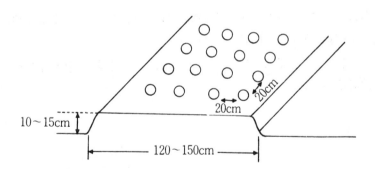

<그림 8-2> 소형무에 알맞는 이랑만들기와 재식거리

## (3) 재배기술

### 가. 파종

비료는 알타리무 수준으로 하되 모두 밑거름으로 준다. 이랑을 150cm 정도로 하여 포기사이 20cm로 6~7줄로 점뿌림하되 한 구멍에 3~4알씩이면 10a당 3~4작 정도 든다. 솎음은 본잎 3~4잎때 1번만 한다.

## 나. 기타

일반관리는 무보다 알타리무 쪽에 가깝게 관리한다.

# 11. 열무

## (1) 경영상 특성

열무의 수요가 크게 늘어 이제는 연중 생산과 소비가 이루어지고 있다. 재배하기 쉽고, 시설에서 겨울에는 보온재배로, 여름에는 비가림재배로 노동력도 그리 크게 많이 들지 않아 경영상 유리하다.

재배기간은 겨울에는 60일, 봄 40일, 여름 25일 정도면 되기 때문에 연중 여러번 재배할 수 있다.

## (2) 품종

**<표 8-7> 지역별 열무 기호도**

| 지　　역 | 좋아하는 열무 |
|---|---|
| 경　상　도 | 결각잎이고 다소 억센 것 |
| 전　라　도 | 결각이 적으면서 부드러운 것 |
| 대　도　시 | 어리면서 부드러운 것 |
| 중　소　도　시 | 어느 정도 크며 좀 억센 것 |

열무기호도는 각 지역별로 상당히 달라 차이가 많으므로 주 출하지역의 취향에 맞는 것을 선택해야 한다.

국내 주요 품종은 다음과 같다.

**<표 8-8> 주요 열무품종**

| 종묘사 | 시 설 | 노 지 |
|--------|-------|-------|
| 흥농 | 하우스, 쌈, 경춘 | 진주, 여름, 경기, 춘향이 |
| 서울 | 춘미 | 무시로, 맛나, 탐복, 맛깔 |
| 중앙 | 근교 | 토박이, 조은, 다롱이, 사철 |
| 한농 | 산나리 | 산나리, 한다발, 당수리, 이도령 |
| 농우 | 숙숙이, 미들 | 고향, 치마, 보리 |
| 동원 | | 시장 |

## (3) 재배기술

### 가. 파종

비료주는 양은 생육기간이 짧으므로 퇴비나 가축분을 충분히 주면 따로 비료를 주지 않아도 잘 되나 자람새를 보아가며 질소질거름을 웃거름으로 약간 준다.

씨앗을 줄뿌림이나 흩어뿌림이나 다 좋으나 너무 배면 웃자라 상품성이 나쁘므로 파종량을 최소화하는 것이 좋다.

### 나. 일반관리

겨울, 봄 시설에서는 이랑을 만들고 씨앗을 뿌린 후 투명비닐로 멀칭하여 싹이 나오면 걷어 준다. 5월 이후 여름재배는 파종후 분수호스로 물을 뿌려주어 싹트기와 자람을 촉진시킨다.

## 다. 수확 및 출하방법

제때에 뽑아 출하해야 하는데 수확시기를 놓치면 봄시설에서는 추대, 여름재배는 무름병이나 밑둥 썩음병이 생길 우려가 있다.

출하방법은 지금까지는 단으로 묶어 마대에 담아 내는 데 묶는 비용이 전체 생산비에 비해 차지하는 비율이 매우 높아 생산자 단체별로 무게단위로 규격화된 상자에 담아 출하하도록 생산자와 소비자가 같이 개선토록 노력해야 할 것이다.

## (4) 비가림으로 안전재배

여름철 열무 등 잎채소와 알타리무, 소형무 재배에서 고온과 장마로 인한 각종 생리장해와 병해충으로 생산량과 품질이 떨어지고 있는 실정이다.

파이프 하우스의 천정부분(아치부분)만 비닐을 덮고 더 나아가 옆쪽과 앞뒤는 망사를 씌우면 진딧물, 배추흰나비, 파밤나방 등 해충피해도 월등히 줄이므로 무농약 재배가 가능하여 품질향상과 안전다수확이 가능하다.

앞으로 적극적으로 도입하여야 될 것이다.

# 제9장 상추

## 1. 국내 생산현황

**<표 9-1> 상추의 연도별 재배면적과 생산량**

〈잎상추〉

| 연 도 | 재배면적(ha) | | 10a당 수량(kg) | | 총생산량 (t) | |
|---|---|---|---|---|---|---|
| | 전체 | 시설 | 전체 | 시설 | 전체 | 시설 |
| 1990 | 4,890 | 2,393 | 1,811 | 1,913 | 88,580 | 45,773 |
| 1992 | 5,579 | 3,235 | 2,042 | 2,196 | 113,940 | 71,054 |
| 1994 | 7,611 | 5,134 | 1,993 | 2,115 | 15,655 | 108,595 |
| 1995 | 8,307 | 5,556 | 2,056 | 2,153 | 170,776 | 119,634 |
| 1996 | 6,625 | 4,595 | 2,118 | 2,234 | 140,347 | 102,636 |
| '96시설비(%) | | 69.4 | | 105.5 | | 73.1 |

〈결구상추〉

| 연 도 | 1990 | 1992 | 1994 | 1995 | 1996 |
|---|---|---|---|---|---|
| 재배면적(ha) | 185 | 168 | 248 | 257 | 187 |
| 10a당 수량(kg) | 2,660 | 2,456 | 2,548 | 2,956 | 3,314 |

근래 소득향상에 따른 육류소비와 놀이문화의 확산으로 잎상추의 소비가 연중 증가하고 있는 추세이다.

이에 따라 비가림시설과 내서성이 대체로 강하고 만추대성인 품종의 개발로 양질의 잎상추재배는 매년 증가될 것이다.

결구상추 재배면적과 생산량은 거의 답보상태에 있다.

# 2. 생리적 특성과 재배환경

## (1) 생리적 특성

대체로 상추는 장일식물(長日植物)로 구분되고 있으나 꽃눈분화는 고온조건만이 관여하고, 추대는 고온과 장일조건이 같이 관여한다고 한다.

추대는 생육기간 중에 받은 적산온도(積算溫度)에 의하여 일어나므로 고온기에 재배하는 상추는 잎 수가 충분히 확보되기 전에 추대에 필요한 적산온도에 도달되면 단기간 내에 추대하게 된다.

꽃눈은 5℃ 이상에서 적산온도가 1,400~1,700℃가 되면 분화되는데 특히 25℃ 이상일 때 꽃눈분화와 추대가 촉진된다.

근래 상추는 비가림 시설로 연중 재배되고 있는데, 평지에서는 5월 이후의 늦은 봄이나 7월 하순 이전의 여름재배는 어렵다. 재배도중 고온으로 인한 추대의 위험이 있을 때는 단일처리 또는 차광망, 망사 등으로 햇빛을 어느 정도 막아 줌으로써 추대를 다소 억제시킬 수 있다.

## (2) 온도

상추는 비교적 서늘한 기후를 좋아하는 호냉성(好冷性) 채소로서 더위에는 약하다. 종자의 발아 및 생육에는 15~20℃ 정도의 서늘한 날씨가 좋다. 종자는 4℃에서는 발아된다고 하나 8℃ 이하에서는 발아가 늦어지고 25℃ 이상에서는 발아율이 떨어지거나 늦어지며 특히 30℃ 이상에서 15시간 이상 두면 종자가 휴면에 들어가 전혀 발아가 되지 않기도 한다.

그리고 고온은 생육을 억제하고 병해가 많아지고 추대뿐 아니라, 쓴맛이 많아져 품질이 떨어지고 수확량도 적어지므로 여름재배가 어렵다.

## (3) 일장 및 광도

상추의 광포화점(光飽和點)은 약 50klux이고 광보상점은 1.5klux로 여름철에는 비가림이나 한냉사를 피복하여 약간의 차광을 하여 재배하는 것이 유리하기도 하다.

## (4) 수분 및 토양

잎을 이용하는 다른 채소와 마찬가지로 충분한 수분이 있어야 순조롭게 자라므로 생육기간중 토양수분이 있도록 해 주는데, 특히 결구상추는 결구기에 상당한 수분을 요구한다.

토양은 통기성이 좋고 보수성이 높으면서도 배수가 잘 되고 유기물 함량이 높은 사질양토나 점질양토가 좋다. 적당한 토양반응은 pH 5.8~6.8 정도에서 잘 자란다.

# 3. 재배작형

상추는 생육기간이 비교적 짧은 편이고 내한성(耐寒性)도 강하여 겨울철

에도 서울근교에서도 수막재배(水幕栽培) 또는 2중 피복재배 만으로도 재배
가 가능하다. 여름철은 고온으로 문제가 되나 근래에는 비가림 재배의 확대
와 한냉사 이용재배 등으로 단경기 재배를 하고 있다.

우리나라 국민들의 상추 수요가 연중 계속됨에 따라 새로운 작형이 다양
하게 분화하여 연중 공급이 이루어지고 있다.

대체적인 잎상추와 결구상추의 재배작형은 다음표와 같다.

### <표 9-2> 잎상추 작형

| 작 형 | 파종기 | 정식기 | 수확기 | 육묘방법 | 비 고 |
|---|---|---|---|---|---|
| 평지<br>시설재배 | 1월 상순 | 2월 하~3월 상 | 4월 중~5월 하 | 온 상 | 시설보온재배 |
| | 2월 상순 | 3월 하~4월 상 | 5월 상~6월 하 | 온 상 | 비 가 림 재 배 |
| | 3월 중·하순 | 5월 상·중순 | 6월 하~7월 하 | 노 지 | 〃 |
| | 8월 중·하순 | 9월 하순 | 11월 하~12월 중 | 노 지 | 〃 |
| | 9월 중·하순 | 11월 상·중순 | 12월 중~2월 | 노 지 | 시설보온재배 |
| | 10월 중·하순 | 12월 상순 | 1월 ~3월 | 온 상 | 시설보온재배 |
| 고랭지<br>재배 | 4~5월 상순 | 5월~6월 | 7 월 ~8월 | 냉 상 | |
| | 6~7월 | - | 9 월 ~10월 | 노 지 | |

### <표 9-3> 결구상추 재배작형

| 작 형 | 지 역 | 파종기 | 수확기 |
|---|---|---|---|
| 비 닐 시 설 재 배 | 남부지방 | 9월 | 1월 중순 ~ 2월 중순 |
| 〃 | 중부지방 | 10월 | 3월 ~ 4월 |
| 터널재배(온상육묘) | 전 국 | 12월 하~1월 상 | 4월 하순 ~ 5월 상순 |
| 노지봄재배(온상육묘) | 전 국 | 2월 | 5월 하순 ~ 6월 상순 |
| 노 지 봄 재 배 (냉 상) | 전 국 | 3월 상순 | 6월 하순 |
| 노 지 봄 재 배 | 고 랭 지 | 4월 ~ 5월 | 7월 ~ 8월 |
| 여 름 재 배 | 고 랭 지 | 6월 ~ 7월 | 9월 ~ 10월 |
| 가을재배(저온최아파종) | 전 국 | 8월 ~ 9월 | 11월 ~ 12월 |

# 4. 품종

## (1) 상추의 종류

상추는 재배역사가 길어 (기록상 2,500년) 많은 변종(變種)이 만들어져 있는데 중요한 것은 다음과 같다.

### 가. 잎상추 또는 오그라기 상추

우리나라에서 재래종을 포함하여 재배하고 있는 품종이 이에 속한다. 잎의 가장자리가 펴진 것과 오글오글한 것과 색깔은 녹색이거나 갈색바탕에 녹색인 것 등이 있다.
청치마상추, 뚝섬적축면상추 등 많은 품종이 있다.

### 나. 결구상추

양배추처럼 결구되는 것과 잎끝이 서로 겹치지 않고 결구되는 반결구종이 있다. 잎상추에 비하여 생육기간도 길고 저온에 견디는 힘도 약하므로 재배시기와 지역이 잎상추보다 제한을 받는다.

### 다. 배추상추 또는 샐러리 상추

잎이 재래종 서울배추와 같이 폭이 좁고 길며 속잎의 윗쪽부분이 약간 겹친다. 잎의 질이 연하고 품질이 좋다.

### 라. 줄기상추

두터운 줄기 또는 꽃자루를 먹는다. 줄기길이 30cm 정도, 직경은 4cm 정도로 절여서 먹는다.

## (2) 주요품종 소개

우리나라에는 예부터 잎이 오글오글한 뚝섬적축면상추와 뚝섬청축면상추가 있고, 치마상추는 적치마상추와 청치마상추가 재배되고 있는데 이들은 어느 것이나 봄·가을 재배용이다.

근래 이들 품종을 바탕으로 여러 종묘사에서 추대가 늦고 수량이 많이 나는 품종들을 개발해 내고 있다.

**<표 9-4> 작형별 주요 품종**

| 작　　　형 | 주　요　품　종 |
|---|---|
| 하우스 · 터널조숙<br>노 지 봄 뿌 림<br>여 름 노 지 억 제<br>(5월~7월 중순) | 삼선적축면 · 주홍적축면주 · 화홍적축면<br>한밭청치마 · 만추대청치마<br>홍농종묘: 하지청축면 · 만추대청치마 · 홍일적축면<br>서울종묘 : 진자축면 · 하농적축면 · 농적치마<br>한농종묘 : 강한청치마<br>농우종묘 : 한밭청치마 |

# 5. 재배 기술

## (1) 모기르기(육묘)

### 가. 파종

파종상 온도는 20℃ 전후로 저온에서는 발아가 늦어지고, 30℃ 이상에서는 발아율이 떨어지고 초기생육도 나빠진다.

그래서 평균기온이 15℃ 이하일 때는 냉상을 설치하고, 겨울에는 전열온상 등을 만들어서 파종하는 것이 좋다.

10a당 소요 종자는 1dl 정도로 파종상 면적은 5평 정도면 충분하다.

파종상은 산도교정용 석회와 비료를 주고 이랑을 만드는데 시비 등을 마치고 산파보다 줄뿌림을 하는 것이 좋은 묘를 키울 수 있다.

대체로 6cm 간격의 골에 줄뿌림한 후 종자를 가볍게 누르고, 광발아종자(光發芽種子)이기 때문에 아주 엷게 덮는다.

볏짚을 약간 덮고 겨울에는 약간 미지근한 물을 여름에는 찬 샘물을 주어 땅온도를 낮추어 주면 발아율을 높일 수 있다.

파종후 7일 정도면 싹이 나는데 밴 곳은 솎아 1cm 정도 간격에 1포기씩 두어 튼튼한 묘가 되도록 한다. 1cm 간격일 때 묘판 1평당 약 5,000포기가 되며 5평이면 25,000포기로 본밭 10a당 20×25cm 간격으로 심을 때 필요한 묘수 20,000포기를 충분히 확보할 수 있다.

### 나. 가식(옮겨 심기)

요즘은 노동력 부족 등으로 파종후 적당한 간격으로 솎은 후 바로 정식하는 농가도 있지만 건묘를 만들기 위해서 1번의 가식을 해야 한다.

본잎 1.5~2잎일 때 6×3~4cm로 심는데, 씨앗뿌린 후 겨울에는 30일 정도, 여름에는 20일 정도 된다. 육묘상이 너무 습하거나 건조하지 않도록 하고 낮온도는 15~20℃가 되도록 한다.

## (2) 정식

파종후 겨울에는 50~60일, 여름에는 35일쯤에 본잎이 5~6장 될 때 심으면 활착도 잘 되어 잘 자란다.

중부지방에서는 5.2m 폭의 하우스 경우 2m짜리 이랑을 2개 만들어 잎상추는 20~25cm 사방으로 심는데 겨울에는 배고, 여름에는 드물게 한다. 터널재배는 120cm 이랑에 5~6줄로 한다.

이론상 10a당 심는 포기수는 사방 25cm면 15,900포기, 20×25cm면 19,800포기, 20cm 사방이면 24,600포기가 된다. 그러나 실제 포기수는 이 보다 25%쯤 낮추어 보면 된다. 결구상추는 사방 30cm 정도로 심는다.

상추는 실뿌리가 많으나 약한 편이므로 심기 전에 물을 충분히 주어 뿌리에 흙을 많이 붙여 정성들여 심어야 빨리 활착하고 초기생육이 빠르다. 프러그 육묘상을 이용하면 일손도 크게 줄이고 생육도 좋은데 130 구멍 정도 짜리가 알맞다.

결구상추는 추위에 견디는 힘이 잎상추보다 약하므로 저온기에는 투명비닐 멀칭을 하여 심으면 포기 무게가 무거워지는 등 효과가 크다.

## (3) 비료주기

상추는 생육기간이 짧고 뿌리도 잘 발달하지 않으므로 밑거름 위주의 질소질 비료 중심으로 준다. 우리들의 식생활에서 쌈 중심의 생식을 하므로 잘 썩은 퇴비를 충분히 주고 필요할 때 질소질 웃거름을 보충해 준다.

거름주는 양은 잎상추인 경우 10a당 완숙퇴비 2,000kg과 질소-인산-가리를 성분량으로 20-12-15kg 정도를 표준으로 삼지만 점질토양에서는 양토나 사질양토보다 줄여 주는 것이 좋다.

밑거름은 정식 15~20일 전에 주는데 토양반응을 검사한 뒤 고토석회비료를 꼭 주도록 한다. 석회질비료는 일반적으로 10a당 100kg 정도 준다.

웃거름은 정식후 15일경 완전히 활착된 후부터 수확전 20일경까지 10a당 요소 5kg 정도를 2~3회 주고, 수확전 10~15일쯤부터 요소 0.5%액(물 20ℓ당 요소 100g)을 2~3일 간격으로 3번 정도 뿌려 주면 상품가치가 높아진다.

결구상추는 잎상추보다 비료를 다소 많이 요구하며, 배추와 같이 결구하기 1주일 전부터 약 3주일 동안 전체 흡수량의 80% 이상을 요구하므로 비료부족이 안되도록 한다.

## (4) 기타 관리

상추의 뿌리는 얕게 뻗는 천근성(淺根性)이므로 김매기는 가볍게 해 주어야 한다. 상추는 수분흡수가 많아야 좋은 상품을 많이 생산할 수 있으므로 물주는 시설을 해서 건조하지 않도록 해야 한다. 그러나 지나치게 물을 주면 시설재배에서는 웃자라거나 곰팡이병 등이 발생하기 쉬우므로 주의해야 하고 겨울철이라도 낮에는 환기를 시켜 실내습도를 낮추어야 한다.

상추재배하우스에서 주로 나는 잡초는 별꽃으로 토양이 비옥하고 토양산도가 중성에 가까워질 때 많이 발생한다. 적을 때는 손으로 매어 줄 수 있으나 많이 날 때는 알맞는 잡초약을 처리하도록 하는데 상추에 약해가 없도록 주의해야 한다.

# 6. 잎상추 비가림시설 여름재배기술

잎상추는 서늘한 기후를 좋아하므로 지금까지 봄·가을재배가 대부분이었으나 근래 육류의 소비와 여름 행락철 수요가 크게 늘어나 여름 공급이 크게 요구되고 있다.

다음 〈그림 9-1〉과 같이 상추값은 8월 중순부터 9월 중순이 가장 높다. 그 이유는 고온과 장마로 각종 생리장해와 병해충발생이 많아 품질과 수량이 같이 떨어지기 때문이다.

그래서 비가림 시설을 이용한 여름재배기술을 요점만 설명한다.

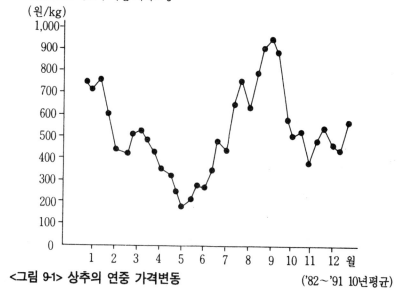

**<그림 9-1> 상추의 연중 가격변동**

('82~'91 10년평균)

## (1) 품종선택

고온·장일·다습(高溫·長日·多濕)으로 추대(抽台)·병해충·생리장해
가 문제이므로 추대가 비교적 늦고 더위에 강하고 수확기 폭이 넓은 품종을
선택해야 한다.

품종은 앞의 〈표 9-4〉의 여름 노지 억제재배용 중에서 선택한다.

이들 품종은 재래종의 잎수확이 12~18매인 데 비해 20~24매로 많고, 고온
에도 잎이 길고 넓으며 잎살(엽육)이 두터워 쌈용으로 좋은 평가를 받고 있다.

## (2) 파종 및 모기르기

### 가. 발아율 향상 요령

종자를 지베렐린 수용제 1.6g 1알을 물 2ℓ에 녹인 지베렐린 용액에 2시간
담궈 두었다가 건져 찬물(우물물)에 15~20시간 더 담구어 충분히 흡수시
킨 후 젖은 종자를 천에 싸서 4~6℃가 되는 냉장고 냉장실에 3~4일 넣었
다가 아귀를 틔운 다음 파종한다.

상추는 광발아성(光發芽性) 종자이므로 흙을 얇게 덮어 주어야 한다.

## 나. 육묘할 때 온도 낮추기 - 차광망 씌우기

육묘할 때 20~30% 차광망을 씌워 지온을 2~3℃ 내려주거나 지하수가 충분하면 육묘상 바닥과 주위에 지하수 순환시설을 해 주면 지온과 온도를 2~3℃ 내릴 수 있어 추대를 늦출 수 있다.

## (3) 정식

비닐 하우스의 옆 비닐을 제거한 것이 비가림 시설인데 반드시 이곳에 심고 분수호스 등 관수시설을 설치한다. 비닐자체도 햇빛을 20% 정도 막아주므로 온도를 어느 정도 낮추고, 8월~9월 태풍피해와 소나기에 의한 상추 잎의 손상과 그로 인한 병해피해를 예방할 수 있어 일거양득이다.

## (4) 병해충 및 생리장해 대책

여름재배의 주요한 병해는 세균병인 무름병과 모자이크바이러스 병, 곰팡이 병인 잿빛 곰팡이병이며, 석회결핍에 의해서 생기는 잎썩음현상이 문제가 된다.

### 가. 무름병(연부병, 軟腐病)

세균성 토양병해로 약제방제 효과가 매우 낮은데 작업도중 줄기에 상처가 생기면 이곳으로 물에 덴 것 같은 병반이 생겨 부패하다가 포기 전체가 시든다. 이 포기의 줄기를 잘라 보면 가운데가 물러 썩고 비어있는 것이 많으며 심한 악취가 난다.

대책은 석회를 주고 작업중 상추에 상처가 나지 않도록 주의하고, 물빠짐을 좋게 하고, 병든 것은 일찍 뽑아 한 곳에 깊이 파 묻어 버리도록 한다.

## 나. 모자이크 바이러스(Mosaic Birus)

7월 하순부터 8월 상순경에 전국적으로 발생하는데 방제방법은 없다. 병징은 잎에 짙고 옅은 모자이크 무늬가 생기면서 식물체 전체가 위축되어 오글오글해진다.

방제요령은 진딧물이 발생하지 않도록 살충제를 뿌리거나 비가림 시설의 옆벽을 망사로 씌우면 효과적이다.

## 다. 잿빛 곰팡이병(회색 곰팡이병)

장마철에 온도가 내려가면서 습기가 많아지면 생긴다. 땅에 닿는 부분이나 잎끝에 물에 데인 것 같은 병무늬가 생긴 후 차차 커지다가 표면에 잿빛 곰팡이가 많이 생긴다.

방제법은 시설 안이 습기가 많지 않도록 해주고, 병든 포기는 곰팡이 포자가 날기 전에 포기째 뽑아 비닐봉지에 넣어 따로 땅속에 파묻는다.

약제는 스미렉스, 놀란, 유파렌, 베노밀 수화제 등을 뿌려 주는데 생것으로 먹으므로 농약안전사용기준을 꼭 지켜야 한다.

## 라. 석회결핍증 - 잎썩음 현상(잎가장자리 마름현상)

증상은 바깥잎 가장자리가 다갈색으로 말라들어 가거나 심한 경우 생장점 부근에 있는 어린잎의 끝이 물에 데인 것처럼 되어 갈변해서 말라죽는다.

이 증상은 고온과 건조로 뿌리의 힘이 약해져서 석회흡수가 적어질 때, 질소나 가리 비료를 너무 많이 준 경우, 고온다습 조건에서 질소질을 한꺼번에 많이 흡수할 때 길항작용(拮抗作用)으로 석회비료흡수의 균형을 잃게 될 때 생긴다.

대책은 밑거름으로 석회를 주고 균형시비를 해 주며, 고온 건조를 막는다. 이 증상은 나타나면 즉시 염화칼슘 0.3~0.5%액(물 20 $l$ 에 60~100g을 녹인 것)을 2~3회 엽면살포를 해 준다.

# 7. 병충해 방제

## (1) 종합방제

상추는 우리국민이 가장 좋아하는 생식하는 잎채소이므로 생산농가는 국민의 건강을 염두에 두고 농약문제에 신중을 다해야 한다.

병이나 해충이 발생하면 농약을 뿌릴 생각을 하지 말고 미리부터 병해충 발생을 될 수 있는 대로 억제하고 예방할 수 있는 대책을 세워야 할 것이다. 중요한 것은 다음과 같다.

① 종자를 소독한다.

② 튼튼한 묘를 기른다 : 드물게 뿌리고 6×3cm 정도 가식간격 유지.

③ 비가림 하우스 설치 : 비바람 피해막아 병해예방.

④ 농토를 배양한다 : 퇴비중심 거름을 준다. 질소질 적당히 준다.

⑤ 심는 거리 알맞게 하여 바람과 햇빛 잘 들게 한다.

⑥ 병든 포기는 보이는 대로 과감하게 뽑아 구덩이에 파묻거나 태운다.

⑦ 병이 심하게 생겼을 때는 미련없이 갈아 엎어 버린다.

⑧ 다른 작물과 돌려짓는다.

⑨ 밭환경 좋게 한다 : 깊이갈이, 물빠짐 좋게 하기, 제때 물주기.

⑩ 농약 뿌리기.

㉮ 유기적(有機的)으로 만든 자연 농약을 뿌려 준다.

㉯ 화학농약은 농약안전 사용기준에 맞도록 뿌린다.

## (2) 버짐병(노균병 · 露菌病)

늦가을부터 봄의 시설재배에서 많이 발생하는데, 노지에서는 봄, 가을, 비가 많이 올 때 잘 생긴다. 8~15℃의 저온과 다습 조건을 좋아한다.

잎의 표면에 옅은 갈색의 둥근 병무늬가 생기고 잎 뒷면에는 **흰색**이나 갈색의 곰팡이가 생긴다. 병이 더 진행하면 병무늬는 갈색으로 되고 아랫잎부터 병든 잎이 누렇게 변하며 말라죽는다.

이 병은 밤낮 온도차이가 심하고 구름이나 안개가 많이 끼면 갑자기 크게 발생한다.

대책으로 하우스 상추를 햇빛이 잘 들도록 넓게 심는다.

습기를 막기 위해서 비닐멀칭 재배를 하면 효과적이다.

약제는 만코지수화제 400배액, 타로닐수화제 600배액 또는 메타실 M 수화제 800배액을 뿌려 준다.

## (3) 균핵병(菌核病)

토양전염을 하며 20℃ 정도의 낮은 온도와 습기가 많을 때 많이 **발생한다.** 포기 아랫부분의 잎자루에 물에 덴 것 같은 갈색 병무늬가 생기며 **흰 솜** 같은 곰팡이가 피며 뒤에 그곳에 쥐똥 같은 검은 균핵이 생긴다.

시설내 습도를 낮추어야 하는데 배수가 잘 되게 하고 비닐멀칭재배를 한다. 낮에는 환기를 잘 시키고, 농약은 포기 아랫부분이 잘 묻도록 **뿌린다.**

스미렉스 수화제 1,000배액, 이프로 수화제 1,500배액, 베노밀 **수화제** 2,000배액, 톱신엠 1,500배액 등을 뿌려 준다.

## (4) 세균성 점무늬병(세균성 반점병, 반점 세균병)

가을부터 봄까지 시설에서 많이 생긴다. 처음에는 바깥잎 가장자리나 잎살 부분에 물에 데인 것 같은 작은 점이 생겨 차차로 흑갈색이 되어 부정등근형 혹은 V자 모양으로 커지며 잎 전체에 퍼져 갈색으로 말라 죽는다. 날씨가 흐리거나 비가 계속 와서 습기가 많으면 병무늬의 진전이 **빠르고** 포기 전체가 말라죽는다.

물빠짐이 잘 되도록 하고 높은 이랑 재배를 한다. 멀칭하는 것도 좋은 방법이다. 농용신 수화제 1,200배액이나 가스란 수화제 1,000배액을 3~4회 뿌려 준다.

잿빛 곰팡이병, 무름병, 모자이크 바이러스병, 세균성 점무늬병, 석회결핍증은 앞의 비가림시설 여름재배를 참조한다.

## 8. 수확

잎상추는 정식후 30일경 되어 아랫잎부터 차례로 뜯어내거나 솎아서 수확한다. 보통 다음 수확까지의 간격이 25~30일경이 된다.

결구상추는 정식후 40~50일경부터 수확할 수 있으므로 결구가 잘 된 것부터 차례로 거둔다. 10a당 수량은 작형과 시기에 따라 다르나 대개 잎상추는 3,000kg 정도, 결구상추는 2,000~3,000kg이다.

# 제10장 호박

## 1. 국내 생산현황

### <표 10-1> 연도별 재배 면적과 생산량

| 연 도 | 재배면적(ha) | | · 10a 수량 (kg) | | 총생산량(t) | |
|---|---|---|---|---|---|---|
| | 전 체 | 시 설 | 전 체 | 시 설 | 전 체 | 시 설 |
| 1990 | 4,091 | 1,647 | 2,011 | 2,391 | 82,280 | 39,381 |
| 1992 | 6,410 | 2,373 | 2,118 | 2,372 | 135,740 | 56,276 |
| 1994 | 7,512 | 2,334 | 2,029 | 2,479 | 152,392 | 57,870 |
| 1995 | 7,080 | 2,956 | 2,248 | 2,680 | 159,185 | 79,223 |
| 1996 | 7,259 | 2,805 | 2,374 | 2,888 | 172,332 | 81,021 |
| 시설비(%) | | 38.6 | | 121.6 | | 47 |

　우리나라 호박 재배면적은 1975년 1,700ha 정도에서 꾸준히 증가하여 90년대 들어 건강식으로 각광받은 늙은 호박(익은 호박)의 인기에 힘입어 7,000ha 정도 재배되고 있다.

시설재배는 '69년부터 시작되어 96년 현재 2,805ha에서 풋호박 생산량이 8만톤을 넘어서고 있다.

전통적으로 풋호박과 호박순을 좋아하고 근래 호박죽이 인기있어 재배면적은 노지·시설 답함께 꾸준히 늘어날 것이다.

## 2. 재배환경

### (1) 온도

동양계 호박의 생육적온은 20~25℃로 고온과 추위에 약한 편으로 서리피해를 쉽게 입는다. 발아적온은 25~28℃ 정도로 최저 15℃ 이하에서는 싹이 잘 나지 않는다.

서양계 호박은 저온성으로 생육적온이 17~20℃로, 23℃ 이상이면 탄수화물의 축적이 낮아지고 육질이 나빠진다.

35℃ 이상인 고온에서는 꽃눈의 자람에 지장을 일으키며, 꽃가루 받이(수분)는 최저온도가 10℃ 이상 되어야 한다.

고온에서는 품질저하, 착과불량, 바이러스나 흰가루병 등의 장해가 나타나므로 주의해야 한다.

### (2) 일장(日長)

호박은 일장에는 비교적 민감하여 품종간 차이는 있으나 단일조건에서는 암꽃이 많이 달리는데, 동양계 호박은 민감하고 서양계 호박은 둔한 편이다. 단일효과(短日效果)는 저온에서 크나, 고온에서는 낮은데 본잎 2매 전개되었을 때 밤온도 10~13℃로 8시간 처리하면 11~12마디에 암꽃이 맺힌다. 그

러나 폐포계 호박(쥬키니)은 온도와 관계없이 마디마다 열매가 달리는 다다
기성을 가지고 있다.

## (3) 토양

뿌리는 얕고 넓게 뻗으므로 비교적 토질을 가리지 않으며 토양산도는
pH5.6~6.8 범위가 적당하다. 건조와 연작에 견디는 힘이 크고 흡비력이 강
하다. 뿌리는 표층 10~15cm 정도에 대부분 뻗어 있다.
　일반적으로 진흙이고 수분이 많은 곳에서는 초기생육이 떨어지고 후기의
자람이 나빠지기 쉬운 경향이 있으며 다습에 약하므로 배수가 나쁜 곳에서
재배하지 않는 것이 좋다.

## 3. 재배작형

호박은 요즘 연중 공급되고 있어 재배작형은 촉성·반촉성·터널조숙·
노지·억제재배 등이 있다. 이 중 노지재배가 약 40%를 차지하고 남부지방

### <표 10-2> 호박의 재배작형

| 재배형 | 지역 | 파종기 | 정식기 | 파종기 |
|---|---|---|---|---|
| 촉　　성 | 남부 | 11월 중~12월 상 | 12월 하~1월 하 | 2월　　~ 4월 |
| 반촉성 | 남부·중부 | 1월 상~2월 중 | 2월 중~3월 하 | 3월 중~5월 하 |
| 터널조숙 | 남부·중부 | 3월 | 4월 | 5월 상~6월 하 |
| 조　숙 | 남부·중부 | 3월 중~4월 상 | 4월 상~5월 상 | 6월 상~7월 하 |
| 노　지 | 전국 | 4월 중~5월 상 | — | 6월 중~9월 하 |
| 시설억제 | 남부·중부 | 8월 중~9월 상 | 9월 | 11월　　~12월 |

을 중심으로 촉성·반촉성재배가 이루어지고 있는데 반촉성재배는 전국적
으로 도시근교에서 많이 하고 있다.

## (1) 촉성재배

하우스 안에 가온시설과 이중피복 또는 수막시설을 하여 정식하고 2월
~4월에 수확한다.

보온 및 가온을 하므로 생산비가 많이 든다. 밤온도가 10℃ 이하가 되지
않도록 하고 낮에는 25℃ 정도를 유지해야 한다.

품종은 내한성이 강하며 덩굴이 뻗지 않는 쥬키니 호박이 유리하다.

## (2) 반촉성 재배

남부지방과 난방시설을 갖춘 중부지방에 걸쳐 재배하는 작형으로 초기에
가온하고 후기(수확기)는 보온위주로 재배할 수 있다. 생육후기에 온도가 올
라가므로 환기를 잘 하고 인공수분이나 착과제를 처리한다.

## (3) 터널조숙재배

노지의 터널속에 정식하고 수확기는 터널을 벗겨 버린다. 출하가 많아 가
격이 떨어지는 시기이므로 생산비를 줄이면서 다수확을 해야한다. 정식후
덩굴다듬기와 병해충 방제를 잘해 주고 웃거름 위주로 비료를 준다. 멀칭재
배를 하는 것이 유리하다.

## (4) 노지재배

노지 직파재배로 어린 묘때 저온과 가뭄으로 초기생육이 나쁠 염려가 있

으므로 온도 관리 등에 주의하고 장마철 습해와 고온에 강한 품종을 심는다.

## (5) 시설 억제재배

고온기에 파종하므로 바이러스 매개체인 진딧물 방제를 잘 해야 하므로 망사를 씌워 육묘하는 것이 좋다.

하우스내에 그대로 정식했다가 9월 하순경부터 비닐터널을 씌워 보온하고 10월 하순부터 이중피복 등을 해 주어야 하며 인공수분을 실시한다.

# 4. 품종

## (1) 호박의 분류

현재 재배되고 있는 호박은 식물학적으로 3종이 있다.

### 가. 동양계 호박(C. moschata Duch)

중앙아메리카 또는 멕시코 남부의 열대 아메리카가 원산지로 고온건조 지대에 적응되어 있다. 우리나라에서 예로부터 재배되어 왔는데 애호박과 늙은 호박을 겸용으로 쓰인다.

### 나. 서양계 호박(C. maxima Duch)

남아메리카의 건조고냉지대(페루 · 볼리비아 · 칠레북부)가 원산지로 녹말이 많아서 익혀서 쪄서 먹는다.

## 다. 페포계 호박(C. pepo. L.)

멕시코 북부와 북아메리카 서부가 원산지로 덩굴이 거의 뻗지 않고 풋호박으로 재배한다. 쥬키니호박이 이에 속한다.

## (2) 주요품종 특성 소개

**〈표 10-3〉 주요 품종 특성**

| 품 종 | 종묘사 | 등록 년월 | 숙기 | 재배형 | 마디성 (%) | 과형 | 과장 (cm) | 과중 (g) |
|---|---|---|---|---|---|---|---|---|
| 불암조생풋호박 | 홍농 | 86. 5 | 중 | 터널조숙 | 35 | 원 | 11~12 | 450~550 |
| 남 강 쥬 키 니 | ″ | 96. 7 | 조 | 촉 성 | 50~60 | 장원통 | 26~30 | 450~520 |
| 진 광 쥬 키 니 | ″ | 93.11 | 조 | 터 널 | 50~60 | 장원통 | 24~28 | 450~550 |
| 다보도풋호박 | ″ | 86. 7 | 조 | 시설억제 | 50 | 타 원 | 13~17 | 300~400 |
| 봄 애 호 박 | 서울 | 93. 8 | 중조 | 반 촉 성 | 50~60 | 단 봉 | 16~22 | 350~450 |
| 서 울 애 호 박 | ″ | 91. 1 | 중 | 터널조숙(반촉성시설억제) | 25~50 | 장 타 원 | 18~22 | 500~650 |
| 꽃 샘 풋 호 박 | ″ | 90.12 | 조 | 터널(노지) | 30~35 | 원 형 | 11~12 | 450~550 |
| 애 호 박 | 중앙 | 86. 7 | 조 | 터널조숙,반촉성 | 65 | 단 H 형 | 15~21 | 300~425 |
| 담 록 풋 호 박 | ″ | 92.11 | 조 | 조 숙 | 35~40 | 원 | 10~15 | 400~450 |
| 가락하우스쥬키니 | ″ | 95. 8 | 중 | 터널조숙 | 25 | 타 원 | 12~15 | 600~700 |
| 양 촌 | 한농 | 95.12 | 중 | 조 숙 | 20~25 | 편 원 | 10~11 | 1,300~1,800 |
| 맛 애 호 박 | ″ | 86. 5 | 중 | 터널,시설억제 | 45 | 장타원 | 21~23 | 400~450 |
| 청 마 쥬 키 니 | ″ | 85. 8 | 중 | 반촉성,시설억제 | 40~60 | 장 봉 형 | 24~26 | 350~450 |
| 진 한 애 호 박 | 농우 | 86.11 | 조 | 터널조숙 | 40~45 | 장 봉 형 | 19~22 | 290~330 |
| 농 우 애 호 박 | ″ | 94. 1 | 조 | 시설억제 | 30~40 | 장 타 원 | 18~20 | 300~400 |
| 단 밤 호 박 | ″ | 92.11 | 중 | 터 널 | 20~25 | 편 원 | 10~12 | 1,000~1,200 |
| 청 장 하 우 스 | 동원 | 89.11 | 조 | 조 숙 | 45~55 | 장 봉 형 | 19~22 | 290~330 |
| 금성마디호박 | ″ | 86. 5 | 조 | 노 지 | 50~55 | 단 형 | 17~19 | 320~380 |

# 5. 재배기술

## (1) 묘기르기(육묘)

### 가. 파종

호박은 박과 채소 중에서 비교적 저온에 강하고, 비료를 빨아들이는 힘(흡비력)이 커서 빨리 자라므로 육묘기간이 짧다.

파종하기전 종자소독제인 벤레이트로 소독한 후 맑은 물에 5시간 정도 담갔다가 25~27℃ 정도 되는 온상에 뿌린다.

파종상은 모래를 담은 상자가 좋으며, 떡잎이 벌어졌을 때 분에 옮긴다.

파종간격은 5~6cm×1~1.2cm 정도로 줄뿌림하고 복토는 1cm 정도 하며 미지근한 물을 준 후 비닐을 씌운다.

발아후 낮온도는 22~24℃, 밤에는 15~18℃가 되게하고 지온은 18~22 ℃로 유지하되 자라는 데 따라 온도를 조금씩 낮추어 웃자라지 않도록 한다.

<표 10-4> 호박씨앗의 발아와 온도와의 관계(암흑조건)

| 항목 　　온도(℃) | 15 | 20 | 25 | 30 | 35 |
|---|---|---|---|---|---|
| 발아율(7일째) | - | 100 | 99 | 98 | 9 |
| 발아율(14일째) | 2.0 | 100 | 99 | 97 | 17 |
| 평균발아일수(일) | 16 | 3 | 3 | 3 | 9 |

### 나. 가식(옮겨심기)

파종후 7~8일이 지나 떡잎이 펴지고 본잎이 생기려고 할 때가 가식에 알맞은 때이고 만약 이때가 지나면 뿌리가 많이 끊어져 활착이 늦어지고 자

람이 나빠질 우려가 있다. 가식은 지름이 12cm 정도 되는 포트에 심는 것이
관리와 정식후 활착 등이 좋은데 가식은 맑은날 오전중에 하는 것이 좋다.

### 다. 묘판관리

#### ① 온도관리

육묘할 때 온도가 높으면 웃자라기 쉽고 암꽃도 적게 생긴다. 분에서 모를
기를 경우는 파종후 30~35일 본잎이 3~4장일 때 정식하지만 온상에 심어
본잎이 6~7장 될 때까지 키울 경우에는 약간 낮은 온도에서 50여 일 육묘
하면 암꽃이 많이 생기고 씨방이 커서 열매무게도 무거워진다.

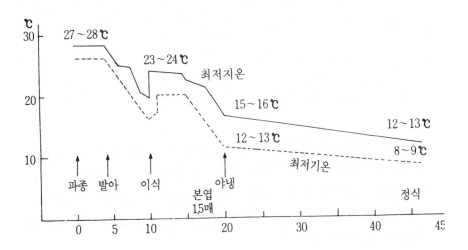

**&lt;그림 10-1&gt; 모기르는 기간중 온도관리**

보통 묘판온도 관리요령은 〈그림 10-1〉과 같은데 묘가 활착하면 가식상
의 땅온도를 22~23℃로 해주고 환기를 하여 다소 건조한 상태로 만들어
준다. 잎이 충실하고 묘가 튼튼하게 자라도록 해 준다.

육묘 후반기에는 15~16℃로 관리하고 차츰 온도를 내려 12℃ 정도로 하되 10℃보다 떨어지지 않도록 해 주어야 한다.

그리고 정식하기 10일전쯤 부터는 묘굳히기(경화작업)를 하는데 환기하여 온도도 내리고 물도 적게 주어 정식 2~3일 전부터는 본밭과 같은 상태로 관리한다.

② 저온·단일처리로 암꽃분화 촉진

특히 육묘기간중 온도가 높으면 암꽃 분화가 늦어지고 전체 열매달리는 율이 떨어지므로 환기에 주의해야 한다.

**<표 10-5> 육묘중 온도조건에 따른 생육 및 수량 차이**

| 구분<br>육묘상온도 | 정식할 때<br>잎면적(㎠) | 정식 한달후<br>줄기길이(cm) | 첫 암꽃 | | 착과율(%) | | 수량<br>(kg/주) |
|---|---|---|---|---|---|---|---|
| | | | 꽃필때 | 마디수 | 1번과 | 전체 | |
| 10℃ | 63 | 319 | 6.17 | 10.5 | 35 | 49 | 8.0 |
| 15℃ | 167 | 333 | 6.17 | 11.7 | 60 | 46 | 8.6 |
| 20℃ | 160 | 295 | 6.18 | 12.7 | 64 | 39 | 7.5 |

주) 파종 : 4.22    정식 5.22

〈표 10-5〉에서처럼 호박도 오이와 마찬가지로 육묘기간 동안 저온 단일(低溫短日)이 암꽃이 붙는 마디(착화절위)가 낮아지며 수는 늘어난다. 이 저온단일처리는 떡잎 시기보다 제1본잎이 반쯤 피었을 때 (잎면적 7~8㎠)부터 효과가 있다. 단일효과는 저온에서 크고 고온에서 작은데 10~13℃로 8시간 처리하는 데 효과가 높다.

그러나 촉성·반촉성·터널조숙재배는 밤온도를 유지시키기 위하여 거적종류를 덮으므로 자동적으로 단일처리가 되지만 노지조숙이나 여름재배를 할 때는 단일처리가 곤란하나 안전다수확을 위해서는 실시해 주어야 한다.

**<표 10-6> 저온처리 개시기와 암꽃 생기는 것과의 관계**

| 저온처리 개시기 | | 첫암꽃 생기는 마디 | 20마디까지 생긴 암꽃수(개) |
|---|---|---|---|
| 발아후(일) | 잎수(매) | | |
| 2 | 0 | 8.0 | 6.8 |
| 6 | 0.2 | 8.5 | 4.0 |
| 16 | 2.1 | 10.8 | 5.4 |
| 21 | 3.7 | 12.9 | 2.4 |
| 43 | 5.0 | 17.7 | 1.0 |

## (2) 정식

### 가. 땅고르기와 심기

정식 15일 전까지 퇴비와 석회 등 거름을 충분히 주고 땅을 깊이 갈아 이랑을 만들어 둔다.

시설재배는 심기 1주일 전쯤 투명비닐로 멀칭하여 지온을 미리 올려 놓고 심기 1~2일 전 심을 자리는 구덩이를 파서 가스를 날려 보내고 물을 주어 둔다.

**<표 10-7> 작형별 심는 거리**

| 작 형 | 품 종 | 이랑넓이(m) | 포기사이(m) | 10a당 포기수 |
|---|---|---|---|---|
| 촉성·반촉성 | 애호박·풋호박 | 1.5~1.8 | 1.5~1.2 | 450~560 |
| | 쥬키니 | 1.5~1.2 | 0.6~0.7 | 1,100~1,200 |
| 터 널 조 숙 | 애호박·풋호박 | 1.8~2.0 | 1.5 | 330~370 |
| | 쥬키니 | 2.5~2.7 | 0.5 | 740~800 |
| 억 제 | 쥬키니 | 1.5~1.2 | 0.6~0.7 | 1,100~1,200 |
| 지 주 재 배 | 애호박·풋호박 | 1.5 | 0.6~0.7(2줄) | 1,800~2,100 |

정식하기 알맞는 묘를 본잎 4~5잎일 때 파종후 35일경쯤 된다. 심는 것은 가급적 오전에 끝내고 보온을 철저히 하여 활착율을 높여 초기생육을 촉진시키고 시설안의 온도가 35℃ 이상을 넘지 않도록 해야 한다.

심는 거리는 작형과 품종, 토양조건에 따라 다르나 대체로 〈표 10-7〉을 참고하면 된다.

## 나. 정식후 관리

촉성·반촉성재배는 정식후 터널과 하우스를 밀폐하여 온도를 높여 뿌리활착이 빨리 되도록 해야 한다.

그러나 그 기간이 너무 길면 연약 도장하여 1번과의 낙과(落果)와 2번과 이후는 열매가 잘 달리지 않을 수도 있으므로 활착후는 낮에 환기를 하면서 온도가 35℃ 이상 오르지 않도록 한다. 또 고온 약광(高溫 弱光)은 뿌리 발달이 억제되므로 햇빛이 잘 들도록 해 준다.

쥬키니계 호박은 온도가 5℃ 이하로 낮아지면 순멎이 현상이 생겨 원줄기가 자라지 않으면서 잎만 크게 자라는 경우가 많으니 밤온도를 8℃ 이상이 되도록 한다. 역시 낮온도가 35℃ 이상이 되면 수꽃만 피기도 하니 주의해야 한다.

애호박계의 덩굴성 호박은 온도가 낮으면 쌍둥이 과실 등 기형과가 생기는 경우가 높고, 고온이 되면 조기낙과 현상이나 양전화(兩全花)에 의한 주먹 같은 호박이 생기므로 낮 25~33℃, 밤 15~20℃로 하고 밤 최저온도가 10℃ 이상은 되도록 하여 순조롭게 자라도록 한다.

## (3) 덩굴손질(정지) - 덩굴성 애호박

일반적으로 쥬키니 호박은 덩굴손질을 안해도 되나 덩굴성 품종은 정지(整枝)와 순지르기(적심·摘芯)를 해야 한다.

호박은 어미덩굴이나 아들덩굴의 3~4마디마다 열매가 달리므로 적당한 덩굴수를 만들어 서로 겹치지 않도록 고루 뻗게 해 준다.

보통 300평당 덩굴수를 1,800개 정도 두나, 집약재배를 할 경우는 2,400개까지 두기도 한다.

아들 덩굴수에 따라 2~4대 가꾸는 방법이 있으며 면적당 같은 덩굴을 두더라도 포기수가 많은 것이 유리하므로 300평당 450포기를 심어 4줄씩 가꾸는 것보다 900포기를 심어 2줄씩 기르는 것이 수량이 많고 관리도 편하다.

2줄가꾸기는 원덩굴을 기르고 아랫쪽 2~3째 마디에서 나는 힘센 아들덩굴 1개를 기르거나, 원덩굴을 5~6마디에서 순을 질러버리고 그 아래서 나오는 아들덩굴 중 튼튼하고 세력이 비슷한 것을 2덩굴 기른다.

4줄가꾸기는 본잎 6~7장때 순을 질러 나오는 아들덩굴중 좋은 것 4개만 기르는 방법으로 수확시기는 약간 늦으나 묘수가 적게 들고 열매가 고루 달리고 관리하기가 쉬운 장점이 있다.

지주(支柱)에 올릴 경우는 외줄이나 2줄재배가 있는데, 2줄재배를 할 때는 이랑 가운데 호박을 심고 양쪽에 지주를 세워 덩굴 2개가 각각 뻗어나면 지주 위에 유인한다. 지주에 올린 덩굴은 계속 키우지만 곁가지에 열매가 달리면 그 열매 윗쪽의 잎을 3~4매 남기고 순지르기를 한다.

곁가지의 열매를 수확할 때는 원덩굴 마디에서 잘라버린다.

## (4) 착과(着果)와 인공수분(人工受粉)

### 가. 꽃피기와 꽃가루(화분 · 花粉)의 활력

꽃가루의 활력은 꽃피기 앞날 오후 3시경부터 증가되기 시작하여 꽃피는 그날 한밤중에 최고로 되었다가 시간이 지날수록 떨어져서 9시경이 되면 착과에 필요한 활력이 크게 낮아진다〈그림 10-2 참조〉.

즉, 암꽃의 수정능력은 개화당일 4~6시쯤이 가장 높고 9시경에는 약 30%밖에 되지 않으므로 가능한 대로 새벽부터 수정을 해 주도록 한다.

특히 질소과다, 실내과습, 꽃피기 4~5일 전의 일기불순, 고온 · 밀식 · 덩굴 손질상태가 나빠 지나치게 무성할 때 등의 조건은 암꽃의 발육을 억제하고 낙과의 원인이 되므로 주의해야 한다.

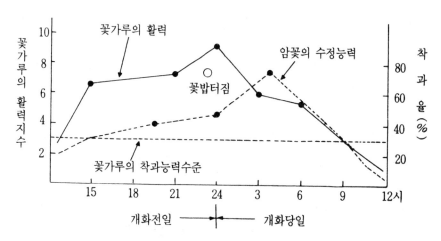

꽃가루의 활력

암꽃의 수정능력

꽃밥터짐

꽃가루의 착과능력수준

개화전일 ── 개화당일

**<그림 10-2> 꽃가루의 활력과 암꽃의 수정능력**

## 나. 인공수분(꽃가루 받이)

오이는 수분을 하지 않아도 단위결실(單爲結實)이 잘 되나 호박은 수분을 하지 않으면 열매가 맺지 않는다. 겨울철 재배는 수꽃이 암꽃보다 늦게 피어 수분이 어렵고, 시설에 벌 등 곤충이 들어오지 못하므로 개화당일 아침 8시 이전에 반드시 인공수분을 해 주어야 한다.

자연수분을 시켜줄 때 착과율이 30%에 불과하므로 호르몬제 처리를 해 주는 것이 가장 바람직하다.

식물호르몬제는 α - NAA(나프탈렌 아세트산) 270배액이나, 생육후기 기온이 떨어지는 시기에 2.4-D는 10,000~20,000배액(물 20 l 에 2~1cc)을 붓으로 암술머리에 묻혀 주거나 소형 스프레이로 뿌려 준다.

온도가 높아지면 희석배수를 묽게 해 주어야 안전하다.

그러나 열매의 형태, 품질, 수량성 등을 고려할 때 수분이 되어 종자가 들어있는 것이 좋으므로 꽃가루받이와 호르몬제를 겸용하는 것이 좋다.

즉, 주두(柱頭 · 암술머리)에 꽃가루를 묻혀 수분시킴과 함께 호르몬제를 붓으로 암꽃의 자방기부에 발라 주도록 한다.

**<표 10-8> 호르몬제의 살포장소별 착과율 및 열매무게**

| 살포장소 | 착과율 (%) | 평균열매무게(g) |
|---|---|---|
| 자 방 | 86 | 2,250 |
| 암꽃 및 암술머리 | 100 | 3,656 |
| 자방 및 암꽃 | 93 | 3,633 |

## (5) 거름주기

호박은 덩굴이 크고 수확하는 열매가 많으므로 거름을 많이 주는 것이 유리하다. 그러나 질소질이 너무 많으면 생리적 낙과(落果)가 생기므로 열매가 달릴 때에 가서 비료의 효과가 나타나도록 주어야 한다.

비료주는 양은 대체로 작형 · 토성 · 토양의 비옥도 · 품종 등에 따라 다르나 대체로 시설재배는 노지재배보다 많이 준다.

일반 노지재배는 질소 21kg, 인산 16kg, 가리 20kg 정도를 표준으로 하고 있는데 시설재배는 이보다 25% 정도 더 주는 26-20-25kg라고 할 수 있으나 3년 이상된 하우스에서는 염류집적 피해가 우려되므로 줄여주는 것이 좋다.

**<표 10-9> 시설재배 시비(예)**                     (단위 kg/10a)

| 거 름 | 총 량 | 밑거름 | 웃거름 | | | 밑거름 |
|---|---|---|---|---|---|---|
| | | | 1 회 | 2 회 | 3 회 | |
| 퇴    비 | 2,000 | 2,000 | | | | 성분량 |
| 유    안 | 125 | 60 | 18 | 23 | 24 | 질소 : 26kg |
| 용성인비 | 100 | 100 | | | | 인산 : 20 |
| 염화가리 | 42 | 20 | 5 | 8 | 7 | 가리 : 25 |
| 고토석회 | 100 | 100 | | | | |
| 비료주는 때 | | 석회퇴비 : 정식2주전<br>비료 : 1주전 | 심은후<br>15 일경 | 첫암꽃 필때 | 2차 후<br>20일경 | |

　퇴비와 석회는 심기 2주일 전에 모두 뿌리고 최대한 깊이 갈며, 1주일쯤 뒤에 밑거름을 다 준다.

　웃거름은 다음 그림같이 처음은 줄기에서 30cm 쯤 되는 곳에 주고 차츰 멀리 주어 마지막은 고랑쪽에 준다.

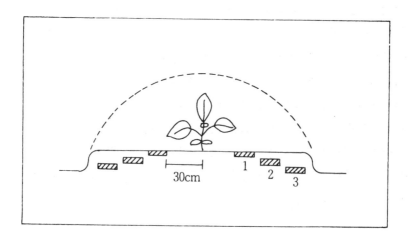

**<그림 10-3> 호박 웃거름 주는 요령**

비료주는 양은 열매가 달릴 때까지는 질소질이 적은 듯이 주어 암꽃과 열매가 잘 피고 달리도록 해주고 그 뒤는 조금씩 양을 늘려 초세를 강한 듯이 하여 열매가 잘 자라도록 해 준다.

# 6. 병충해 방제 및 생리장해

## (1) 병해충

호박은 일반적으로 병해가 적다. 그러나 시설재배에서 온도와 습도가 높으면 버짐병(노균병·露菌病), 잿빛곰팡이병(회색곰팡이병), 흰가루병(백분병·白粉病), 돌림병(역병·疫病), 진딧물 등이 발생한다.

환기를 잘하여 습도가 높지 않도록 해 주고 비닐멀칭재배를 하도록 한다. 질소과다나 비료부족으로 영양장해가 나타나지 않도록 하고 병이 생겼을 때는 곰팡이가 날기 전에 일찍 따서 땅속 깊이 묻거나 태워버린다.

특히 반점세균병(세균성 반점병)은 영양상태가 나쁠 때 발생하므로 주의해야 한다. 근래 모자이크 바이러스도 발생이 늘고 있으니 진딧물 방제를 철저히 해야 한다. 방제요령은 오이에 준한다.

## (2) 생리장해

### 가. 순멎이 현상

생장점 부근에 암꽃이 많이 생기면서 잎이 붙는 부분과 생장점이 되는 부분의 자람이 모두 멈추어 줄기와 잎이 전혀 발생하지 않는다.

잎줄기에 비하여 뿌리의 생육이 나쁠 때, 양분 부족, 땅온도가 낮을 때, 관수한 물이 너무 차서 뿌리가 갑자기 냉해를 받았을 때 발생한다.

보온을 잘하고 증상이 나타나면 요소 0.3% 액(물 20 *l* 에 요소 60g)의 엽면살포를 몇 번 해주어 생육을 회복시키고, 정식할 때 뿌리가 상하지 않도록 포트에 육묘하여 심고 비닐멀칭을 해 준다.

### 나. 낙과현상

암꽃이나 어린 열매가 자라는 도중에 누렇게 되거나 썩어 떨어지는 것으로 장마철 과습과 햇빛 쪼임이 적어 질소과다·곁가지가 무성하거나, 냉해 등으로 생육이 멈추었다가 갑자기 자랄 때 생긴다.

질소비료를 적게 주고 가리비료를 많이 주거나, 순지르기나 곁가지 제거 등으로 회복시킨다. 또 비료가 부족하거나 온도가 높아 수세가 약해졌을 때도 생기므로 비료주기와 환기를 잘 시켜야 한다.

### 다. 곡과(曲果·굽은 열매)

초세가 약할 때 많이 발생하는데 양·수분흡수가 나빠지고 광합성 능력도 떨어져 열매가 자라지 못한다. 그외 지나친 고온·저온·건조·비료부족·수분 부족 등의 원인이 되어 생육장해를 일으킨다.

대책은 광합성 능력을 높이도록 적당한 포기수 심기, 순지르기, 늙은잎 따주기로 햇빛이 잘 들게 하고 비배관리를 잘 해 준다.

# 7. 수확

수확시기는 품종, 기후 및 토양조건, 소비자의 기호에 따라 다르나 풋호박은 꽃핀 후 7~10일경에 딸 수 있다. 익은 호박은 50~60일이 되고 서양호박계통은 40일경에 껍질이 황갈색이 될 때가 알맞다.

보통 10a당 수량은 2,500kg 정도이다.

판권
사
본소
유

# 채소시설재배

2013년 6월 5일 발행

저 자 : 유 철 성
발행인 : 김 중 영
발행처 : 오성출판사

서울시 영등포구 영등포 6가 147-7
TEL : (02) 2635-5667~8
FAX : (02) 835-5550

출판등록 : 1973년 3월 2일 제 13-27호
http://www.osungbook.com

ISBN 978-89-7336-138-0

값 14,000원